新工科电子信息学科基础课程丛书

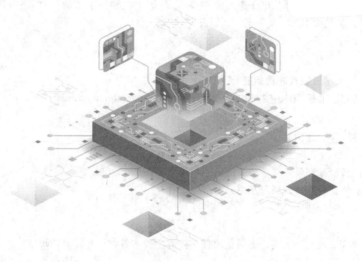

通信原理
简明教程

许毅　陈立家　颜昕　陈建军　甘浪雄　汪祥莉◎编著

清华大学出版社
北京

内 容 简 介

本书系统地介绍了现代通信系统中所使用的基本概念、基本原理和基本分析方法,以及通信原理理论教学方法。全书共分 12 章,内容包括绪论、确知信号分析、随机过程、信道与噪声、模拟调制系统、模拟信号的数字化、数字基带传输、数字信号的调制、差错控制编码、同步原理、数字信号的最佳接收和通信原理MATLAB 实验。

本书内容深浅适度,重点突出,概念清晰,语言简练,还使用 MATLAB 软件对通信原理的主要内容进行了仿真。

本书可作为人工智能、大数据、计算机科学与技术、软件工程和物联网等计算机类专业的教材,也可作为物流、航海和交通等其他非通信电子类专业本科生,高职学生和自学者的教材,还可作为其他通信工程技术人员和科研人员的参考书。

图书在版编目(CIP)数据

通信原理简明教程/许毅等编著. 一北京:清华大学出版社,2024.3
(新工科电子信息学科基础课程丛书)
ISBN 978-7-302-65329-5

Ⅰ.①通… Ⅱ.①许… Ⅲ.①通信原理-高等学校-教材 Ⅳ.①TN911

中国国家版本馆 CIP 数据核字(2024)第 021351 号

责任编辑:赵 凯
封面设计:杨玉兰
责任校对:刘惠林
责任印制:杨 艳

出版发行:清华大学出版社
　　　网　　　址:https://www.tup.com.cn,https://www.wqxuetang.com
　　　地　　　址:北京清华大学学研大厦 A 座　　　邮　　　编:100084
　　　社 总 机:010-83470000　　　邮　　　购:010-62786544
　　　投稿与读者服务:010-62776969,c-service@tup.tsinghua.edu.cn
　　　质量反馈:010-62772015,zhiliang@tup.tsinghua.edu.cn
　　　课件下载:https://www.tup.com.cn,010-83470236
印 装 者:大厂回族自治县彩虹印刷有限公司
经　　　销:全国新华书店
开　　　本:185mm×260mm　　　印　　　张:15.5　　　字　　　数:377 千字
版　　　次:2024 年 3 月第 1 版　　　印　　　次:2024 年 3 月第 1 次印刷
印　　　数:1~1500
定　　　价:59.00 元

产品编号:093941-01

FOREWORD

5G 网络是新一代蜂窝移动通信技术。5G 突破了人与人的通信,实现了人机物的全面互联,在垂直行业的应用中赋予经济增长新动能,已成为各国竞争的主阵地。学习和掌握现代通信理论和技术是未来相关从业者的迫切需要。

为了满足非电子信息专业,如计算机科学与技术、软件工程、物联网工程、人工智能等计算机类专业学生对"通信原理"课程的学习需求,根据教学大纲的内容安排,参考了通信电子信息类专业的"通信原理"课程教材或教学参考书、参考文献和 MATLAB 仿真工具等,根据多年从事通信原理教学及通信领域科研的经验,编写了《通信原理简明教程》。

本书参考计算机所有专业和其他非通信电子信息专业所需要的理论教学学时,通信原理教学内容所需要的实验教学学时,以满足通信原理课堂的理论教学和课内实验内容的要求。

本书特点如下:

(1) 加强了基本概念、原理和方法的描述,概念定义力求准确和简练;

(2) 对通信系统中的主要内容进行 MATLAB 仿真,方便学生理解、掌握和完成实验任务;

(3) 对章节中出现的新概念都进行了说明,公式推导删繁就简;

(4) 课本中例题和课后习题能帮助学生加深对重点或难点内容的理解,便于自习。

全书共分 12 章,内容安排如下。

第 1 章 绪论,介绍通信技术的发展、通信的基本概念、通信系统的组成、信息及其度量、通信系统的主要性能指标和滤波器。

第 2 章 确知信号分析,介绍信号分析基础、信号分类、周期信号分析、信号的傅里叶变换、卷积和相关函数、能量谱密度和功率谱密度、确知信号通过线性系统。

第 3 章 随机过程,介绍随机过程的基本概念、随机过程的定义、随机过程的概率分布、随机过程的数字特征、平稳随机过程、高斯随机过程、窄带随机过程、平稳随机过程通过线性系统和白噪声。

第 4 章 信道与噪声,介绍信道的基本概念、常用信道、信道的噪声、信道的特性和信道容量。

第 5 章 模拟调制系统,介绍基础知识、幅度调制、角度调制、模拟调制系统的性能比较和频分复用。

第 6 章 模拟信号的数字化,介绍基本概念、抽样、量化、编码、波形编码和时分复用。

第 7 章 数字基带传输,介绍数字基带信号、数字基带传输系统、无码间串扰的基带传输、数字基带传输系统的抗噪声性能、眼图和均衡。

第8章 数字信号的调制,介绍二进制振幅键控(2ASK)、二进制频移键控(2FSK)、二进制相移键控(2PSK)、二进制差分相移键控(2DPSK)、二进制数字调制系统性能比较、多进制数字调制和现代调制技术。

第9章 差错控制编码,介绍基本概念、线性分组码、循环码和卷积码。

第10章 同步原理,介绍载波同步、位同步和帧同步。

第11章 数字信号的最佳接收,介绍最佳接收的准则、匹配滤波器、匹配滤波器的最佳接收机和匹配滤波器的最佳接收性能。

第12章 通信原理 MATLAB 实验,介绍 MATLAB 基础知识、通信原理理论教学的 MATLAB 实验。

本书得到了"武汉理工大学本科教材建设专项基金项目"的资助。

由于作者水平有限,书中难免存在不妥之处,恳请读者批评指正。

CONTENTS

第1章

绪 论

学习导航

通信技术的发展

通信的基本概念 { 通信的定义 / 通信的分类 / 通信的方式

通信系统的组成 { 通信系统的一般模型 / 模拟通信系统的模型 / 数字通信系统的模型

绪论 信息及其度量 { 信息度量的基本思想 / 等概率出现的信息度量 / 非等概率出现的信息度量 / 总信息量的度量

通信系统的主要性能指标 { 模拟通信系统的性能指标 / 数字通信系统的性能指标

滤波器 { 滤波器的基本原理 / 滤波器的分类 / 滤波器的技术要求 / 滤波器的特性

学习目标

- 了解通信技术的发展,包括发展简史和技术发展。
- 理解通信的基本概念,包括通信的定义、分类和方式。
- 掌握通信系统的模型,包括一般模型、模拟系统模型和数字系统模型。
- 掌握信息及其度量。
- 了解通信系统的主要性能指标。
- 了解滤波器的基本原理、分类、技术要求和特性。

1.1 通信技术的发展

1. 人与人近距离通信

人与人近距离通信是利用一些肢体语言,通过眼、耳、鼻、舌、身接收和处理信息,面对面交流,这些技能从原始社会传承至今。

2. 古代远距离通信技术

(1) 最古老的通信方式是烽火台

在东周时期,我国就有了"烽火告警"的创举。烽火台呈方形,用砖砌成,高出地面七米左右。平时,烽火台上堆满了柴草和干草粪。如果外敌入侵,就把当地烽火点燃起来,火光冲天,黑烟滚滚,目标十分明显,远远就可以看到。当邻近的烽火台看到信息以后,也相继点燃烽火。当军队看到烽火信息后,就立即出兵迎敌。

(2) 古代最常用的通信方式是信件(驿站)

古代最常用的通信方式是信件,"邮"为步递,"驿"为马递,通过"邮驿"传递信件。我国从秦代直至清代,都设有全国范围的驿站,满足官方信息和军事情报传递的需要,"驿传"成为有组织的通信方式。清代末期驿站逐渐演变为邮局,并接收民间信件传递业务,成了"官办民享"的国家邮政系统。现在的邮政已经发展成为各种实物和信息传递的庞大系统。

3. 现代远距离通信技术

现代远距离通信技术都是以电磁理论作为基础的,无论是有线通信技术,还是无线通信技术,如智能手机、计算机、卫星等,都深深带有电磁的痕迹。

1837 年,莫尔斯发明有线电报,开创了电信的新时代,也是数字通信的开始。

1864 年,麦克斯韦预言了电磁波的存在,建立了电磁场理论。

1876 年,贝尔发明有线电话,是模拟通信的先驱。

1887 年,赫兹验证了麦克斯韦的理论,用实验证明了电磁波的存在。

1900 年,马可尼首次发射横跨大西洋的无线电信号。

1905 年,费森登通过无线电波传送语音与音乐。

1906 年,福雷斯特发明真空三极管放大器。

1918 年,阿姆斯特朗发明超外差接收机,调幅无线电广播问世。

1920 年,卡森将抽样定理用于通信系统。

1933 年,阿姆斯特朗发明调频技术。

1936 年,英国广播电视台开播。

1937 年,里夫斯(Alec-Reeves)提出脉冲编码调制(pulse code modulation,PCM)。

1945 年,美国研制出第一台电子数字计算机。

1947 年,贝尔实验室的布莱顿、巴顿和肖克利发明晶体管。

1948 年,香农发表信息论。

1953 年,第一条横渡大西洋的电话电缆成功铺设。

1960—1970 年,梅曼等发明激光器;美国开始立体声调频广播(1961 年);基尔比等发明集成电路;美国发射第一颗通信卫星(1962 年),卫星通信步入实用阶段;实验性的 PCM 系统出现;实验性的光通信出现;登月实况电视转播(1968 年)。

1970—1980 年,商用通信卫星投入使用;第一块单片微处理器问世;演示了蜂窝电话系统;个人计算机出现;大规模集成电路时代到来;光纤通信系统投入商用;开发出压缩磁盘。

1980—1990 年,出现了移动蜂窝电话系统、多功能数字显示器、可编程数字处理器、芯片加速、压缩光盘、单片数字编译码器、IBM 个人计算机;传真机广泛使用;以太网发展;数字信号处理器发展；卫星全球定位系统(global positioning system，GPS)完成部署(1989年)。

1990—2000年，全球移动通信系统投入商用(1991年)；综合业务数字网发展；因特网和万维网普及；出现直接序列扩频系统、高清晰广播电视、数字寻呼、掌上电脑、数字蜂窝。

2000年至今，进入基于微处理器的数字信号处理、数字示波器、高速个人计算机、扩频通信系统、数字通信卫星系统、数字电视及个人通信系统时代。

总之，1980年以后，超大规模集成电路和光纤通信系统广泛应用；综合业务数字网崛起；1G、2G、3G、4G、5G和6G移动通信技术相继问世。

4. 通信技术10项重大发明

根据各种通信技术在通信发展史上的地位、作用以及对人类社会的影响，对过去100多年通信技术的发展历史进行概括性的总结，有如下10项重大通信技术。

(1) 莫尔斯发明有线电报。有线电报开创了人类信息交流的新纪元。

(2) 马克尼发明无线电报。无线电报为人类通信技术发展开辟了一个崭新的领域。

(3) 载波通信。载波通信的出现，改变了一条线路只能传送一路电话的局面，使通过一个物理介质传送多路音频电话信号成为可能。

(4) 电视。电视极大地改变了人们的生活，使传输和交流信息从单一的声音发展到实时图像。

(5) 电子计算机。计算机被公认为20世纪最伟大的发明，它加快了各类科学技术的发展进程。

(6) 集成电路。集成电路为各种电子设备提供了高速、微小、功能强大的"心"，使人类的信息传输能力和信息处理能力达到了一个新的高度。

(7) 光纤通信。光导纤维的发明，使人们寻求到一种真正能够承担起构筑未来信息化基础设施传输平台重任的通信介质。

(8) 卫星通信。卫星通信将人类带入了太空通信时代。

(9) 蜂窝移动通信。蜂窝移动通信为人们提供了一种前所未有、方便快捷的通信手段。

(10) 因特网。因特网的出现意味着信息时代的到来，使地球变成了一个没有距离的小村落——"地球村"。

5. 微波中继通信

微波中继通信实现了远距离通信。一般来说，通信距离往往长达数千米甚至上万米，或环绕地球曲面，由于地球曲面的影响以及空间传输的损耗，每隔50km左右，就需要设置中继站，用于将电波放大转发而延伸。这种通信方式，也称为微波中继通信或微波接力通信。

微波中继通信是一种无线电通信方式。数字微波中继通信，是20世纪末迅速发展起来的通信新技术，它同光纤通信、卫星通信，并称为现代通信的三大支柱。虽然模拟通信经过几十年的发展已相当成熟，但是，数字通信与模拟通信相比，具有频率利用率高、保密性好、传输质量高等优点，特别是各种业务，包括语音、数据或图像，经过数字化后，都可以同样的数字形式出现在通信网中。

微波中继通信始于20世纪60年代，它较一般电缆通信具有易架设、建设周期短等优点。它是目前通信的主要手段之一，主要用来传输长途电话和电视节目，其调制主要采用单边带(single side band，SSB)、调频(frequency modulation，FM)、频分多路复用(frequencydivision multiplexing,FDM)等方式。

6. 光纤通信

光纤通信是指一种利用光与光纤传递信息的方式,属于有线通信的一种,光经过调变后便能携带信息。自 1980 年起,光纤通信系统对于电信工业产生了革命性的影响,同时也在数字时代里扮演非常重要的角色。

光纤通信具有传输容量大,成本低,不怕电磁干扰,与同轴电缆相比可以节约大量有色金属和能源,保密性好等优点。

光纤通信已经成为当今最主要的有线通信方式。将需传送的信息在发送端输入发送机中,将信息叠加或调制到作为信息信号载体的载波上,然后将已调制的载波通过传输介质传送到远处的接收端,由接收机解调出原来的信息。

7. 卫星通信

卫星通信是地球上(包括地面和低层大气中)的无线电通信站间利用卫星作为中继而进行的通信,卫星通信系统由卫星和地球站两部分组成,卫星通信的特点是通信范围大。只要在卫星发射的电波所覆盖的范围内,任何两点之间都可进行通信,不易受陆地灾害的影响(可靠性高);只要设置地球站电路即可开通(开通电路迅速),同时可在多处接收,能经济地实现广播和多址通信(多址特点);电路设置非常灵活,可随时分散过于集中的话务量,同一信道可用于不同方向或不同区间(多址联接)。

世界上第一颗同步通信卫星是 1963 年 7 月美国宇航局发射的“同步 2 号”卫星,它与赤道平面有 30° 的倾角,相对于地面作 8 字形移动,因而尚不能叫静止卫星,在大西洋上首次用于通信业务。1964 年 8 月发射的“同步 3 号”卫星,定点于太平洋赤道上空国际日期变更线附近,为世界上第一颗静止卫星。1964 年 10 月经该卫星转播了(东京)奥林匹克运动会的实况。至此,卫星通信尚处于试验阶段。1965 年 4 月 6 日发射了最初的半试验、半实用的静止卫星“晨鸟”,用于欧美间的商用卫星通信,从此卫星通信进入了实用阶段。

卫星通信能够解决地面通信覆盖不足等问题,具有广阔的市场需求。此外,卫星通信对灾难应急通信、军事国防的作用重大,发展卫星通信拥有极其重要的战略意义。如今,卫星制造和发射技术已经逐渐成熟,大规模发射卫星的时机已到。

8. 移动通信

移动通信的发展方向是数字化、微型化和标准化。

移动通信是移动体之间的通信,或移动体与固定体之间的通信。移动体可以是人,也可以是汽车、火车、轮船、收音机等在移动状态中的物体。

移动通信是实现无线通信的现代化技术,这种技术是电子计算机与移动互联网发展的重要成果之一。移动通信技术经过第一代、第二代、第三代、第四代技术的发展,目前,已经迈入了第五代发展的时代(5G 移动通信技术),这也是目前改变世界的几种主要技术之一。

现代移动通信技术主要可以分为低频、中频、高频、甚高频和特高频几个频段,在这几个频段之中,技术人员可以利用移动台技术、基站技术、移动交换技术,对移动通信网络内的终端设备进行连接,满足人们的移动通信需求。从模拟制式的移动通信系统、数字蜂窝通信系统、移动多媒体通信系统,到目前的高速移动通信系统,移动通信技术的速度不断提升,延时与误码现象不断减少,技术的稳定性与可靠性不断提升,为人们的生产生活提供了多种灵活的通信方式。

在过去的半个世纪中,移动通信的发展对人们的生活、生产、工作、娱乐乃至政治、经济和文化都产生了深刻的影响,30 年前幻想中的无人机、智能家居、网络视频、网上购物等均已实现。移动通信技术经历了模拟传输、数字语音传输、互联网通信、个人通信、新一代无线移动通信 5 个发展阶段。

1.2 通信的基本概念

1.2.1 通信的定义

1. 消息和信息

消息是信息的物理表现形式,如语言、文字、数据或图像等。

信息无所不在,存在于自然界和人类社会的任何事物的运动和变化中,可以被认知主体(生物或机器)获取和利用。如"迎春花开"是在传递着"春天即将到来"的信息。

信息的定义有多种,具有普遍性的定义是"信息是认识主体所感知的事物运动的状态与方式",通俗地讲,信息是消息中有意义的内容,或者说是收信者原来不知而待知的内容。

信息与消息的关系:信息是消息的内涵,而消息是信息的外在形式,如通过听广播(声音、音乐)和看电视(图像和声音)获得有关的信息。

通信的目的是传递消息中所包含的信息,而消息是物质或精神状态的一种反映,如语音、音乐、活动图片、温度、文字、符号和数据等。

总之,信息是指消息中所包含的有效内容,或者是信宿(目的地)预先不知道的内容。消息是信息的外在形式,信息则是消息的内涵,信号是消息(或信息)的传输载体。

消息可以分为两大类:连续消息(如连续变化的语音和图像)和离散消息(如消息状态可数的符号或数据)。消息与电信号之间的转换通常由各种传感器来实现,如麦克风或话筒(声音传感器)把声音转变成音频信号。

2. 模拟信号和数字信号

电信号是消息的电的表示形式。在电通信系统中,电信号是消息传递的物质载体。如为了将各种消息(如一幅图片)通过线路传输,必须首先将消息转变成电信号(如电压、电流、电磁波等),也就是把消息寄托在电信号的某个参量(如幅度、频率或相位)上。

按信号参量的取值方式不同可把信号分为模拟信号和数字信号两大类。

模拟信号是指信号的取值是连续的,如电话机送出的语音信号,摄像机输出的图像信号等。

数字信号是指信号的取值是离散的,如计算机输出的信号。

图 1-1(a)和(b)分别表示一个模拟信号和一个数字信号,横轴 t 代表时间,纵轴 $f(t)$ 代表信号的取值。可见,模拟信号在时间上和取值上都是连续的,如温度传感器转换来的反映温度变化的电信号;而数字信号在时间上和取值上都是离散的,如开关的位置、数值逻辑等,最典型的数字信号是二进制信号(信号只有两种取值)。

3. 通信与电信

通信是进行信息的时空转移,即将消息从一方传送到另一方,因此,通信也就是信息传输和消息传送。

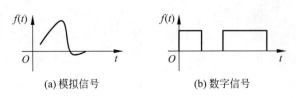

(a) 模拟信号   (b) 数字信号

图 1-1　模拟信号与数字信号

通信的基本任务是传递消息中所包含的信息。从古到今,人类在生活、工作和社会活动中都离不开信息的传递与交换。

电信是利用电信号来传递消息的通信方式。电信具有迅速、准确、可靠等特点,且不受空间与时间、地点与距离的限制,因而得到了飞速发展和广泛应用。

在自然科学领域中,"通信"这个术语一般指的是"电信",本书所涉及的通信也均指电信。

通信(即电信)就是利用电信号将消息中所包含的信息从信源传递到信宿(目的地)。

1.2.2　通信的分类

通信系统是完成传递信息任务所需要的所有技术设备和传输介质所构成的总体。

通信系统可以从不同角度进行分类,常见有如下 7 种分类。

1. 按传输介质分类

按传输介质,通信系统可分为有线通信和无线通信两类。

(1) 有线通信是指用导线(如各种电缆)作为传输介质,如城市市话系统、有线电视系统和海底电缆通信系统等。

(2) 无线通信是指用自由空间作为传输介质,即利用无线电波进行通信的系统,如广播电视系统和移动电话系统等。

2. 按传输方式分类

按传输方式,通信系统分可为基带传输和带通传输两类。

(1) 基带传输是指以基带信号(未经调制的信号)作为传输信号的系统。

(2) 带通传输是指以已调信号(经过调制的信号)作为传输信号的系统。

3. 按信道中传输信号的特征分类

按信道中传输信号的特征,通信系统可分为模拟通信和数字通信两类。

(1) 模拟通信是指信道中传输的是模拟信号。

(2) 数字通信是指信道中传输的是数字信号。

4. 按通信业务特征分类

按通信业务特征,通信系统可分为电话、电报、图像、数据通信等。

目前,已实现了业务综合,即把各种通信业务(电话、电报、传真、数据、图像)综合在一个网内传输。其中,电话通信网是电信业务量最大、服务面积最广的一种专业网,可兼容其他多种非话业务网。

5. 按工作波段分类

根据波长的大小或频率的高低,可将电磁波划分成不同的波段(或频段),分别为长波、中波、短波、微波和远红外通信等。

6. 按信号复用方式分类

复用方式是指在同一条物理信道中同时传输多路信号。

常用的复用方式有频分复用、时分复用、码分复用和空分复用等。

同一个通信系统可以分属于不同的分类,有些分类是可以兼容和并存的。例如,无线电广播系统,也是中波或短波通信系统、模拟通信系统和带通传输系统(调制系统)。

7. 按通信方式的分类

按照不同的分类方法,通信的工作方式通常有下列两种分类。

(1) 按消息传输的方向与时间分类

对于点对点之间的通信,按消息传输的方向与时间的关系,可分为单工、半双工和全双工通信三种。

(2) 按数字信号码元传输的方式分类

在数据通信中,按照数字信号码元传输的方式不同可分为并行传输和串行传输两种。

1.2.3 通信的方式

1. 单工、半双工和全双工通信

(1) 单工通信

单工通信方式如图 1-2 所示(图中箭头表示传送方向)。单工通信是指消息只能单方向进行传送的一种通信工作方式。通信双向中只有一端可以进行消息的发送

图 1-2　单工通信方式

(发送端),另一端只能进行消息的接收(接收端)。例如,目前的广播、遥测、遥控和电视等都是单工通信方式。

(2) 半双工通信

半双工通信方式如图 1-3 所示(图中箭头表示传送方向)。半双工通信是指通信双方(接收端和发送端)都能收发信息,但接收和发送不能同时进行,如对讲机、问询和收发报机等都是半双工通信方式。

(3) 全双工通信

全双工通信方式如图 1-4 所示(图中箭头表示传送方向)。全双工通信是指通信的双方(接收端和发送端)可同时进行接收和发送消息的工作方式,即消息可同时在两个方向传递。全双工通信的信道必须是双向信道,如普通电话和手机等。

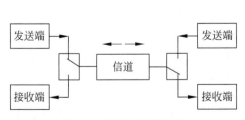

图 1-3　半双工通信方式

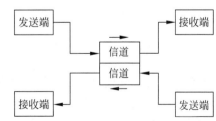

图 1-4　全双工通信方式

2. 并行传输和串行传输

(1) 并行传输

并行传输方式如图 1-5 所示(图中箭头表示信道传送方向)。并行传输是按 n 个长度码

元序列的原码元次序,在 $n>1$ 条并行信道上同时传输的工作方式。设由"0"和"1"组成的八位二进制码元序列 $01011001(n=8)$,8 个码元序列从发送端在 8 条并行的信道上同时传输到达接收端。

并行传输的优点是多条通信信道同时传输,传输时间短、速度快,缺点是成本相对串行传输要高。

（2）串行传输

串行传输方式如图 1-6 所示(图中箭头表示信道传送的方向)。串行传输是将码元序列的原码按次序逐个码元地在一条信道上传输的工作方式。设码元序列为 $01011001(n=8)$,只在一条信道逐个传输码元,数字通信的远距离传输多采用此方式。

图 1-5　并行传输方式　　　　　　图 1-6　串行传输方式

串行传输的优点是只需一条通信信道,所需线路铺设费用只是并行传输的 $1/n$,缺点是速度比并行传输得慢。

1.3　通信系统的组成

1.3.1　通信系统的一般模型

图 1-7 为通信系统的一般模型。

通信的目的是传输信息,而通信系统的作用是将信息从信息源(信源)通过一条通路发送到一个或者多个目的地,这一过程可用一般通信系统的模型来描述。首先要在发送端将消息转换为电信号,然后经过发送设备,将信号送入信道,在接收端利用接收设备对接收信号作相应的处理后,送到受信者(信宿)再转换为原来的信号。

图 1-7　通信系统的一般模型

通信系统的一般模型中各组成部分的功能描述如下。

（1）信息源(信源)是消息的发源地,它的作用是将各种消息转换成原始电信号。信源输出的信号为基带信号,基带信号是指没有经过调制的原始信号,它分为数字基带信号和模拟基带信号。如电话机话筒、摄像机和电传机等均为信源。

（2）发送设备对信源输出的信号进行处理和变换,以适应在信道中传输。发送设备的工作内容通常包括放大、滤波、编码和调制等。

（3）信道是指用于传输信号的各种物理介质。如电缆或光纤,大气空间或者宇宙空间等。

（4）噪声源是信道中的噪声及分散在通信系统中其他各处噪声的集合。噪声具有随机性和多样性的特点，它的出现干扰了正常信号的传输，影响了通信系统的传输性能。

（5）接收设备用于从收到的信号中恢复出相应的原始信号，其功能与发送设备相反。

（6）受信者（信宿）是消息的目的地，是将复原的原始信号转换成相应的消息，其功能与信源相反。如电话机的听筒将对方传来的语音信号还原成声音。

根据不同的传送对象和研究内容将通信系统的一般模型划分为不同的通信系统。也就是按照信道中传输的是模拟信号还是数字信号，相应地分为模拟通信系统和数字通信系统。

1.3.2 模拟通信系统的模型

模拟通信系统的模型如图1-8所示，它是利用信息源的模拟信号来传递信息的通信系统。可具体描述为：信息源输出的是原始模拟信号，而原始模拟信号具有很低的频率，不能不作任何变换就直接传输给受信者，这样就要增加一个调制器来对信号作变换后再通过信道传输。

图 1-8　模拟通信系统的模型

模拟通信系统的模型中各组成部分的功能描述如下：

（1）调制器是将模拟基带信号变换成适合信道传输的信号，输出信号为已调信号。已调信号经过信道传输后到达接收端的解调器。

（2）解调器的作用是将已调信号反变换成所需要的原始信号，解调器输出原始的模拟信号到受信者，这样就完成了模拟信号传输的整个过程。

（3）噪声是信道中的噪声及分散在整个模拟通信系统中其他各处噪声的集合。

基带信号（信息源，也称发送端）发出的没有经过调制（频谱搬移和变换）的原始电信号，其特点是频率较低，信号频谱从零频附近开始，具有低通形式，如语音信号（300～3400Hz）、图像信号（0～6MHz）。而已调信号具有较高频率成分。

模拟通信系统包含两种重要变换：

（1）在发送端将连续消息变换成信号（原始信号也称基带信号），这种变换由模拟信息源来完成；在接收端进行相反的变换，将信号变换成连续消息，这种变换由受信者来完成。

（2）将基带信号（模拟基带信号）变换成适合在信道中传输的信号。

1.3.3 数字通信系统的模型

1. 数字通信系统的模型

数字通信系统的模型如图1-9所示，数字通信系统是利用数字信号来传递消息的通信系统。数字通信系统中的信息源是数字信号，输出的是数字基带信号。

数字通信系统的发送设备包含编码和调制两种重要的变换，其中编码分为信源编码和信道编码。数字通信涉及的技术问题比较多，其中主要有信源的编码和译码、加密和解密、信道的编码和译码、数字调制和解调、同步等。

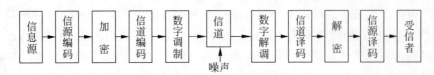

图 1-9　数字通信系统的模型

数字通信系统的模型中各组成部分的功能描述如下：

（1）信源的编码和译码

信源编码有两个基本功能：一是进行模/数（A/D）转换，即将模拟信号编码成数字信号；二是去除冗余（多余）信息，以提高传输的有效性。信源解码（译码）是编码的逆过程。

（2）加密和解密

加密是最常用的安全保密手段，利用技术手段把重要的数据变为乱码（加密）传送，到达目的地后再用相同或不同的手段还原（解密）。

（3）信道的编码和译码

信道编码是对传输的信息码元按一定的规则加入保护成分（监督码元），组成所谓的"抗干扰编码"，信道编码的作用是进行差错控制。接收端的信道译码器按相应的规则进行解码，从中发现错误或纠正错误，提高通信系统的可靠性。

（4）数字调制和解调

数字调制与模拟调制的本质及原理相似，都是把基带信号（数字基带信号）加载到高频载波上，解调是调制的逆过程。

（5）同步

同步是使接收端和发送端的信号在时间上保持步调一致，这是保证数字通信系统有序、准确和可靠工作的前提条件。

2. 数字通信的主要优缺点

目前，随着通信技术的不断发展，对通信质量的要求也越来越高，数字通信已经成为当代通信系统的主流，与模拟通信相比，数字通信具有以下 5 方面的主要**优点**：

（1）抗干扰能力强，且噪声不积累。在远距离传输中，可利用中继器对数字信号进行判决再生处理来消除噪声的积累。

（2）传输差错可控。在数字传输过程中，可通过信道编码进行纠错或检错，降低误码率，改善通信质量。

（3）便于利用现代数字信号技术对数字信号进行处理、存储和变换，这种数字处理的灵活性可将不同信源的信号综合后传输。

（4）易于集成，从而使通信设备微型化，重量轻。

（5）便于加密，且保密性好。

与模拟通信相比，数字通信的主要缺点有以下 2 方面：

（1）占用更宽的信道带宽，但高效的数据压缩技术以及宽带传输介质（如光纤）的使用正逐渐使带宽问题得到解决；

（2）对同步要求高从而需要较复杂的同步设备，但大规模集成电路的出现取代了复杂的电路。

1.4 信息及其度量

1.4.1 信息度量的基本思想

通信的根本目的在于传输消息中所包含的信息,信息的多少可用"信息量"来度量。

从概率论角度来看,消息中所包含的信息量与事件发生的概率密切相关,事件发生的概率越小,则消息中包含的信息量就越大,就是信息量与消息出现的概率成反比,当概率为 0 时,不可能发生的事件的信息量为无穷大;而概率为 1 时,必然发生事件的信息量为 0。

因此,消息中所含信息量与消息出现概率之间的关系符合如下规律。

(1) 消息 x 中所含的信息量 I 是消息 x 出现的概率 $P(x)$ 的函数,即

$$I = I[P(x)] \tag{1-1}$$

(2) $P(x)$ 越小,I 越大;反之,I 越小。特别是

$$P(x) = 1 \text{ 时}, \quad I = 0$$
$$P(x) = 0 \text{ 时}, \quad I = \infty$$

(3) 若干相互独立事件构成的消息 $(x_1, x_2, \cdots)$,所含信息量等于各独立事件 $x_1, x_2, \cdots$ 的信息量之和,其表达式为

$$I[P(x_1)P(x_2)\cdots] = I[P(x_1)] + I[P(x_2)] + \cdots \tag{1-2}$$

则有

$$I(x_i) = \log_\alpha \frac{1}{P(x_i)} = -\log_\alpha P(x_i) \tag{1-3}$$

式中,信息量的单位与对数的底数 α 取值有关,$\alpha = e$ 时,信息量的单位是奈特(nit,n);$\alpha = 10$ 时,信息量的单位是哈特莱(Hartley);$\alpha = 2$ 时,信息量的单位是比特(bit,b)。

常用的单位为 bit,则有

$$I(x_i) = \log_2 \frac{1}{P(x_i)} = -\log_2 P(x_i) (\text{bit}) \tag{1-4}$$

1.4.2 等概率出现的信息度量

对于离散信源,M 个波形等概率($P = 1/M$)发送,且每一个波形的出现是独立的,即信源是无记忆的,取 $\alpha = 2$ 时,则传送 M 进制波形之一的信息量为

$$I = \log_2 \frac{1}{P} = \log_2 \frac{1}{1/M} = \log_2 M (\text{bit}) \tag{1-5}$$

式中,P 为每一个波形出现的概率;M 为传送的波形数。

若 M 是 2 的整数倍幂次,如 $M = 2^k (k = 1, 2, 3, \cdots)$,则式(1-5)变为

$$I = \log_2 2^k = k$$

式中,k 是二进制脉冲数目。传送每一个 $M(M = 2^k)$ 进制波形的信息量就等于用二进制脉冲表示该波形所需的脉冲数目 k。

例 1-1 二进制离散信源(0,1)和四进制离散信源(0,1,2,3),二者等概率独立发送每个符号,计算二进制和四进制每个符号的信息量。

解 (1) 计算二进制离散信源(0,1)的每个符号的信息量

$$P(0) = P(1) = \frac{1}{2}$$

$$I_0 = I_1 = \log_2 2 = 1(\text{bit})$$

(2) 计算四进制离散信源(0,1,2,3)的每个符号的信息量

$$P(0) = P(1) = P(2) = P(3) = \frac{1}{4}$$

$$I_0 = I_1 = I_2 = I_3 = \log_2 4 = 2(\text{bit})$$

(3) 一个 M 进制波形发送概率相同时,每个符号含有相同的信息量

一个二进制码含 1bit 的信息量;

一个四进制码含 2bit 的信息量;

一个八进制码含 3bit 的信息量;

由此可知,一个 M 进制码含 $\log_2 M$ bit 的信息量。

1.4.3　非等概率出现的信息度量

设离散信源是一个由 M 个符号组成的集合,其中每个符号 $x_i (i=1,2,\cdots,M)$ 按一定的概率 $P(x_i)$ 独立出现,且有 $\sum\limits_{i=1}^{M} P(x_i) = 1$,则 $x_1, x_2, \cdots, x_M$ 所包含的信息量分别为 $-\log_2 P(x_1), -\log_2 P(x_2), \cdots, -\log_2 P(x_M)$

则每个符号所含信息量的统计平均值,即平均信息量为

$$H(x) = P(x_1)[-\log_2 P(x_1)] + P(x_2)[-\log_2 P(x_2)] + \cdots + P(x_M)[-\log_2 P(x_M)]$$

$$= -\sum_{i=1}^{M} P(x_i)[\log_2 P(x_i)] \tag{1-6}$$

由于 H 的公式与统计热力学中熵的形式相同,所以又称 H 为**信源熵**,单位为比特/符号(bit/symbol)。

显然,当信源中各符号的出现是独立且等概率的,即 $P(x_i) = 1/M$ 时,信源的熵有最大值,表示为

$$H_{\max} = -\sum_{i=1}^{M} \frac{1}{M} \log_2 \frac{1}{M} = \log_2 M \tag{1-7}$$

因此,等概率时信源的熵等于其中每个符号的信息量。

例 1-2　一个离散信源由 M,N,O,P 四个符号组成,设每一个信号的出现都是独立的。

(1) 当四种信号出现的概率分别为 3/8,1/4,1/4,1/8,求信源的平均信息量;

(2) 当四种信号等概率出现时,求信源的平均信息量。

解 (1) 不等概率时信源的平均信息量

$$H = -\sum_{i=1}^{4} P(x_i) \log_2 P(x_i)$$

$$= -\frac{3}{8} \log_2 \frac{3}{8} - \frac{1}{4} \log_2 \frac{1}{4} - \frac{1}{4} \log_2 \frac{1}{4} - \frac{1}{8} \log_2 \frac{1}{8}$$

$$= 1.906(\text{bit/symbol})$$

（2）等概率时信源的平均信息量

$$H_{\max} = \log_2 M = \log_2 4 = 2(\text{bit/symbol})$$

1.4.4 总信息量的度量

借助于熵 $H(x)$ 的概念，求信源发送一条消息（n 个符号）的总信息量，其表达式为

$$I = H(x) \times n \tag{1-8}$$

例 1-3 一信息源由 4 个符号 O、P、M、N 组成，它们出现的概率分别为 1/2、1/4、1/8、1/8，且每个符号都是独立出现的。试求信息源输出为 PNMOPOPOPOOMOPNOOMOO POOMPONOOPOPOMOOPOONOPONMPO 时的信息量。

解 （1）用符号出现的频度来计算。

在信源发出的这个消息中，O 出现了 24 次，P 出现了 12 次，M 出现 6 次，N 出现 5 次，共计 47 个符号，故该消息序列的信息量为

$$I = -24\log_2 \frac{1}{2} - 12\log_2 \frac{1}{4} - 6\log_2 \frac{1}{8} - 5\log_2 \frac{1}{8} = 81\text{bit}$$

（2）用熵的概念来计算，先计算信息熵，有

$$H(x) = -\sum_{i=1}^{M} P(x_i)\log_2 P(x_i) = -\frac{1}{2}\log_2 \frac{1}{2} - \frac{1}{4}\log_2 \frac{1}{4} - \frac{1}{8}\log_2 \frac{1}{8} - \frac{1}{8}\log_2 \frac{1}{8}$$

$$= \frac{1}{2} \times 1 + \frac{1}{4} \times 2 + \frac{1}{8} \times 3 + \frac{1}{8} \times 3 = 1.75(\text{bit/symbol})$$

该序列的信息量约为

$$I = H \times n = 47 \times 1.75 = 82.25(\text{bit})$$

由两种结果可知，计算值略有差别，主要由于二者平均处理方法不同，但误差将随着消息序列中符号数的增加而减小。

1.5 通信系统的主要性能指标

通信系统的主要性能指标是有效性和可靠性。

有效性指的是传输一定信息量所消耗的信道资源，包括信道的带宽和时间。

可靠性指的是接收信息的准确程度。

1.5.1 模拟通信系统的性能指标

1. 有效性

模拟通信系统的有效性可以用传输带宽来度量。信号占用的传输带宽越小，通信系统的有效性就越好。

信号带宽与调制方式有关，如单边带信号占用的带宽仅为 4kHz，双边带信号则需要占用 8kHz 带宽。因此在一定的信道带宽内，采用单边带方式进行复用的信号路数要比采用双边带的多出一倍，说明单边带方式的有效性好。

2. 可靠性

模拟通信系统的可靠性常用接收端最终输出信噪比来度量，信噪比越大，可靠性越好。

信噪比是信号与噪声的功率之比,它反映了消息经传输后的"保真"程度和抗噪能力。

在同样的信道条件下,不同调制方式具有不同的可靠性,如调频系统的可靠性通常比调幅系统的好,但调频信号占用的带宽比调幅信号占用的宽。通常要求电话的信噪比为 $20\sim40\mathrm{dB}$,电视的信噪比为 40dB 以上,才能保证清晰可靠地通信。

1.5.2 数字通信系统的性能指标

1. 有效性

数字通信系统的有效性可用信息速率和频带利用率来衡量,信息速率越高,系统的有效性越好。

(1) 信息速率

数字信号由码元组成,码元携带一定的信息量。

码元速率 R_B,是指单位时间(每秒)内传送的码元数目,单位为码元/秒,又称波特(Baud),所以码元速率也称为波特率,且每个码元的长度为 $T=1/R_B$。

设单位时间传输的信息量为信息速率 R_b,单位为比特/秒,简记为 bit/s 或者 b/s,或 bps,所以信息速率又称比特率。

一个二进制码元携带 1bit 的信息量(等概率发送时),一个 M 进制码元携带 $\log_2 M$ bit 的信息量(等概率发送),所以码元速率和信息速率之间的关系可用下式来表示:

$$R_b = R_B \log_2 M$$

$$R_B = \frac{R_b}{\log_2 M} \tag{1-9}$$

(2) 频带利用率

定义单位频带内的信息速率为信息频带利用率,其表达式为

$$\eta_b = \frac{R_b}{B} (\mathrm{bps/Hz}) \tag{1-10}$$

定义单位频带内的码元速率为码元频带利用率,其表达式为

$$\eta = \frac{R_B}{B} (\mathrm{Baud/Hz}) \tag{1-11}$$

例 1-4 在数字传输系统中,如一个二进制数字信号每分钟传送 18 000bit 的信息量,试求其码元速率。若每分钟传送的信息量仍为 18 000bit,计算用八进制时的码元速率。

解 (1) 计算二进制 R_B

$$R_b = \frac{18\,000}{60} = 300(\mathrm{b/s})$$

二进制的码元速率与信息速率的数值相同,但单位不同,得码元速率为

$$R_B = 300(\mathrm{Baud})$$

(2) 计算八进制 R_B

信息速率不变,$R_b = 300\mathrm{b/s}$,则

$$R_B = \frac{R_b}{\log_2 8} = \frac{300}{3} = 100(\mathrm{Baud})$$

由计算可知,当改为八进制后,码元速率降低了。

2. 可靠性

衡量数字通信系统可靠性的指标是差错率,常用误码率和误信率表示。

(1) 误码率

误码率 P_e(码元差错率)是指发生差错的码元数在传输总码元数中所占的比例,更确切地说,误码率是码元在传输系统中被传错的概率,其定义表达式为

$$P_e = \frac{错误码元数}{传输总码元数} \tag{1-12}$$

P_e 越小,说明传输的可靠性越高,不同系统对误码率的要求是不一样的。

(2) 误信率

误信率 P_b(信息差错率)又称误比特率,是指发生差错的比特数在传输总比特数中所占的比例,其定义表达式为

$$P_b = \frac{错误比特数}{传输总比特数} \tag{1-13}$$

对于二进制系统有

$$P_b = P_e$$

例 1-5 某八进制数字传输系统的信息速率为 7200bit/s,连续工作 3600s 后,接收端测得 26 个错码,且每个错码中仅错 1bit 信息,试求该系统的误码率和误比特率。

解 (1) 计算误码率

$$R_B = \frac{R_b}{\log_2 M} = \frac{7200}{3} = 2400(\text{Baud})$$

3600s 传输的总码元数

$$N = R_B \times t = 2400 \times 3600 = 846 \times 10^4 \ 个$$

误码率

$$P_e = \frac{N_e}{N} = \frac{26}{864 \times 10^4} \approx 3 \times 10^{-6}$$

(2) 计算误比特率

已知信息速率为 7200bit/s,则 3600s 传输的总比特数(总信息量)为

$$N = R_b \times t = 7200 \times 3600 = 2592 \times 10^4 (\text{bit})$$

误比特率

$$P_b = \frac{26}{2592 \times 10^4} \approx 10^{-6}$$

由此可知,对于多进制($M > 2$),$P_b < P_e$。

1.6 滤波器

1.6.1 滤波器的基本原理

在通信系统中,为了消除或者减弱噪声,提取有用信号,就必须滤波,能实现滤波功能的系统称为滤波器。

狭义来讲,滤波器是指一种选频装置,它能够让信号中某些特定的频率成分通过,同时极大地衰减其他频率成分。在测试装置中,利用滤波器的这种选频作用,可以滤除干扰噪声或进行频谱分析。

广义上讲,任何能够改变信号频率成分的装置都可以看作滤波器。任何装置的响应特性都是激励频率的函数,都可用频域函数描述其传输特性。构成测试系统的任何一个环节,如机械系统、电气网络、仪器仪表甚至连接导线等,都将在一定频率范围内,按其频域特性,对所通过的信号进行变换与处理。

严格地讲,滤波器可以定义为,对已知的激励提供规定响应的系统,响应的要求可以在时域或频域内给定。

设信号 $x(t)$,其中包含需要去除的噪声成分,且噪声成分的频率分布与信号中有用成分的频率不重叠,那么就可以让信号 $x(t)$ 通过一个线性时不变系统 $h(t)$ 后将噪声成分去除,这个线性时不变系统 $h(t)$ 就是滤波器。

对于一个线性时不变系统,其时域的输入信号 $x(t)$ 和输出 $y(t)$ 的关系为

$$y(t) = x(t) * h(t) \tag{1-14}$$

若 $x(t)$、$y(t)$ 的傅里叶变换存在,则输入和输出的频域关系为

$$Y(\mathrm{e}^{\mathrm{j}\omega}) = H(\mathrm{e}^{\mathrm{j}\omega}) X(\mathrm{e}^{\mathrm{j}\omega}) \tag{1-15}$$

傅里叶变换的滤波作用如图 1-10 所示。

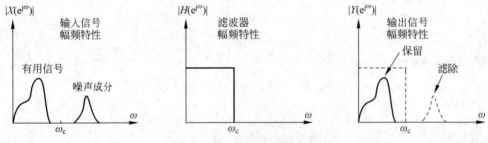

图 1-10   傅里叶变换的滤波作用

图 1-10 中输入信号 $x(t)$ 通过系统 $h(t)$ 后,其输出结果 $y(t)$ 中不再含有 $|\omega| > \omega_c$ 的频率成分,而不失真地保留 $|\omega| < \omega_c$ 的成分。所以,设计出不同形状的 $|H(\mathrm{e}^{\mathrm{j}\omega})|$,可以得到不同的滤波结果。

若滤波器的输入、输出都是离散信号,那么滤波器的冲激响应,即单位采样响应 $h(t)$ 也必然是离散的,称这样的滤波器为数字滤波器。

1.6.2   滤波器的分类

滤波器的种类很多,分类的方法也不同。

1. 根据滤波功能的不同,也就是频率选择性的不同,滤波器分为四种

(1) 低通滤波器(low pass filter,LPF)

在 $0 \sim f_2$ 频率之间,幅频特性平直,它可以使信号中低于 f_2 的频率成分几乎不受衰减地通过,而高于 f_2 的频率成分受到极大的衰减。

(2) 高通滤波器(high pass filter,HPF)

与低通滤波相反,频率 $f_1 \sim \infty$,幅频特性平直,它使信号中高于 f_1 的频率成分几乎不

受衰减地通过,而低于 f_1 的频率成分将受到极大地衰减。

（3）带通滤波器（band pass filter,BPF）

它的通频带在 $f_1 \sim f_2$ 中,它使信号中高于 f_1 而低于 f_2 的频率成分可以不受衰减地通过,而其他频率成分受到衰减。

（4）带阻滤波器（band stop filter,BSF）

与带通滤波相反,阻带在频率 $f_1 \sim f_2$ 中,它使信号中高于 f_1 而低于 f_2 的频率成分受到衰减,其余频率成分的信号几乎不受衰减地通过。角频率与频率的关系式为 $\omega = 2\pi f$。

2. 按所处理的信号不同,滤波器分为模拟滤波器和数字滤波器两种

模拟滤波器是用来处理模拟信号或连续信号。模拟滤波器可分为低通、高通、带通和带阻四种滤波器。

数字滤波器是用来处理离散的数字信号,它是用数值计算的方法或用数字器件（通常为数值信号处理器）来实现离散信号的处理；或者说,是按照预先编制的程序,利用计算机,将一组输入的数值序列转换成另一组输出的数值序列,从而改变信号的性质,达到滤波器处理目的。数字滤波器也可分为低通、高通、带通和带阻四种滤波器。

数字滤波器与模拟滤波器相比,数字滤波器具有稳定性好、精度高和灵活等优点。

图 1-11 和图 1-12 分别给出了数字滤波器和模拟滤波器的四种理想幅频特性,这些幅频特性在实际上是不可能实现的。

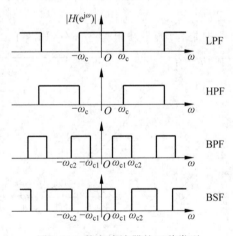

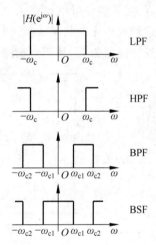

图 1-11　数字滤波器的四种类型　　　图 1-12　模拟滤波器的四种类型

3. 按所采用的元器件分无源滤波器和有源滤波器两种

（1）无源滤波器

无源滤波器是仅由无源元件组成的滤波器,利用了电容和电感元件的电抗随频率变化而变化的原理。

无源滤波器的优点是电路比较简单,不需要直流电源供电,可靠性高。

无源滤波器的缺点是通带内的信号有能量损耗,负载效应比较明显,使用电感元件时容易引起电磁感应,当电感较大时滤波器的体积和重量都比较大,在低频域不适用。

（2）有源滤波器

有源滤波器是指由无源元件和有源器件组成的滤波器。

有源滤波器的优点是通带内的信号不仅没有能量损耗,而且还可以放大,负载效应不明显,多级相联时相互影响很小,利用级联的简单方法很容易构成高阶滤波器,并且滤波器的体积小、重量轻、不需要磁屏蔽。

有源滤波器的缺点是通带范围受有源器件的带宽限制,需要直流电源供电,可靠性不如无源滤波器高,在高压、高频、大功率的场合不适用。

1.6.3   滤波器的技术要求

理想滤波器是指能使通带内信号的幅值和相位都不失真,阻带内的频率成分都衰减为零的滤波器,通带和阻带之间有明显的分界线。也就是说,理想滤波器在通带内的幅频特性应为常数,相频特性的斜率为常值,在通带外的幅频特性应为零。

理想滤波器是不存在的,在实际滤波器的幅频特性图中,通带和阻带之间没有严格的界限,在通带和阻带之间存在一个过渡带。在过渡带内的频率成分不会被完全抑制,只会受到不同程度的衰减。当然,希望过渡带越窄越好,也就是希望对通带外的频率成分衰减得越快越多越好。

因此,在设计实际滤波器时,总是通过各种方法使它尽量逼近理想滤波器。

从理论上讲,如果滤波器能够无失真地让所选频段的信号通过,并且阻断所有其他频率的信号,则滤波任务可以得到完美的实现。也就是说,理想滤波器在通带内信号的幅值和相位都不失真,阻带内信号的频率成分都衰减为零,其通带和阻带之间有明显的分界线。在实际情况下这种理想化的频率选择性是无法实现的。

以低通滤波器为例,其频率响应通常分为通带、过渡带和阻带三部分,如图 1-13 所示。

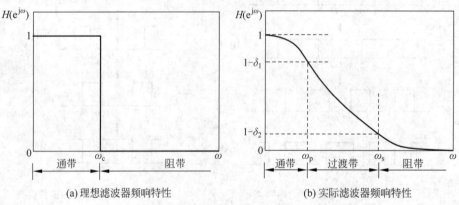

(a) 理想滤波器频响特性   (b) 实际滤波器频响特性

图 1-13   滤波器响应特性

图 1-13(b)中 ω_p、ω_s 分别为通带、阻带截止频率。与理想滤波器相比,实际滤波器存在一个非零、宽度为 $\omega_s - \omega_p$ 的过渡带,在这个过渡带的频率响应由通带下降到阻带。

虽然在实际情况中滤波器频响特性无法和理想滤波器完全一致,但是希望所设计的滤波器的频响特性能够逼近理想滤波器,或者使其能够满足特定的技术要求。滤波器的技术要求通常以滤波器幅频特性的允许误差来表征。如图 1-13(b)所示,通带中响应误差为 δ_1,阻带中响应误差为 δ_2。

1.6.4   滤波器的特性

下面给出低通和带通滤波器的特性。

常用传递函数来表示滤波器的特性,设 $X(\omega)$ 和 $Y(\omega)$ 分别为滤波器输入信号和输出信号的频谱函数,则滤波器的传递函数为

$$H(\omega)=\frac{Y(\omega)}{X(\omega)}=\mid H(\omega)\mid e^{j\varphi(\omega)} \tag{1-16}$$

如果

$$\mid H(\omega)\mid=\begin{cases}A, & -\omega_{c}<\omega<\omega_{c} \\ 0, & \omega \text{ 为其他值}\end{cases} \tag{1-17}$$

且在$-\omega_{c}<\omega<\omega_{c}$内有

$$\varphi(\omega)=-\omega t_{d}X(\omega) \tag{1-18}$$

则称该滤波器为低通滤波器。图 1-14 显示了其特性,低于频率 ω_{c} 的信号可以通过,高于频率 ω_{c} 的信号完全衰减。显然,如果系统要确保基带信号通过,同时抑制带外噪声,则低通滤波器是必不可少的器件。

如果将式(1-16)和式(1-17)中的滤波器频率范围改为 $\omega_{L}<\mid\omega\mid<\omega_{H}$,则称它为带通滤波器。图 1-15 显示了带通滤波器的特性。

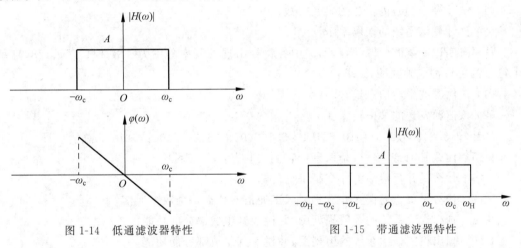

图 1-14　低通滤波器特性　　　　图 1-15　带通滤波器特性

同样,如果系统要确保频带信号通过,同时抑制带外噪声,那么带通滤波器是必不可少的器件。

思考与练习

1-1　信息是消息的(　　　),而消息是信息的(　　　)。

1-2　通信(即电信)就是利用电信号将消息中所包含的信息从(　　　)传递到目的地(　　　)。

1-3　模拟系统是利用(　　　)来传递信息的通信系统;数字通信系统是利用(　　　)来传递消息的通信系统。

1-4　按传输介质,通信系统可分为(　　　)通信和(　　　)通信两类。

1-5　按传输方式,通信系统可为(　　　)传输和(　　　)传输两类。

1-6   按信道中传输信号的特征,通信系统可分为(   )和(   )两类。

1-7   按通信业务特征,通信系统可分为(   )、(   )、图像、数据通信等。

1-8   根据波长的大小或频率的高低,可将电磁波划分成不同的波段(或频段),分别称为(   )、(   )、短波、微波、远红外波等。

1-9   根据滤波频率选择性的不同,滤波器被分为(   )、(   )、(   )、(   )四种。

1-10   通信的根本目的在于传输消息中所包含的信息,信息的多少可用(   )来度量。

1-11   某信源符号集由 A、B、C、D 组成,各符号独立出现的概率分别为 3/8、1/8、1/4、1/4。

(1) 计算该信源的平均信息量(熵);

(2) 若各符号独立出现的概率相等,该信源熵如何变化?

1-12   若二进制信号的单个码元宽度为 0.5ms,求码元速率 R_B 和信息速率 R_b;若改为四进制信号,码元宽度不变,求 R_b 和 R_B。

1-13   已知某四进制数字传输系统的比特率为 2400bit/s,接收端在半小时内共收到 216 个错误码元。

(1) 试计算半小时内传送的码元总数;

(2) 试计算该系统的误码率 P_e。

1-14   四进制离散信源(0,1,2,3)中各符号出现的概率分别为 3/8、1/4、1/4、1/8,且每个符号的出现都是独立的,试求:

(1) 该信源的平均信息量(熵);

(2) 该信源发送的某条消息:

20102013021300120321010032101002310200201031203210 0120210 的总信息量。

1-15   什么是消息?什么是信息?它们之间有什么关系?

1-16   什么是并行传输?什么是串行传输?

1-17   什么是单工通信?什么是半双工通信?什么是全双工通信?

1-18   画出通信系统的一般模型图,并说明其组成部分的功能。

1-19   画出模拟通信系统的模型图,并说明其组成部分的功能。

1-20   画出数字通信系统的模型图,并说明其组成部分的功能。

第2章

确知信号分析

学习导航

```
                ┌ 引言
                │            ┌ 信号时域表示
                │            │ 信号频域表示
                │            │ 欧拉公式
                │            │ 信号的相加与相乘
                │ 信号分析基础┤ 信号的正交性
                │            │ 信号的微分和积分
                │            │ 直流分量与交流分量
                │            │ 线性系统与非线性系统
确              │            └ 时不变系统与时变系统
知              │            ┌ 确知信号和随机信号
信   信号分析    │ 信号分类 ┤ 周期信号和非周期信号
号              │            └ 能量信号和功率信号
分              │            ┌ 周期信号的傅里叶级数
析              │ 周期信号分析┤ 周期信号的频域分析
                │            ┌ 傅里叶变换与反变换
                │            │ 傅里叶变换的性质
                │ 信号的傅里叶变换┤ 典型非周期信号的傅里叶变换
                │            └ 周期信号的傅里叶变换
                │            ┌ 卷积定理及性质
                │ 卷积和相关函数┤ 相关函数及性质
                │            ┌ 能量谱密度
                │ 能量谱密度和功率谱密度┤ 功率谱密度
                └ 确知信号通过线性系统
```

学习目标

- 了解信号分析基础,包括信号的时域和频率表示、信号线性系统等相关知识。
- 掌握信号的分类,包括确知信号、周期信号和能量信号等。
- 掌握周期信号分析思想,包括周期信号的傅里叶级数和频域分析。
- 掌握信号傅里叶变换,包括傅里叶变换与反变换,傅里叶变换的性质。
- 了解卷积和相关函数,包括卷积定理及性质、相关函数及性质。
- 了解能量谱密度和功率谱密度。
- 了解确知信号通过线性系统。

2.1　引言

确知信号的分析方法是信号分析的基础,信号的特性可以从时域和频域两个不同的角度来描述。

信号的时域特性反映信号随时间变化的特性,可以借助示波器观察信号的波形来分析;信号的频域特性反映信号各个频率分量的分布情况,可以借助于频谱仪观察信号的频谱进行分析。

在数学上,周期信号的频谱可用傅里叶级数来分析;非周期信号的频谱可用傅里叶变换来分析。

一般来说,信号分析就是将(复杂)信号分解为若干简单分量的叠加,并以这些分量的组成情况对信号特性进行考察。对信号进行分析的方法通常有两类:时域分析和频域(谱)分析。其中,时域分析以波形为基础;频域分析则将时域信号变换到频域中进行分析,最基本的方法是将信号分解为不同频率的余(正)弦分量的叠加,即利用傅里叶变换(级数)进行分析。

2.2　信号分析基础

信号是信息的载体,只有对所获得的信号进行分析和处理,才能得到其中的信息,信号分析从时域和频域两种表示方式开始。

2.2.1　信号时域表示

信号和系统的时域分析是指分析信号随时间变化的波形。

信号是随时间变化的物理量(电、光和声等),可以用函数解析式描述,也可用图形(波形图)来表示。余弦信号是一种非常简单的信号,其函数解析式可以描述为

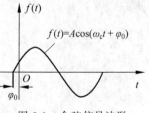

图 2-1　余弦信号波形

$$f(t) = A\cos(\omega_c t + \varphi_0) \tag{2-1}$$

式中,幅度 A、角频率 ω_c 和初始相位 φ_0 是表示信号特征的三个参数。余弦信号波形如图 2-1 所示。

余弦信号也可用复数形式表示,其表达式为

$$f(t) = A\mathrm{e}^{\mathrm{j}(\omega_c t + \varphi_0)} = A\mathrm{e}^{\mathrm{j}\varphi_0}\mathrm{e}^{\mathrm{j}\omega_c t} \tag{2-2}$$

式中,复数的三个参数 A、ω_c、φ_0 表示信号的变化规律。

2.2.2　信号频域表示

信号频域分析的基本原理是将信号分解为不同频率正弦(或余弦)信号的叠加,观察信号所包含的各种频率分量的幅值和相位得到信号的频率特性。

对余弦信号,如三个参数能确定,那函数或者波形就能唯一确定。当三个参数为 ω_0、A_0 和 φ_0 时,可用频域的方式来表示余弦信号的波形,如图 2-2 所示。

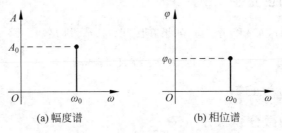

（a) 幅度谱　　　　　　　（b) 相位谱

图 2-2　余弦信号的频谱

图 2-2 表示余弦信号的频谱,其中(a)为幅度谱,(b)为相位谱。在坐标系中角频率 ω 为横轴,振幅 A 和相位 φ 分别为纵轴,以两条线(或者两个点)对应表示图 2-1 时域波形所表示的信号,这种信号的频率、幅度和相位的特征信息的表示法就是频域表示,表示的结果叫做“频谱”,对应于振幅或者相位分别称为幅度谱和相位谱。

图 2-3 表示复合信号与信号频带。正弦信号只有单一频率,其频谱中只包含一根谱线,被称为“单色”信号;而“复合”信号是由若干不同频率的单色信号叠加而成的信号。从频域角度看,若干条甚至无数条谱线构成了复合信号的频谱。

图 2-3 中,“频带(带宽)”表示某个信号的所有单色成分所覆盖的频率范围大小,带宽是衡量信号特性的一个重要指标。

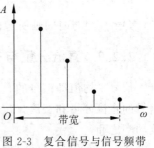

图 2-3　复合信号与信号频带

2.2.3　欧拉公式

欧拉公式将三角函数的定义域扩大到复数范围,并建立了三角函数和指数函数的关系,欧拉公式为

$$\mathrm{e}^{\mathrm{j}\omega t} = \cos(\omega t) + \mathrm{j}\sin(\omega t)$$
$$\mathrm{e}^{-\mathrm{j}\omega t} = \cos(\omega t) - \mathrm{j}\sin(\omega t) \tag{2-3}$$

余弦：
$$\cos(n\omega_0 t) = \frac{1}{2}(\mathrm{e}^{\mathrm{j}n\omega_0 t} + \mathrm{e}^{-\mathrm{j}n\omega_0 t})$$

正弦：
$$\sin(n\omega_0 t) = \frac{1}{2\mathrm{j}}(\mathrm{e}^{\mathrm{j}n\omega_0 t} - \mathrm{e}^{-\mathrm{j}n\omega_0 t}) \tag{2-4}$$

欧拉公式不仅在三角函数与指数函数之间架起了一座桥梁,而且也是实函数与虚函数之间的一条纽带,为正弦型信号的分析提供了一条捷径。它在复变函数论里占有非常重要的地位,并且有着广泛而重要的应用。

2.2.4　信号的相加与相乘

信号的相加或相乘是指两个信号在任意时刻函数值之和或积。

已知信号 $f_1(t)$ 和 $f_2(t)$,信号相加运算为

$$f(t) = f_1(t) + f_2(t) \tag{2-5}$$

信号相乘运算为

$$f(t) = f_1(t)f_2(t) \tag{2-6}$$

2.2.5　信号的正交性

假定有两个信号 $f_1(t)$ 和 $f_2(t)$,如果在区间 (t_1,t_2) 满足

$$I = \int_{t_1}^{t_2} f_1(t)f_2(t)\mathrm{d}t = 0$$

则称 $f_1(t)$ 和 $f_2(t)$ 互为正交。

2.2.6　信号的微分和积分

信号 $f(t)$ 的微分(导数) $\dfrac{\mathrm{d}f(t)}{\mathrm{d}t}$(或记作 $f'(t)$),是指信号 $f(t)$ 的函数值随时间变化的变化率。当信号 $f(t)$ 中含有不连续点时,由于引入了冲激函数的概念,则 $f(t)$ 在这些不连续点上仍有导数存在,即出现冲激,其强度为原函数在该点处的跳变量。

信号 $f(t)$ 的积分 $\int_{-\infty}^{t} f(\tau)\mathrm{d}\tau$(或记作 $f^{(-1)}(t)$),是指在 $(-\infty,t)$ 区间内的任意时刻处,信号 $f(t)$ 与时间轴所包围的面积。

2.2.7　直流分量与交流分量

信号平均值即信号的直流分量,从原信号中去掉直流分量即得到信号的交流分量。在信号的直流分量和交流分量分解的方式下,原信号的平均功率等于其直流分量的功率与交流功率之和。

任何一个信号 $f(t)$ 均可分解为直流分量和交流分量,其表达式为

$$f(t) = D + f_q(t) \tag{2-7}$$

式中,D 是直流分量,为信号平均值,其表达式为

$$D = \lim_{T \to \infty} \frac{1}{2T} \int_{-T}^{T} f(t)\mathrm{d}t \tag{2-8}$$

$f_q(t)$ 是交流分量,是原信号中去掉直流分量后的部分。

2.2.8　线性系统与非线性系统

"线性"与"非线性"是两个数学名词,"线性"是指两个量之间存在正比关系,在直角坐标系中是一条直线;而"非线性"是指两个量之间的关系不是"直线"关系,在直角坐标系中呈一条曲线。

线性系统是指系统的输入和输出之间满足叠加性和齐次性(均匀性)。

叠加性是指多个激励信号作用于系统时所产生的响应等于每个激励信号单独作用时所产生的响应的叠加。均匀性是指激励信号变化某个倍数时,响应也变化相同的倍数。

设线性系统输入信号 $x_1(t)$、输出响应 $y_1(t)$,输入信号 $x_2(t)$、输出响应 $y_2(t)$;若输入为 $x_1(t)+x_2(t)$,输出为 $y_1(t)+y_2(t)$,这就是叠加性。

若输入为 $k_1 x_1(t)$、输出为 $k_1 y_1(t)$,输入为 $k_2 x_2(t)$、输出为 $k_2 y_2(t)$,这就是齐次性。

判断:若系统满足

$$y_1(t) = f[x_1(t)], \quad y_2(t) = f[x_2(t)], \quad \text{和} \quad k_1 y_1(t) + k_2 y_2(t) = f[k_1 x_1(t) +$$

$k_2x_2(t)$],则系统为线性系统,否则为非线性系统。

在通信应用方面,线性系统相对简单,具有良好的可预测性和可分析性,线性系统的分析和控制通常更容易实现。非线性系统则相对复杂,具有较高的不确定性和不稳定性。非线性系统的分析和控制通常更困难,可能需要更高级的数学和计算方法。

2.2.9　时不变系统与时变系统

时不变系统的参数不随时间变化,而时变系统的参数随时间变化。若输入信号为 $x(t)$,当输出响应 $y(t)$ 满足关系式为

$$y(t) = f[x(t)]$$
$$y(t-t_0) = f[x(t-t_0)] \qquad (2\text{-}9)$$

则为时不变系统,反之为时变系统。时不变系统又称为恒参系统,时变系统又称为随参系统。

2.3　信号分类

在通信系统中,根据信号的不同准则可分为如下几类。

2.3.1　确知信号和随机信号

根据状态是否具有可预见性,信号可分为确知信号(确定信号)与随机信号。

确知信号是指可以预先确定其变化规律,并可以用数学函数准确地描述的信号,如正弦信号。

随机信号是指在给定的任一时刻信号的值是随机的,信号的未来值不能用精确的时间函数来描述,只能进行统计学上的近似计算,如通信系统中的接收信号和热噪声等。

2.3.2　周期信号和非周期信号

根据变化规律是否具有重复性,信号可分为周期信号和非周期信号。

如果信号是定义在 $(-\infty,\infty)$ 上,且每隔固定的时间按同样规律重复变化的信号,即若信号 $f(t)$ 满足:

$$f(t) = f(t+kT), \quad -\infty < t < \infty, k = 0, \pm 1, \pm 2, \cdots \qquad (2\text{-}10)$$

则称 $f(t)$ 是周期信号,否则为非周期信号,满足上式的最小 T 称为信号的(基波)周期。例如,正弦信号和矩形脉冲序列都是周期信号,而冲激函数、指数函数、语音信号等不具有重复性的信号则是非周期信号。

2.3.3　能量信号和功率信号

根据能量和功率是否有限,信号可分为能量信号和功率信号。

设 $f(t)$ 为电阻 $R=1\Omega$ 上的电压,电流为 $i(t)$,则 $i(t)=f(t)/R=f(t)$,电阻上消耗的能量为

$$E = \int_{-\infty}^{\infty} f^2(t)\mathrm{d}t \qquad (2\text{-}11)$$

当 E 有限,则称信号 $f(t)$ 为能量信号。

当 E 为 ∞,则

$$P = \lim_{T \to \infty} \frac{1}{T} \int_{-T/2}^{T/2} f^2(t) \, dt \tag{2-12}$$

式中,$\lim\limits_{T \to \infty} \dfrac{1}{T} \int_{-T/2}^{T/2} f(t) \, dt$ 表示在时间间隔 $(-T/2, T/2)$ 内的平均功率,若 P 有限,则称信号 $f(t)$ 为功率信号。

2.4   周期信号分析

2.4.1   周期信号的傅里叶级数

狄利克雷条件是一个信号存在傅里叶变换的充分不必要条件。

狄利克雷条件包括 3 方面:

(1) 在一个周期内,间断点的数目是有限的;

(2) 在一个周期内,极值的数目是有限的;

(3) 在一个周期内,信号是绝对可积的。

因此,对于任意的周期信号 $f(t) = f(t \pm kT)$,$k = 0, 1, 2, 3, \cdots$,只要满足狄利克雷条件,可将周期信号展开成傅里叶(Fourier)级数。

周期信号可分解成的傅里叶级数通常有三角函数形式与指数形式。

1. 三角函数形式的傅里叶级数

周期信号的傅里叶级数三角函数形式为

$$f(t) = a_0 + \sum_{n=1}^{\infty} (a_n \cos(n\omega_0 t) + b_n \sin(n\omega_0 t)) \tag{2-13}$$

式中,$f(t)$ 为周期信号,T 为周期,$\omega_0 = 2\pi/T$ 为基波角频率。

直流分量 $a_0 = (1/T) \int_0^T f(t) \, dt$

余弦分量 $a_n = (2/T) \int_0^T f(t) \cos(n\omega_0 t) \, dt$

正弦分量 $b_n = (2/T) \int_0^T f(t) \sin(n\omega_0 t) \, dt$

或者写成另外一种形式:

$$f(t) = \sum_{n=0}^{\infty} c_n \cos(n\omega_0 t + \varphi_n) \tag{2-14}$$

式中,

$$c_n = \sqrt{a_n^2 + b_n^2}, \quad \varphi_n = -\arctan(b_n/a_n) \tag{2-15}$$

由此可知,任意周期信号都可以分解为直流分量及不同频率的谐波分量之和,各谐波分量的频率是基频 $\omega_0 = 1/T$ 的整数倍。直流分量 a_0 以及各谐波分量的幅度 c_n 与相位 φ_n 取决于信号的时域波形,且是频率 $n\omega_0$ 的函数。

2. 指数形式的傅里叶级数

将欧拉公式

$$\cos(n\omega_0 t) = \frac{1}{2}(e^{jn\omega_0 t} + e^{-jn\omega_0 t})$$

$$\sin(n\omega_0 t) = \frac{1}{2j}(e^{jn\omega_0 t} - e^{-jn\omega_0 t})$$

代入三角函数形式的傅里叶级数公式,得到傅里叶级数的指数形式

$$f(t) = \sum_{n=-\infty}^{\infty} F_n e^{jn\omega_0 t}$$

式中,

$$F_n = (1/T)\int_0^T f(t)e^{-jn\omega_0 t}dt, \quad n = 0, \pm 1, \pm 2, \cdots \tag{2-16}$$

式(2-16)为指数形式的傅里叶级数,其不同频率的指数分量的傅里叶系数为 $F(n\omega_0)$,简写为 F_n。

2.4.2　周期信号的频域分析

由三角函数形式的傅里叶级数公式可知, $f(t)$ 是由有限多个或无限多个简谐分量叠加而成,分量的形式为 $c_n\cos(n\omega_0 t + \varphi_n)$。

傅里叶级数的指数形式公式中,各分量的系数是复数,可表示为

$$F_n = |F_n|e^{j\varphi_n} \tag{2-17}$$

式中,$|F_n|$ 对应幅度,φ_n 对应相位。

图 2-4 是由以上信号得到的复频谱。以频率 $n\omega_0$ 为横坐标,各次谐波分量的幅值 $|F_n|$ 和相位 φ_n 分别为纵坐标,形象地表示了周期信号具有的分量以及各分量的特征。

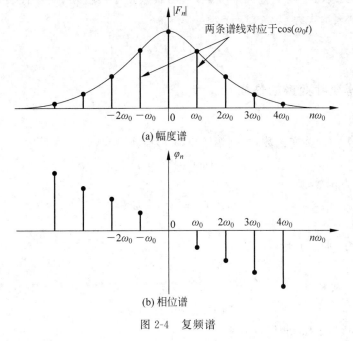

(a) 幅度谱

(b) 相位谱

图 2-4　复频谱

图 2-4 为周期信号的各分量系数所构成的复频谱,复频谱包含正负频率分量。负频率的出现是数学运算(欧拉公式)的结果,由图示可以一目了然地知道周期信号是由哪些频率组成的,各频率成分的幅值和初始相位是多大,各次谐波在周期信号中所占的比例,但并无物理意义。

图 2-4 中幅(度)谱呈偶对称,所有谐波分量的幅度($|F_n|$,$n \neq 0$)都降为对应实频谱(c_n)的一半;而相(位)谱呈奇对称,复频谱与实频谱的相位谱值相等。

2.5   信号的傅里叶变换

2.5.1   傅里叶变换与反变换

非周期信号指那些维持一段时间便不再重复出现的信号。

对非周期信号应从时域和频域两方面进行分析。

在时域上,当周期 $T \rightarrow \infty$ 时,周期信号成为非周期信号。

在频域上,周期信号的频谱在 $T \rightarrow \infty$ 时,变为非周期信号的频谱,这就是傅里叶变换。

傅里叶变换的表达式为

$$F(\omega) = \int_{-\infty}^{\infty} f(t) \mathrm{e}^{-\mathrm{j}\omega t} \mathrm{d}t \tag{2-18}$$

由信号求其频谱是由时域向频域变换,是傅里叶正变换;而从频谱反过来求原信号是频域向时域变换,是傅里叶反变换。

$f(t)$ 和 $F(\omega)$ 之间的关系式为

$$f(t) \leftrightarrow F(\omega) \tag{2-19}$$

式中,双向的箭头表明了两个方向的变换,向右代表傅里叶变换,向左代表傅里叶反变换。傅里叶反变换的表达式为

$$f(t) = \frac{1}{2\pi} \int_{-\infty}^{\infty} F(\omega) \mathrm{e}^{\mathrm{j}\omega t} \mathrm{d}\omega \tag{2-20}$$

2.5.2   傅里叶变换的性质

(1) 奇偶性

设时域信号 $f(t)$ 为实函数,若其幅频 $F(\omega)$ 为偶函数,则

$$F(\omega) = F(-\omega) \tag{2-21}$$

若相频 $\varphi(\omega)$ 为奇函数,则

$$\varphi(\omega) = -\varphi(-\omega) \tag{2-22}$$

(2) 对称性

若 $F[f(t)] = F(\omega)$,则

$$F[F(t)] = 2\pi f(-\omega) \tag{2-23}$$

若 $f(t)$ 是偶函数,则

$$F[F(t)] = 2\pi f(\omega) \tag{2-24}$$

若 $F(t)$ 形状与 $F(\omega)$ 相同,$(\omega \rightarrow t)$

则 $F(t)$ 的频谱函数形状与 $f(t)$ 形状相同，$t \rightarrow \omega$，幅度差 2π。

（3）时移性质

若 $f(t) \leftrightarrow F(\omega)$，则

$$f(t-t_0) \leftrightarrow F(\omega) e^{-j\omega t_0} \tag{2-25}$$

式中，$f(t-t_0)$ 表示将时间信号 $f(t)$ 右移 t_0。

若 $F(\omega) e^{-j\omega t_0} = |F(\omega)| e^{j(\varphi(\omega) - \omega t_0)}$，则表示将复数向量 $F(\omega)$ 的相位后移 $\varphi_0 = \omega t_0$ 弧度，就是信号在时域内的延时，对应于它的频谱在频域内的相位移动，其表达式为

$$f(t \mp t_0) \leftrightarrow F(\omega) e^{\mp j\omega t_0} \tag{2-26}$$

（4）频移性质

若 $F[f(t)] = F(\omega)$，则

$$F[f(t) e^{\pm j\omega_0 t}] \leftrightarrow F[(\omega \mp \omega_0)] \tag{2-27}$$

式中，将时间信号 $f(t)$ 乘以单位旋转向量 $e^{j\omega_0 t}$ 后，与它对应的频谱是将 $F(\omega)$ 沿 ω 轴向右平移 ω_0 的距离。

在通信技术中频移特性也称为调制特性，如在调幅信号中，时域信号 $f(t)$（调制信号）乘以正弦或余弦信号（载波），调幅信号的频谱是将 $F(\omega)$ 一分为二，并向频谱 $F(\omega)$ 的左、右各搬移 ω_0。

（5）线性

若 $f_1(t) \leftrightarrow F_1(\omega)$，$f_2(t) \leftrightarrow F_2(\omega)$，则对于任意常数 α_1，α_2，有关系式

$$F[\alpha_1 f_1(t) \pm \alpha_2 f_2(t)] \leftrightarrow \alpha_1 F_1(\omega) \pm \alpha_2 F_2(\omega) \tag{2-28}$$

2.5.3 典型非周期信号的傅里叶变换

一个非周期信号 $f(t)$ 的傅里叶变换表达式为

$$F(\omega) = \int_{-\infty}^{\infty} f(t) e^{-j\omega t} \, dt \tag{2-29}$$

上式称为 $f(t)$ 信号的频谱密度，简称频谱。

下面介绍几种常用的典型非周期信号的频谱，先写出典型非周期信号的频谱进行傅里叶变换，然后画出其频谱图，便于以后的学习使用。

1. 冲激信号

单位冲激信号的傅里叶变换表达式为

$$F(\omega) = \int_{-\infty}^{\infty} f(t) e^{-j\omega t} \, dt \tag{2-30}$$

根据冲激函数的抽样性质可得表达式为

$$F(\omega) = \int_{-\infty}^{\infty} f(t) e^{-j\omega t} \, dt = e^{-j\omega_0} = 1 \tag{2-31}$$

单位冲激信号的频谱见图 2-5，其频谱是连续谱，频率均匀分布，又称白色谱。

2. 单位阶跃信号

单位阶跃信号的时域表达式为

$$f(t) = \begin{cases} e^{-at}, & t \geqslant 0, \alpha > 0 \\ 0, & t < 0 \end{cases}$$

其傅里叶变换表达式为

$$F(\omega) = \pi\delta(\omega) + \frac{1}{\omega}\mathrm{e}^{-\mathrm{j}\frac{\pi}{2}} \tag{2-32}$$

阶跃信号的频谱如图 2-6 所示。图中阶跃信号的频谱在 $\omega = 0$ 处存在一个脉冲,阶跃信号中含有直流分量,阶跃信号在 $t = 0$ 处突变,根据吉布斯现象,频谱中会有高频分量。

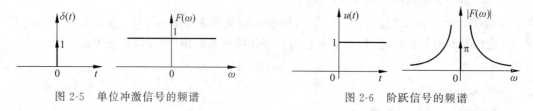

图 2-5　单位冲激信号的频谱　　　　图 2-6　阶跃信号的频谱

3. 单个矩形脉冲

设幅度为 A,宽为 τ 的单个矩形脉冲信号,进行傅里叶变换可得其频谱为

$$F(\omega) = \int_{-\infty}^{\infty} f(t)\mathrm{e}^{-\mathrm{j}\omega t}\,\mathrm{d}t = \int_{-\frac{\tau}{2}}^{\frac{\tau}{2}} A\,\mathrm{e}^{-\mathrm{j}\omega t}\,\mathrm{d}t = \frac{2A}{\omega}\sin\left(\frac{\omega\tau}{2}\right) = A\tau\,\mathrm{Sa}\left(\frac{\omega\tau}{2}\right) \tag{2-33}$$

式中,$\mathrm{Sa}(x) = \dfrac{\sin x}{x}$ 称为抽样函数,且有 $\mathrm{Sa}(0) = 1$,频谱的第 1 个零点频率为 $f = 1/\tau$,矩形脉冲信号的波形和频谱如图 2-7 所示。

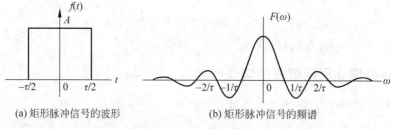

(a) 矩形脉冲信号的波形　　　　(b) 矩形脉冲信号的频谱

图 2-7　矩形脉冲信号的波形和频谱

从图 2-7 中可以得出,矩形脉冲的频谱有如下主要特点:

(1) 非周期矩形脉冲信号的频谱是连续频谱;

(2) 频谱有等间隔的零点,零点位置在 $n/\tau(n = \pm1, \pm2, \cdots)$ 处。

2.5.4　周期信号的傅里叶变换

傅里叶级数是傅里叶变换的特例。

1. 一般周期信号的傅里叶变换

设 $f(t)$ 为任意周期信号,则其傅里叶级数展开的指数形式为

$$f(t) = \sum_{n=-\infty}^{\infty} F_n \mathrm{e}^{\mathrm{j}n\omega_0 t} \tag{2-34}$$

对上式两边进行傅里叶变换,可得

$$F[f(t)] = F\left[\sum_{n=-\infty}^{\infty} F_n \mathrm{e}^{\mathrm{j}n\omega_0 t}\right] = \sum_{n=-\infty}^{\infty} F_n F[\mathrm{e}^{\mathrm{j}n\omega_0 t}] \tag{2-35}$$

因 $F[1 \cdot \mathrm{e}^{\pm\mathrm{j}\omega_1 t}] = 2\pi\delta(\omega \mp \omega_1)$,则有

$$F[f(t)] = \sum_{n=-\infty}^{\infty} 2\pi F_n \delta(\omega - n\omega_0) \tag{2-36}$$

式中，F_n 是傅里叶级数的系数，也是冲激强度；$\delta(\omega - n\omega_0)$ 是冲激函数；$\omega - n\omega_0$ 是频移；$F_n = \dfrac{1}{T}\displaystyle\int_{-T/2}^{T/2} f(t)\mathrm{e}^{-\mathrm{j}n\omega_0 t}\,\mathrm{d}t$。

周期信号的傅里叶变换是由一系列冲激函数组成的，这些冲激函数出现在离散的谐频点 $n\omega_0$ 处，它的冲激强度等于 $f(t)$ 的傅里叶级数系数 F_n 的 2π 倍。它是离散的冲激谱，当周期信号采用傅里叶级数频谱表示时，它是离散的有限幅值谱，两者是有差别的。

傅里叶变换反映的是频谱密度概念，周期信号在各谐频点上具有有限幅值，说明在这些谐频点上其频谱密度趋于无限大，所以变成冲激函数。

2. 余弦信号的傅里叶变换

由欧拉公式 $\cos(\omega_1 t) = \dfrac{1}{2}(\mathrm{e}^{\mathrm{j}\omega_1 t} + \mathrm{e}^{-\mathrm{j}\omega_1 t})$，则根据傅里叶变换的频移特性有

$$F[\cos(\omega_1 t)] = \pi[\delta(\omega + \omega_1) + \delta(\omega - \omega_1)] \tag{2-37}$$

3. 正弦信号的傅里叶变换

由欧拉公式 $\sin(\omega_1 t) = \dfrac{1}{2\mathrm{j}}(\mathrm{e}^{\mathrm{j}\omega_1 t} - \mathrm{e}^{-\mathrm{j}\omega_1 t})$，则根据傅里叶变换的频移特性有

$$F[\sin(\omega_1 t)] = \mathrm{j}\pi[\delta(\omega + \omega_1) - \delta(\omega - \omega_1)] \tag{2-38}$$

正弦、余弦信号的频谱为在 $\pm\omega_1$ 处的冲激函数，频谱如图 2-8 所示。

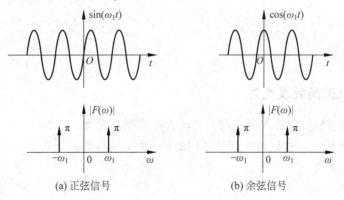

图 2-8　正弦、余弦信号的频谱

以上结果尽管只说明正弦函数和余弦函数在频域是脉冲，实际上也说明了任意周期函数都可以用脉冲的组合表达，因为任意周期函数都可以展成复指数或三角函数形式的傅里叶级数，周期信号在频域中引入冲激函数 δ 后，则可以进行傅里叶变换。

2.6　卷积和相关函数

2.6.1　卷积定理及性质

1. 卷积的定义

设任意两信号分别为 $f_1(t)$ 和 $f_2(t)$，则定义它们的卷积运算为

$$f_1(t) * f_2(t) = \int_{-\infty}^{\infty} f_1(\tau) f_2(t - \tau) d\tau \tag{2-39}$$

式中,τ 为积分变量。

2. 卷积定理

(1) 时域卷积定理

若 $f_1(t) \leftrightarrow F_1(\omega)$,$f_2(t) \leftrightarrow F_2(\omega)$,则有

$$f_1(t) * f_2(t) \leftrightarrow F_1(\omega) F_2(\omega) \tag{2-40}$$

(2) 频域卷积定理

若 $f_1(t) \leftrightarrow F_1(\omega)$,$f_2(t) \leftrightarrow F_2(\omega)$,则有

$$f_1(t) f_2(t) \leftrightarrow \frac{1}{2\pi} [F_1(\omega) * F_2(\omega)] \tag{2-41}$$

3. 卷积的性质

(1) $f(t)$ 与冲激函数的卷积认为是该函数本身,其关系式为

$$f(t) * \delta(t) = \int_{-\infty}^{\infty} f(\tau) \delta(t - \tau) d\tau = f(t) \tag{2-42}$$

则有 $f(t) * \delta(t - t_0) = f(t - t_0)$

(2) 交换律

$$f_1(t) * f_2(t) = f_2(t) * f_1(t) \tag{2-43}$$

(3) 结合律

$$f_1(t) * [f_2(t) * f_3(t)] = [f_1(t) * f_2(t)] * f_3(t) \tag{2-44}$$

(4) 分配律

$$f_1(t) * [f_2(t) + f_3(t)] = f_1(t) * f_2(t) + f_1(t) * f_3(t) \tag{2-45}$$

2.6.2　相关函数及性质

相关函数用于研究信号波形之间的关联程度或相似程度。

互相关函数 $R_{12}(\tau)$ 描述两个信号之间的相关性;而自相关函数 $R(\tau)$ 描述同一个信号在不同时刻的相关性。

1. 互相关函数的定义及性质

1) 互相关函数的定义

(1) 能量信号互相关函数的定义:

设 $f_1(t)$ 和 $f_2(t)$ 为两个能量信号,τ 为时间差,则它们之间的互相关函数为

$$R_{12}(\tau) = \int_{-\infty}^{\infty} f_1(t) f_2(t + \tau) dt \tag{2-46}$$

(2) 功率信号互相关函数的定义:

设 $f_1(t)$ 和 $f_2(t)$ 为两个功率信号,τ 为时间差,T 为时间平均区间,则它们之间的互相关函数为

$$R_{12}(\tau) = \lim_{T \to \infty} \frac{1}{T} \int_{-T/2}^{T/2} f_1(t) f_2(t + \tau) dt \tag{2-47}$$

(3) 周期信号互相关函数的定义:

设 $f_1(t)$ 和 $f_2(t)$ 为周期为 T_0 的周期信号,τ 为时间差,则它们之间的互相关函数为

$$R_{12}(\tau) = \frac{1}{T_0} \int_{-T_0/2}^{T_0/2} f_1(t) f_2(t+\tau) \mathrm{d}t \qquad (2\text{-}48)$$

2) 互相关函数的性质

(1) 对所有 τ，$R_{12}(\tau)$ 越小则两信号相关程度越小，若 $R_{12}(\tau)=0$，表示两个信号互不相关。

(2) 当 $\tau=0$ 时，$R_{12}(0)$ 表示两个信号在无时差时的相关性，$R_{12}(0)$ 越大，说明两个信号越相似。

(3) 当 $\tau \neq 0$ 时，$R_{12}(\tau)=R_{21}(-\tau)$ 表示互相关函数和两个信号相乘的前后次序有关。

2. 自相关函数的定义及性质

1) 自相关函数的定义

若 $f_1(t)$ 和 $f_2(t)$ 为两个完全相同信号，且 $f_1(t)=f_2(t)=f(t)$，τ 为时间差，则互相关就变成自相关，则它们之间的自相关函数 $R(\tau)$ 定义如下。

(1) 能量信号自相关函数定义为

$$R(\tau) = \int_{-\infty}^{\infty} f(t) f(t+\tau) \mathrm{d}t \qquad (2\text{-}49)$$

(2) 功率信号自相关函数定义为

$$R(\tau) = \lim_{T \to \infty} \frac{1}{T} \int_{-T/2}^{T/2} f(t) f(t+\tau) \mathrm{d}t \qquad (2\text{-}50)$$

(3) 周期信号自相关函数定义为

$$R(\tau) = \frac{1}{T} \int_{-T/2}^{T/2} f(t) f(t+\tau) \mathrm{d}t \qquad (2\text{-}51)$$

2) 自相关函数的性质

(1) 当 $\tau=0$ 或者两信号无时差时，关联性最大，即 $|R(\tau) \leqslant R(0)|$。

(2) 当自相关函数是 τ 的偶函数时，$R(\tau)=R(-\tau)$。

(3) 能量信号的 $R(0)$ 等于信号的能量，而功率信号的 $R(0)$ 等于信号的平均功率。

2.7　能量谱密度和功率谱密度

信号的谱密度是信号的能量或功率在频域上的分布特性。在分析通信系统对信号或噪声的滤波性能，以及确定信号带宽等问题时需要使用能量谱密度和功率谱密度。

2.7.1　能量谱密度

1. 帕塞瓦尔能量守恒定理

对于持续时间有限或在时间轴上衰减的非周期信号，由于其信号能量有限，所以可研究信号的能量随频率分布的情况，从而得出能量谱的概念。

若能量信号 $s(t)$ 的傅里叶变换为 $S(f)$，则有

$$\int_{-\infty}^{\infty} s^2(t) \mathrm{d}t = \int_{-\infty}^{\infty} |S(f)|^2 \mathrm{d}f \qquad (2\text{-}52)$$

此式成立，则称为**帕塞瓦尔能量守恒定理**。

2. 能量谱密度

若非周期信号 $s(t)$，具有有限能量为

$$E = \int_{-\infty}^{\infty} s^2(t)\,\mathrm{d}t$$

$$s(t) = \frac{1}{2\pi}\int_{-\infty}^{\infty} S(\omega)\mathrm{e}^{\mathrm{j}\omega t}\,\mathrm{d}\omega$$

则有

$$E = \int_{-\infty}^{\infty} s^2(t)\,\mathrm{d}t = \frac{1}{2\pi}\int_{-\infty}^{\infty} |S(\omega)|^2\,\mathrm{d}\omega = \int_{-\infty}^{\infty} |S(f)|^2\,\mathrm{d}f \tag{2-53}$$

式(2-53)称为非周期信号的帕塞瓦尔能量守恒定理。

式(2-53)表明对能量有限信号，在时域上积分所得的信号能量与频域上积分所得的相等，说明信号经傅里叶变换，其总能量保持不变。

式(2-53)中，$S(f)$ 是 $s(t)$ 的傅里叶变换，$|S(f)|^2$ 反映了信号的能量分布，是信号的能量谱密度，简称能量谱，记为

$$E(f) = |S(f)|^2 \tag{2-54}$$

由于能量谱密度描述了单位带宽的能量，其单位是 J/Hz。

2.7.2 功率谱密度

功率谱密度是指信号的功率在频域上的分布情况。

1. 一般功率信号的功率谱密度

设 $s(t)$ 为一般功率信号，则功率信号的平均功率为

$$P = \lim_{T\to\infty} \frac{1}{T}\int_{-T/2}^{T/2} s^2(t)\,\mathrm{d}t = \lim_{T\to\infty} \frac{1}{T}\int_{-\infty}^{\infty} s_T^2(t)\,\mathrm{d}t \tag{2-55}$$

式中，$s_T(t)$ 是功率信号 $s(t)$ 的截短信号，且 $s_T(t) \leftrightarrow S_T(\omega)$。

利用**帕塞瓦尔能量守恒定理**，上式中的平均功率可表示为

$$P = \lim_{T\to\infty} \frac{1}{T}\int_{-T/2}^{T/2} s_T^2(t)\,\mathrm{d}t = \lim_{T\to\infty} \frac{1}{T}\frac{1}{2\pi}\int_{-\infty}^{\infty} |S_T(\omega)|^2\,\mathrm{d}\omega$$

$$= \frac{1}{2\pi}\int_{-\infty}^{\infty} \lim_{T\to\infty} \frac{1}{T} |S_T(\omega)|^2\,\mathrm{d}\omega \tag{2-56}$$

式中，$S_T(\omega)$ 是 $s_T(t)$ 的傅里叶变换，最后一个积分式中的被积函数就是功率谱密度，简称功率谱，其表达式为

$$P(\omega) = \lim_{T\to\infty} \frac{1}{T} |S_T(\omega)|^2 \tag{2-57}$$

式中，$P(\omega)$ 的单位是 W/Hz，信号的平均功率等于功率谱密度的面积积分

$$P = \frac{1}{2\pi}\int_{-\infty}^{\infty} P(\omega)\,\mathrm{d}\omega = \int_{-\infty}^{\infty} P(f)\,\mathrm{d}f \tag{2-58}$$

2. 周期信号的平均功率

周期信号的平均功率可以在一个周期 T_0 作平均运算，其表达式为

$$P_T = \lim_{T\to\infty} \frac{1}{T}\int_{-T_0/2}^{T_0/2} s^2(t)\,\mathrm{d}t = \frac{1}{T_0}\int_{-T_0/2}^{T_0/2} s^2(t)\,\mathrm{d}t$$

$$P_T = \sum_{n=-\infty}^{\infty} |C_n|^2 \tag{2-59}$$

再对上式利用 δ 函数求和构成谱函数

$$P_T(f) = \sum_{n=-\infty}^{\infty} |C_n|^2 \delta(f - nf_0)$$

或者

$$P_T(\omega) = 2\pi \sum_{n=-\infty}^{\infty} |C_n|^2 \delta(\omega - n\omega_0) \tag{2-60}$$

式(2-60)为周期信号的功率谱密度公式,式中,C_n 是傅里叶系数,f_0 是该周期信号的基波频率。功率谱密度的单位是 W/Hz。

3. 带宽

(1) 第 1 零点的带宽

对于有主瓣的能量谱,用其第 1 零点的频率来定义**带宽称为第 1 零点的带宽**。例如,带宽为 τ 的矩形脉冲信号,其 90% 以上的能量都集中在频谱的第 1 零点内,即$(0 \sim 1/\tau)$,故将矩形脉冲频谱的第 1 零点频率 $1/\tau$ 作为信号的有效带宽。

(2) 百分比带宽

根据带宽内信号能量(功率)占总能量(功率)的百分比来确定带宽,称为百分比带宽。

对于能量信号,可利用能量谱 $E(f)$,其表达式为

$$2\int_0^B E(f)\mathrm{d}f = E \times \gamma \tag{2-61}$$

求出带宽 B。式中,γ 为百分比,可取 90%、95% 或 99% 等。

对于功率信号,则可利用功率谱 $P(f)$,其表达式为

$$2\int_0^B P(f)\mathrm{d}f = P \times \gamma \tag{2-62}$$

求出带宽 B。

2.8　确知信号通过线性系统

确知信号通过线性系统通常用时域、频域和复频域三种方式进行描述。

1. 信号通过时域线性系统

图 2-9 为信号通过时域线性系统。图中 $x(t)$ 为线性系统的输入信号,$y(t)$ 为线性系统的输出响应,$h(t)$ 为系统的冲激响应,根据满足线性系统的叠加性条件,则在时域线性系统的输入、输出的关系式为

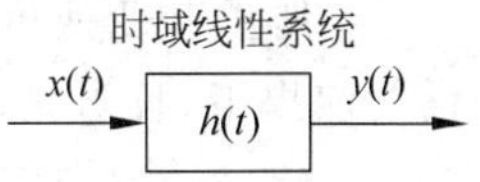

图 2-9　信号通过时域线性系统

$$y(t) = h(t) * x(t) \tag{2-63}$$

2. 信号通过频域线性系统

图 2-10 为信号通过频域线性系统,图中 $X(\omega)$ 为线性系统的输入信号,$Y(\omega)$ 为线性系统的输出响应,$H(\omega)$ 是系统的传输函数,根据满足线性系统的叠加性条件,则在频域

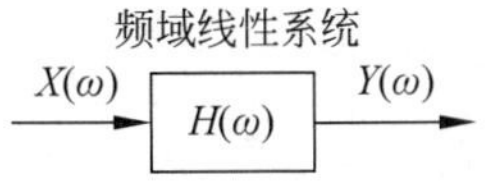

图 2-10　信号通过频域线性系统

线性系统的输入、输出的关系式为

$$Y(\omega) = H(\omega)X(\omega) \tag{2-64}$$

系统的传输函数可由输入和输出信号的频谱来确定,可表示为 $H(\omega) = \dfrac{Y(\omega)}{X(\omega)}$。

3. 信号通过复频域线性系统

$H(\omega)$ 通常是 ω 的复函数,可有下列关系式

$$H(\omega) = |H(\omega)| e^{j\varphi(\omega)}$$

式中,$|H(\omega)|$ 为系统的幅度频率特性,简称幅频特性;$j\varphi(\omega)$ 为系统的相位频率特性,简称相频特性。

思考与练习

2-1   信号的特性可以从(   )和(   )两个不同的角度来描述。

2-2   信号的(   )反映信号随时间变化的特性,可以借助示波器观察信号的(   )来分析。

2-3   信号的(   )反映信号各个频率分量的分布情况,可以借助于频谱仪观察信号的(   )进行分析。

2-4   在数学上,周期信号的频谱可用(   )来分析;非周期信号的频谱可用(   )来分析。

2-5   对信号进行分析的方法通常有两类:(   )和(   )

2-6   将一个信号用若干或者无穷个其他信号表示的方法就是(   ),分解的逆过程就是(   )。

2-7   信号的分解方法有多种。(   )、(   )、拉氏变换和 Z 变换等都是信号分解概念的体现。"信号的分解运算"是信号分析的"精髓"。

2-8   两个或两个以上周期信号的合成,一般情况下为(   ),只有当各周期信号的频率比例成有理数时,其合成结果才能成为(   )。

2-9   对非周期信号进行频域分析的一般思路是:周期信号的频谱在 $T_1 \to \infty$ 时的极限,就变为(   ),相应的变换为(   ),简称傅氏变换。

2-10   傅里叶变换可由信号求其频谱,即由(   ),而傅里叶反变换则相反,可以在知道频谱的前提下,反过来求原信号,即由(   )。

2-11   信号的谱密度是信号的(   )和(   )在频域上的分布特性。在分析通信系统对信号或噪声的滤波性能,以及确定信号带宽等问题时需要使用(   )和(   )。特别是对随机信号,往往要用功率谱密度来描述它的频率特性。

2-12   相关函数用于研究信号波形之间的关联程度或相似程度。(   )描述两个信号之间的相关性;而(   )描述同一个信号在不同时刻上的相关性。

2-13   写出互相关函数的定义及性质的表达式。

2-14   写出自相关函数的定义及性质的表达式。

2-15   写出周期信号的傅里叶级数的三角函数形式。

2-16 图 2-11 为周期矩形脉冲信号,在一个周期内有

$$f(t) = \begin{cases} E, & |t| \leqslant \tau/2 \\ 0, & \tau/2 < |t| \leqslant T_1/2 \end{cases}$$,求此信号的频谱并画出频谱图。

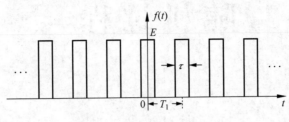

图 2-11 周期矩形脉冲信号

第3章

随机过程

学习目标

- 了解随机过程的基本概念。
- 了解随机过程的定义。
- 掌握随机过程的概率分布。
- 了解随机过程的数字特征。
- 了解平稳随机过程,包括定义、各态历经性和功率谱密度等。
- 掌握高斯随机过程,包括定义、重要性质和正态分布。
- 掌握窄带随机过程,包括定义、统计特性。
- 了解平稳随机过程通过线性系统。
- 了解白噪声,包括白噪声的概念、低通白噪声和带通白噪声。

3.1 随机过程的基本概念

1. 随机函数（随机信号）

随机函数是随某些参量变化的随机变量。通常将以时间为参量的随机函数称为随机过程，也称为随机信号。

在数学上，随机信号是指不能用明确的数学关系式来描述，无法预测未来时刻精确值，只能用样本或数据序列的统计性质来描述的信号。

2. 随机信号的研究方法

随机信号的研究方法是用统计的方法。

按随机试验进行观察，将观察中获得的具有随机性的样本或数据序列抽象为随机信号（或称为不确定性信号），用统计的方法研究随机信号在时域、频域、时频域的分布规律以及数字特征。

3. 随机信号主要特点

与确定性信号相比，随机信号有以下三个主要特点：

（1）随机信号的任何一个实现，都只是随机信号总体中的一个样本；

（2）任一时间点上随机信号的取值都是一个随机变量，只能用概率函数和集合平均这样的数字特征值来描述；

（3）平稳随机信号在时间上是无始无终的，其能量是无限的，傅里叶变换并不存在，因此平稳随机信号不能用通常的频谱来表示。

4. 随机变量

随机变量是一个数值函数，它将样本空间中的每个可能结果映射到一个实数值。

设随机事件 e_i 分别用数值 x_i 来表示，则随机变量 X 可表示为

$$X = \{e_i\} = \{x_i\} \quad (i = 1, 2, \cdots) \tag{3-1}$$

X 以一定的概率来取某一个 x_i 值，而 x_i 是用一个确定的数值来表示。

随机变量表示了随机事件的数值特征，它可以描述某个事件的结果或属性。随机变量可以分为两种类型：离散随机变量和连续随机变量。

当随机变量的取值个数为有限或无穷可数时，称为离散随机变量，否则为连续随机变量。

3.2 随机过程的定义

自然界变化的过程可以分为确定过程和随机过程两大类。

确定过程是指每次观测所得结果都相同，都是时间 t 的一个确定的函数，具有确定的变化规律；而随机过程是指每次观测所得结果都不同，都是时间 t 的不同函数，观测前又不能预知观测结果，并没有确定的变化规律。

随机过程就是随机试验中所有结果的"样本函数"的集合总体。

　　每次试验结果所得的时间函数称为一个"样本函数"。由所有的样本函数可以构成一个"样本空间"。

　　如某公司通信交换机的输出噪声电压测试结果,用样本函数和样本空间两个过程进行描述。

　　(1) 样本函数 $x_i(t)$：每测试一次,就会记录一条随时间变化的波形 $x_i(t)$,都是一个确定的时间函数 $x_i(t)$。

　　(2) 样本空间 $X(t)$：经过连续 n 次测试,所记录的是 n 条形状各不相同的时间波形,而且在每次观测之前都无法预知将会出现哪一个波形,它可能是 $x_1(t)$,也可能是 $x_2(t)$,$x_3(t)$,…,$x_n(t)$,…,所有这些可能出现的时间波形的全体 $\{x_1(t),x_2(t),…,x_n(t),…\}$ 就构成一个随机过程,记作 $X(t)$,而其中的任意一个波形 $x_i(t)$ 称为随机过程 $X(t)$ 的一个样本函数或一次实现,随机过程的波形如图 3-1 所示。

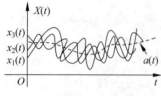

图 3-1　随机过程的波形

　　同样,通信交换机输出噪声的随机过程实质上是随机变量的延伸,是由所有可能出现的样本函数构成的。在某次观测中,观察到的只是这个随机过程中的一个样本,至于是哪一个样本,在观测之前是无法预见的,这正是随机过程随机性的表现。这种随机性还可表现为,随机过程在任意时刻的取值是一个随机变量。因此,随机过程又可定义为在时间进程中处于不同时刻的随机变量的集合。

　　综上所述,随机过程兼有随机变量和时间函数的特点。

3.3　随机过程的概率分布

　　由于随机过程具有两重性,可以用与描述随机变量相似的方法来描述它的统计特性。

　　随机过程的概率分布有一维概率分布、二维概率分布和 n 维(联合)分布函数。

　　一维概率分布是随机过程 $\{X(t),t\in T\}$ 在任一时刻 t 的状态是一维随机变量。

　　二维概率分布是随机过程 $\{X(t),t\in T\}$,当 t 取任意两个时刻时,$X(t)$ 是二维随机变量。

　　1. 随机过程 $X(t)$ 的一维概率分布

　　设 $X(t)$ 表示一个随机过程,在任意时刻 $t_1(t_1\in T)$ 时 $X(t_1)$ 为一维随机变量。而随机变量的统计特性可以用概率分布函数来描述,将随机变量 $X(t_1)\leqslant x_1$ 的概率 $P[X(t_1)\leqslant x_1]$,记作 $F_1(x_1,t_1)$,为随机过程 $X(t)$ 的一维分布函数,其表达式为

$$F_1(x_1,t_1)=P[X(t_1)\leqslant x_1] \tag{3-2}$$

　　若 $F_1(x_1,t_1)$ 对 x_1 的偏导数存在,则有

$$\frac{\partial F_1(x_1,t_1)}{\partial x_1}=f_1(x_1,t_1) \tag{3-3}$$

式中,$f_1(x_1,t_1)$ 为随机过程 $X(t)$ 的一维概率密度函数,由于 t_1 时刻是任意取的,就可以把 t_1 写为 t,这样 $f_1(x_1,t_1)$ 可记为 $f_1(x_1,t)$。

　　2. 随机过程 $X(t)$ 的二维概率分布

　　对任意两个时刻 $t_1,t_2\in T$,如 $X(t_1)\leqslant x_1$,$X(t_2)\leqslant x_2$ 两式同时成立,则有

$$F_2(x_1,x_2;t_1,t_2)=P\{X(t_1)\leqslant x_1,X(t_2)\leqslant x_2\} \tag{3-4}$$

上式为随机过程 $X(t)$ 的二维分布函数。

若 $F_2(x_1, x_2; t_1, t_2)$ 对 x_1 及 x_2 的偏导数存在,则有

$$f_2(x_1, x_2; t_1, t_2) = \frac{\partial^2 F_2(x_1, x_2; t_1, t_2)}{\partial x_1 \cdot \partial x_2} \tag{3-5}$$

成立,则 $f_2(x_1, x_2; t_1, t_2)$ 为 $X(t)$ 的二维概率密度函数。

3. 随机过程 $X(t)$ 的 n 维(联合)分布函数

一般对任意时刻的 $t_1, t_2, \cdots, t_n \in T$

$$F_n(x_1, x_2, \cdots, x_n; t_1, t_2, \cdots, t_n)$$
$$= P\{X(t_1) \leqslant x_1, X(t_2) \leqslant x_2, \cdots, X(t_n) \leqslant x_n\} \tag{3-6}$$

此式称为随机过程 $X(t)$ 的 n 维分布函数,描述随机过程在任意 n 个时刻状态的统计特性,它表明 $X_1, X_2, \cdots, X_n$ 事件同时发生的概率。

若

$$f(x_1, x_2, \cdots, x_n; t_1, t_2, \cdots, t_n) = \frac{\partial^n F(x_1, x_2, \cdots, x_n; t_1, t_2, \cdots, t_n)}{\partial x_1 \partial x_2 \cdots \partial x_n} \tag{3-7}$$

若式(3-7)成立,称为 $X(t)$ 的 n 维概率密度函数。当 n 越大,用 n 维分布函数(或 n 维概率密度函数)去描述随机过程就越充分。但在实践中,用高维($n > 2$)分布函数或概率密度函数去描述随机过程时往往会遇到困难。

3.4　随机过程的数字特征

数字特征是指随机过程的取值具有的某些特定的统计平均值,反映了随机过程的基本特性。

常用数学期望、方差和相关函数来描述随机过程的数字特征。

1. 数学期望(均值)

随机过程 $X(t)$ 在任意给定时刻 t_1 的取值 $X(t_1)$ 是一个随机变量,其概率密度函数为 $f_1(x_1, t_1)$,则随机过程 $X(t_1)$ 的数学期望为

$$E[X(t_1)] = \int_{-\infty}^{\infty} x_1 f_1(x_1, t_1) \mathrm{d}x_1$$

式中,t_1 是任取的,则用 t 替换 t_1,x 替换 x_1,上式就变为随机过程在任何时刻 t 的数学期望,其表达式为

$$E[X(t)] = \int_{-\infty}^{\infty} x f_1(x, t) \mathrm{d}x \tag{3-8}$$

式中,$X(t)$ 的数学期望是时间的确定函数,常记作 $a(t)$,表示随机过程的 n 个样本函数曲线的摆动中心,如图 3-1 所示。

2. 方差

随机过程 $X(t)$ 在任意时刻 t 的方差定义为

$$\sigma^2(t) = E\{[X(t) - a(t)]^2\} = E[X^2(t)] - a^2(t) \tag{3-9}$$

式中,$E[X^2(t)] = \int_{-\infty}^{\infty} x^2 f_1(x, t) \mathrm{d}x$ 称为随机过程 $X(t)$ 的均方值,方差 $\sigma^2(t)$ 反映了随机

过程在任意时刻 t 对于数学期望 $a(t)$ 的偏离程度。

3. 相关函数

数学期望和方差只是描述了随机过程在某个时刻的数字特征,而衡量随机过程在不同时刻的取值之间的关联程度常用协方差函数 $C(t_1,t_2)$ 和相关函数 $R(t_1,t_2)$ 来表示。

协方差函数定义为

$$C(t_1,t_2)=E\{[X(t_1)-a(t_1)][X(t_2)-a(t_2)]\}$$

$$=\int_{-\infty}^{\infty}\int_{-\infty}^{\infty}[x_1-a(t_1)][x_2-a(t_2)]f_2(x_1,x_2;t_1,t_2)\mathrm{d}x_1\mathrm{d}x_2 \quad (3\text{-}10)$$

式中,$a(t_1)$ 和 $a(t_2)$ 分别是随机过程在 t_1 和 t_2 时刻的数学期望;$f_2(x_1,x_2;t_1,t_2)$ 是随机过程的二维概率密度函数。

相关函数定义为

$$R(t_1,t_2)=E[X(t_1)X(t_2)]$$

$$=\int_{-\infty}^{\infty}\int_{-\infty}^{\infty}x_1x_2f_2(x_1,x_2;t_1,t_2)\mathrm{d}x_1\mathrm{d}x_2 \quad (3\text{-}11)$$

式中,$X(t_1)$ 和 $X(t_2)$ 分别是在 t_1 和 t_2 时刻观测得到的随机变量。

协方差函数与相关函数之间的关系为

$$C(t_1,t_2)=R(t_1,t_2)-a(t_1)a(t_2) \quad (3\text{-}12)$$

式中,若 $a(t_2)=0$ 或 $a(t_1)=0$,则有 $C(t_1,t_2)=R(t_1,t_2)$,因此 $C(t_1,t_2)$ 和 $R(t_1,t_2)$ 是衡量同一随机过程的相关程度,分别称为自协方差函数和自相关函数。

3.5　平稳随机过程

3.5.1　平稳随机过程的定义

1. 平稳随机过程

随机过程可分为平稳和非平稳两大类,严格地说,所有信号都是非平稳的,但是对平稳信号的分析要容易得多。

随机过程的统计特性不随时间推移而变,也就是说支配随机过程的规律不随时间而变,将这类随机过程称为平稳随机过程;反之,称为非平稳随机过程。

设一个随机过程 $X(t)$ 的任意有限维分布函数与时间无关,对于时间 t 的任意 n 个数值 $t_1,t_2,\cdots,t_n$ 和任意实数 m,随机过程 $X(t)$ 的 n 维分布函数为

$$F_n(x_1,x_2,\cdots,x_n;t_1,t_2,\cdots,t_n)$$

$$=F_n(x_1,x_2,\cdots,x_n;t_1+m,t_2+m,\cdots,t_n+m)$$

$$n=1,2,\cdots \quad (3\text{-}13)$$

概率密度函数为

$$f_n(x_1,x_2,\cdots,x_n;t_1,t_2,\cdots,t_n)$$

$$=f_n(x_1,x_2,\cdots,x_n;t_1+m,t_2+m,\cdots,t_n+m)$$

$$n=1,2,\cdots \quad (3\text{-}14)$$

上式的随机过程是在严格定义下的平稳随机过程,简称严平稳过程。

2. 广义平稳随机过程

平稳随机过程的统计特性不随时间的推移而改变。

一维概率密度函数与时间无关,则表达式为

$$f_1(x_1,t_1)=f_1(x_1) \tag{3-15}$$

二维概率密度函数只与时间间隔 $\tau=t_2-t_1$ 有关,则其表达式为

$$f_2(x_1,x_2;t_1,t_2)=f_2(x_1,x_2;\tau) \tag{3-16}$$

其均值与 t 无关,为常数 a,其表达式为

$$E[X(t)]=\int_{-\infty}^{\infty}x_1f_1(x_1)\mathrm{d}x_1=a \tag{3-17}$$

其自相关函数只与时间间隔 τ 有关,其表达式为

$$R(t_1,t_2)=E[X(t_1)X(t_1+\tau)]$$

$$=\int_{-\infty}^{\infty}\int_{-\infty}^{\infty}x_1x_2f_2(x_1,x_2;\tau)\mathrm{d}x_1\mathrm{d}x_2=R(\tau) \tag{3-18}$$

因此,从数字特征均值和自相关函数的表达式可知,同时满足均值和自相关函数的过程定义为广义平稳随机过程。显然,严平稳随机过程必定是广义平稳随机过程,反之不一定成立。

在通信系统中所遇到的信号及噪声,大多数可视为平稳随机过程,研究平稳随机过程有着很大的实际意义。

3.5.2 各态历经性

随机过程的均值和相关函数数字特征是对随机过程的所有样本函数的统计平均,但在实际中常常很难测得大量的样本。

各态历经性是指平稳随机过程在满足一定的条件下具有一个有趣而又非常有用的特性。具有各态历经性的过程,其数字特征(均为统计平均)完全可由随机过程中的任一实现的时间平均值来代替。

设 $x(t)$ 是平稳随机过程 $X(t)$ 的任意一次实现(样本),其时间平均值定义为

$$\bar{a}=\overline{x(t)}=\lim_{T\to\infty}\frac{1}{T}\int_{-T/2}^{T/2}x(t)\mathrm{d}t \tag{3-19}$$

时间相关函数定义为

$$\overline{R(\tau)}=\overline{x(t)x(t+\tau)}=\lim_{T\to\infty}\frac{1}{T}\int_{-T/2}^{T/2}x(t)x(t+\tau)\mathrm{d}t \tag{3-20}$$

若平稳随机过程 $X(t)$ 的统计平均值等于它的任意一个样本 $x(t)$ 的时间平均值,则有

$$\begin{cases}a=\bar{a}\\R(\tau)=\overline{R(\tau)}\end{cases} \tag{3-21}$$

满足式(3-21)则称平稳随机过程 $X(t)$ 具有各态历经性。在通信系统中所遇到的随机信号和噪声,一般均能满足各态历经性条件。

3.5.3 平稳随机过程自相关函数的特性

通过求出平稳随机过程的均值、方差和相关函数等数字特征,以及各种功率来了解平稳

随机过程的自相关函数 $R(\tau)$ 的重要性。

平稳随机过程 $X(t)$ 的均值为常数,自相关函数时间差 $\tau = t_2 - t_1$,则 $R(\tau) = E[(X(t)X(t+\tau)]$ 具有如下主要性质:

(1) $R(0) = E[X^2(t)]$　[$X(t)$ 的平均功率]　　　　　　　　　　　　　　(3-22)

(2) $R(\infty) = E^2[X(t)] = a^2$　[$X(t)$ 的直流功率]　　　　　　　　　　(3-23)

(3) $R(0) - R(\infty) = \sigma^2$　[(方差),$X(t)$ 的交流功率]　　　　　　　(3-24)

当均值为 0 时,有 $R(0) = \sigma^2$。

(4) $R(\tau) = R(-\tau)$　[τ 的偶函数]　　　　　　　　　　　　　　　(3-25)

(5) $|R(\tau)| \leqslant R(0)$　[$\tau = 0$ 时有最大值]　　　　　　　　　　　(3-26)

3.5.4　平稳随机过程的功率谱密度

随机过程的频谱特性用它的功率谱密度来表示。

对于平稳随机过程 $X(t)$,可以把 $x(t)$ 当作 $X(t)$ 的一个样本。不同的样本函数具有不同的功率谱密度,某一样本的功率谱密度不能作为过程的功率谱密度,因此,平稳随机过程的功率谱密度应看作是对所有样本的功率谱密度的统计平均,故 $X(t)$ 的功率谱密度可以定义为

$$P_X(\omega) = E[P_x(\omega)] = E\left[\lim_{T \to \infty} \frac{|X_T(\omega)|^2}{T}\right] = \lim_{T \to \infty} \frac{E[|X_T(\omega)|^2]}{T} \tag{3-27}$$

式中,$X_T(\omega)$ 是 $x(t)$ 的截短函数 $x_T(t)$ 所对应的频谱函数。随机过程 $X(t)$ 的平均功率可表示为

$$P = \frac{1}{2\pi} \int_{-\infty}^{\infty} P_X(\omega) \mathrm{d}\omega \tag{3-28}$$

平稳随机过程的自相关函数和功率谱密度服从维纳-辛钦关系。维纳-辛钦关系是指功率信号的自相关函数与功率谱密度互为傅里叶变换关系,表达式为

$$P_X(\omega) = \int_{-\infty}^{\infty} R(\tau) \mathrm{e}^{-\mathrm{j}\omega\tau} \mathrm{d}\tau = F[R(\tau)] \tag{3-29}$$

$$R(\tau) = \frac{1}{2\pi} \int_{-\infty}^{\infty} P_X(\omega) \mathrm{e}^{\mathrm{j}\omega\tau} \mathrm{d}\omega = F^{-1}[P_X(\omega)] \tag{3-30}$$

记为

$$R(\tau) \leftrightarrow P_X(\omega) \tag{3-31}$$

用频率 f 替代 ω,$\omega = 2\pi f$,则有

$$R(\tau) = \int_{-\infty}^{\infty} P_X(f) \mathrm{e}^{2\mathrm{j}f\tau} \mathrm{d}\omega \tag{3-32}$$

$$P_X(f) = \int_{-\infty}^{\infty} R(f) \mathrm{e}^{-2\mathrm{j}\pi\tau} \mathrm{d}\tau \tag{3-33}$$

$$R(\tau) \leftrightarrow P_X(f) \tag{3-34}$$

以上关系称为维纳-辛钦关系,它建立了频域与时域的关系。

从平稳随机过程表示的维纳-辛钦关系可得到以下两个结论。

(1) 当 $\tau = 0$ 时,可得平稳过程的总功率为

$$R(0) = \frac{1}{2\pi} \int_{-\infty}^{\infty} P_X(\omega) \mathrm{d}\omega = \int_{-\infty}^{\infty} P_X(f) \mathrm{d}f \tag{3-35}$$

(2) 功率谱密度 $P_X(f)$ 具有非负性和实偶性,其关系表达式为

$$P_X(f) \geqslant 0 \quad \text{和} \quad P_X(-f) = P_X(f) \tag{3-36}$$

3.6 高斯随机过程

高斯随机过程也称正态随机过程。通信系统中的热噪声符合高斯随机过程的统计特性,称为高斯噪声。

3.6.1 高斯随机过程的定义

高斯随机过程是指随机过程 $X(t)$ 的 n 维($n=1,2,\cdots$)分布都服从正态分布,其 n 维正态概率密度函数的表达式为

$$f_n(x_1, x_2, \cdots, x_n; t_1, t_2, \cdots, t_n)$$

$$= \frac{1}{(2\pi)^{n/2} \sigma_1 \sigma_2 \cdots \sigma_n |B|^{1/2}} \exp\left[\frac{-1}{2|B|} \sum_{j=1}^{n} \sum_{k=1}^{n} |B|_{jk} \left(\frac{x_j - a_j}{\sigma_j}\right)\left(\frac{x_k - a_k}{\sigma_k}\right)\right] \tag{3-37}$$

式中,$a_k = E[X(t_k)]$,$\sigma_k^2 = E[X(t_k) - a_k]^2$,$j = 1,2,\cdots$,$k = 1,2,\cdots$。$|B|$ 为归一化协方差矩阵的行列式,其表达式为

$$|B| = \begin{vmatrix} 1 & b_{12} & \cdots & b_{1n} \\ b_{21} & 1 & \cdots & b_{2n} \\ \vdots & \vdots & \vdots & \vdots \\ b_{n1} & b_{n2} & \cdots & 1 \end{vmatrix}$$

$|B|_{jk}$ 为行列式 $|B|$ 中元素 b_{jk} 的代数余因子,b_{jk} 为归一化协方差函数,即

$$b_{jk} = \frac{E\{[X(t_j) - a_j][X(t_k) - a_k]\}}{\sigma_j \sigma_k}$$

3.6.2 高斯随机过程的重要性质

高斯随机过程有以下 4 方面的重要性质。

(1) 高斯过程的 n 维分布只依赖各个随机变量的均值、方差和归一化协方差,在研究过程中,只需考虑其数字特征。

(2) 若高斯过程是宽平稳的,则也是严平稳的。

(3) 若高斯过程在不同时刻的取值是不相关的,则它们也是统计独立的。

(4) 高斯过程经过线性变换后生成的过程仍是高斯过程。

3.6.3 一维高斯分布(正态分布)

1. 一维高斯分布(正态分布)的概率密度函数表达式

高斯过程在任意时刻上的取值 x 是一个一维高斯随机变量,它的一维概率密度函数表达式为

$$f(x) = \frac{1}{\sqrt{2\pi}\sigma} \exp\left(-\frac{(x-a)^2}{2\sigma^2}\right) \tag{3-38}$$

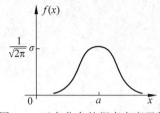

图 3-2　正态分布的概率密度函数

式中，a 和 σ^2 分别为均值和方差，均为常数。概率密度函数曲线如图 3-2 所示。

2. 一维高斯分布(正态分布)的概率密度函数的特性

由式(3-38)和图 3-2 可知 $f(x)$ 具有如下 4 方面的特性。

(1) $f(x)$ 曲线对称于 $x=a$ 直线，其表达式为

$$f(a+x) = f(a-x) \tag{3-39}$$

(2) $\int_{-\infty}^{\infty} f(x)\mathrm{d}x = 1$，且 $\int_{-\infty}^{a} f(x)\mathrm{d}x = \int_{a}^{\infty} f(x)\mathrm{d}x = \dfrac{1}{2}$。

(3) a 表示分布中心；σ 为标准偏差，表示集中程度；$f(x)$ 的图形将随 σ 的减小而变得尖锐，说明随机变量 x 落在 a 点附近的概率增大。

当 $a=0$、$\sigma=1$ 时，则称 $f(x)$ 为标准正态分布。

$$f(x) = \frac{1}{\sqrt{2\pi}}\exp\left(-\frac{x^2}{2}\right) \tag{3-40}$$

(4) $f(x)$ 在区间 $(-\infty, a)$ 内单调上升，在区间 (a, ∞) 内单调下降，且在 a 点处有极大值 $\dfrac{1}{\sqrt{2\pi}\sigma}$，当 $x \to (\pm\infty)$ 时，$f(x) \to 0$。

3. 误差函数和互补误差函数

在分析数字通信系统的抗噪声性能时，不仅要计算高斯随机变量 X 小于或等于某一取值 x 的概率 $P(X \leqslant x)$，而且还要用到正态分布函数，正态分布函数是概率密度函数的积分，其表达式为

$$F(x) = P(X \leqslant x) = \int_{-\infty}^{x} \frac{1}{\sqrt{2\pi}\sigma}\exp\left[-\frac{(z-a)^2}{2\sigma^2}\right]\mathrm{d}z \tag{3-41}$$

为方便计算上式积分的结果，在数学手册上可查函数值的误差函数和互补误差函数。

(1) 误差函数的表达式为

$$\mathrm{erf}(x) = \frac{2}{\sqrt{\pi}}\int_{0}^{x} \mathrm{e}^{-t^2}\mathrm{d}t, \quad x \geqslant 0 \tag{3-42}$$

误差函数是自变量的递增函数，$\mathrm{erf}(0) = 0$，$\mathrm{erf}(\infty) = 1$，
$$\mathrm{erf}(-x) = -\mathrm{erf}(x)。$$

(2) 互补误差函数的表达式为

$$\mathrm{erfc}(x) = \frac{2}{\sqrt{\pi}}\int_{x}^{\infty} \mathrm{e}^{-t^2}\mathrm{d}t, \quad x \geqslant 0 \tag{3-43}$$

互补误差函数是自变量的递减函数，$\mathrm{erfc}(0) = 1$，$\mathrm{erfc}(\infty) = 0$，$\mathrm{erfc}(-x) = 2-\mathrm{erfc}(x)$。

(3) 误差函数与互补误差函数的关系为

$$\mathrm{erfc}(x) = 1 - \mathrm{erf}(x) \tag{3-44}$$

(4) 互补误差函数近似式的表达式为

$$\mathrm{erfc}(x) \approx \frac{1}{x\sqrt{\pi}}\mathrm{e}^{-x^2}, \quad x \gg 1 \tag{3-45}$$

因此，在分析通信系统的抗噪声性能时，利用 $\mathrm{erf}(x)$ 函数或 $\mathrm{erfc}(x)$ 函数表示 $F(x)$ 的特性。

3.7 窄带随机过程

3.7.1 窄带随机过程的定义

"窄带"的含义为频谱被限制在载波或中心频率附近的一个较窄的频带上,而这个中心频率离零频率较远。

图 3-3 为窄带随机过程的频谱和波形图,随机过程 $X(t)$ 的功率谱密度集中在中心频率 f_c 附近相对窄的频带范围 Δf 内,满足 $\Delta f \ll f_c$ 的条件,且 $f_c \geqslant 0$,则称该 $X(t)$ 为窄带随机过程。

窄带随机过程 $X(t)$ 的表达式为

$$X(t) = a_X(t)\cos[2\pi f_c t + \varphi_X(t)], \quad a_X(t) \geqslant 0 \tag{3-46}$$

式中,f_c 是中心频率;$a_X(t)$ 和 $\varphi_X(t)$ 分别是窄带随机过程 $X(t)$ 的包络函数和随机相位函数,$a_X(t)$ 和 $\varphi_X(t)$ 的变化相对于载波 $\cos(2\pi f_c t)$ 的变化要缓慢得多。

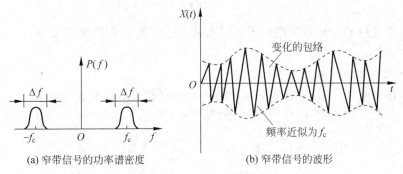

(a) 窄带信号的功率谱密度   (b) 窄带信号的波形

图 3-3 窄带随机过程的频谱(功率谱)和波形示意图

3.7.2 窄带随机过程的统计特性

对 $X(t) = a_X(t)\cos[2\pi f_c t + \varphi_X(t)]$ 进行三角函数展开,则有

$$X(t) = a_X(t)\cos(\varphi_X(t))\cos(2\pi f_c t) - a_X(t)\sin(\varphi_X(t))\sin(2\pi f_c t) \tag{3-47}$$

设 $X_c(t) = a_X(t)\cos(\varphi_X(t))$,$X_s(t) = a_X(t)\sin(\varphi_X(t))$,则有

$$X(t) = X_c(t)\cos(2\pi f_c t) - X_s(t)\sin(2\pi f_c t)$$

式中,$X_c(t)$ 及 $X_s(t)$ 分别称为 $X(t)$ 的同相分量和正交分量。

窄带随机过程 $X(t)$ 的统计特性可由 $a_X(t)$、$\varphi_X(t)$ 或 $X_c(t)$、$X_s(t)$ 的统计特性确定;反过来,若已知窄带过程 $X(t)$ 的统计特性,则可确定 $a_X(t)$、$\varphi_X(t)$ 或 $X_c(t)$、$X_s(t)$ 的统计特性。

3.8 平稳随机过程通过线性系统

平稳随机过程通过线性系统是建立在确定信号通过线性系统原理的基础上。

当线性系统任意输入一个确定信号 $x_1(t)$,其输出 $y_1(t)$ 等于输入信号与系统单位冲激

响应 $h(t)$ 的卷积，表达式为

$$y_1(t) = x_1(t) * h(t) = \int_{-\infty}^{\infty} x_1(\tau)h(t-\tau)d\tau \tag{3-48}$$

若 $X(t)$ 表示输入样本的函数集合 $\{x_1, x_2, \cdots, x_i, \cdots\}$，$Y(t)$ 表示输出样本的函数集合 $\{y_1, y_2, \cdots, y_i, \cdots\}$，则有

$$Y(t) = X(t) * h(t) = \int_{-\infty}^{\infty} X(\tau)h(t-\tau)d\tau \tag{3-49}$$

或

$$Y(t) = h(t) * X(t) = \int_{-\infty}^{\infty} h(\tau)X(t-\tau)d\tau \tag{3-50}$$

1. 输出随机过程的数学期望

根据数学期望的定义，输出随机过程 $Y(t)$ 的数学期望表达式为

$$E[Y(t)] = E\left[\int_{-\infty}^{\infty} h(\tau)X(t-\tau)d\tau\right] = \int_{-\infty}^{\infty} h(\tau)E[X(t-\tau)]d\tau \tag{3-51}$$

式中，$X(t)$ 利用了平稳性假设，有 $E[X(t-\tau)] = a$，a 为常数，则有

$$E[Y(t)] = a\int_{-\infty}^{\infty} h(\tau)d\tau = a \cdot H(0) \tag{3-52}$$

输出随机过程 $Y(t)$ 的数学期望等于输入随机过程 $X(t)$ 的数学期望与 $H(0)$ 的乘积，与时间 t 无关。

2. 输出随机过程的自相关函数

根据自相关函数的定义，输出随机过程 $Y(t)$ 的自相关函数表达式为

$$R_Y(t, t+\tau) = E[Y(t)Y(t+\tau)]$$
$$= E\left[\int_{-\infty}^{\infty} h(\alpha)\xi_i(t-\alpha)d\alpha \int_{-\infty}^{\infty} h(\beta)X(t+\tau-\beta)d\beta\right]$$
$$= \int_{-\infty}^{\infty}\int_{-\infty}^{\infty} h(\alpha)h(\beta)E[X(t-\alpha)X(t+\tau-\beta)]d\alpha d\beta \tag{3-53}$$

由于输入随机过程是平稳的，则有 $E[X(t-\alpha)X(t+\tau-\beta)] = R_X(\tau+\alpha-\beta)$，于是有

$$R_Y(t, t+\tau) = \int_{-\infty}^{\infty}\int_{-\infty}^{\infty} h(\alpha)h(\beta)R_X(\tau+\alpha-\beta)d\alpha d\beta = R_Y(\tau) \tag{3-54}$$

式中，输出随机过程的自相关函数仅是时间间隔 τ 的函数。

由此可知，若线性系统的输入是平稳的，则输出也是平稳的。

3. 输出随机过程的功率谱密度

对式(3-54)进行傅里叶变换，则有

$$P_Y(\omega) = \int_{-\infty}^{\infty} R_Y(\tau)e^{-j\omega\tau}d\tau$$
$$= \int_{-\infty}^{\infty}\int_{-\infty}^{\infty}\int_{-\infty}^{\infty} [h(\alpha)h(\beta)R_X(\tau+\alpha-\beta)d\alpha d\beta]e^{-j\omega\tau}d\tau$$

令 $\tau' = \tau+\alpha-\beta$，则有

$$P_Y(\omega) = \int_{-\infty}^{\infty} h(\alpha)e^{j\omega\alpha}d\alpha\int_{-\infty}^{\infty} h(\beta)e^{-j\omega\beta}d\beta\int_{-\infty}^{\infty} R_i(\tau')e^{-j\omega\tau'}d\tau'$$
$$P_Y(\omega) = H^*(\omega) \cdot H(\omega) \cdot P_X(\omega) = |H(\omega)|^2 P_X(\omega) \tag{3-55}$$

由上式可知，输出随机过程 $Y(t)$ 的输出功率谱密度 $P_Y(\omega)$ 是输入功率谱密度 $P_X(\omega)$

与系统频率响应函数 $|H(\omega)|^2$ 的乘积。

4. 输出随机过程的概率分布

若线性系统的输入随机过程是高斯型的,则输出随机过程也是高斯型的。

已知输入随机过程概率,则输出随机过程的表达式为 $Y(t)=\int_{-\infty}^{\infty}h(\tau)X(t-\tau)\mathrm{d}\tau$,若从积分原理来分析,此表达式可用一个和式的极限来表示,表达式为

$$Y(t)=\lim_{\Delta\tau_k\to0}\sum_{k=0}^{\infty}X(t-\tau_k)h(\tau_k)\Delta\tau_k \tag{3-56}$$

式中,$X(t)$ 是高斯型的,则系统任何时刻 $(t-\tau_k)$ 的输出 $h(\tau_k)X(t-\tau_k)\Delta\tau_k$ 仍是高斯型的。

3.9 白噪声

在通信系统中,噪声是指有用信号以外的干扰信号,是典型随机过程。它能使模拟信号失真,使数字信号发生错码,影响通信效果。最常见的噪声就是电子设备中的电阻性器件所产生的热噪声,它是零均值的高斯白噪声。

3.9.1 白噪声的概念

白噪声的功率谱密度在整个频域内是常数,它类似光学中包括全部可见光频率在内的白光。

1. 白噪声的功率谱密度函数

白噪声是一种带宽无限的平稳过程,且具有恒定的功率谱密度,白噪声的功率谱密度函数的表达式为

$$P_n(f)=\begin{cases}\dfrac{n_0}{2}, & (-\infty<f<\infty)\\[2mm] n_0, & (0<f<\infty)\end{cases} \tag{3-57}$$

式中,n_0 为常数,单位是 W/Hz,当 $-\infty<f<\infty$ 时,$P_n(f)$ 为双边谱,如图 3-4(a)所示;当 $0<f<\infty$ 时,$P_n(f)$ 为单边谱。

2. 白噪声的自相关函数

白噪声的自相关函数是对双边谱的功率谱密度取傅里叶反变换,得到的表达式为

$$R_n(\tau)=F^{-1}[P_n(f)]=\dfrac{n_0}{2}\delta(\tau) \tag{3-58}$$

式中,取 $\tau\neq0$ 所有值,都有 $R_n(\tau)=0$,说明白噪声仅在 $\tau=0$ 时的取值才相关,其他任意两个不同时刻上的取值都是独立的,如图 3-4(b)所示,表示功率谱密度。

3. 白噪声的平均功率

白噪声的带宽无限,其平均功率为无穷大,白噪声平均功率的表达式为

$$R(0)=\int_{-\infty}^{\infty}\dfrac{n_0}{2}\mathrm{d}f=\infty$$

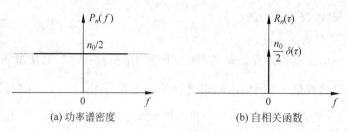

(a) 功率谱密度　　　　　　　　　　(b) 自相关函数

图 3-4　白噪声的功率谱密度和自相关函数

或

$$R(0) = \frac{n_0}{2}\delta(0) = \infty \tag{3-59}$$

由此可知,真正"白"的噪声是不存在的,它只是构造的一种理想化的噪声形式。实际中,噪声的功率谱均匀分布的频率范围远远大于通信系统的工作频带。

若白噪声的取值服从高斯分布,则称为**高斯白噪声**。白噪声分为通过带宽有限的信道或滤波器的情形,常见形式有低通白噪声和带通白噪声。

3.9.2　低通白噪声

1. 低通白噪声的定义

低通白噪声是指白噪声通过理想矩形低通滤波器或理想低通信道后输出的噪声。

2. 低通白噪声的功率谱密度

理想低通滤波器的传输特性为

$$H(f) = \begin{cases} 1, & |f| \leqslant B \\ 0, & |f| > B \end{cases} \tag{3-60}$$

则低通白噪声的功率谱密度表达式为

$$P_Y(f) = P_n(f) |H(f)|^2 = \frac{n_0}{2} |H(f)|^2$$

$$P_Y(f) = \begin{cases} \dfrac{n_0}{2}, & |f| \leqslant B \\ 0, & |f| > B \end{cases} \tag{3-61}$$

3. 低通白噪声的自相关函数

对低通白噪声的功率谱密度求傅里叶反变换,即得低通白噪声的自相关函数的表达式为

$$R_Y(\tau) = F^{-1}[P_Y(f)] = \int_{-\infty}^{\infty} P_Y(f)e^{2\pi f\tau}\,df$$

$$= \int_{-B}^{B} \frac{n_0}{2}e^{2\pi f\tau}\,df = n_0 B \operatorname{Sa}(2\pi B\tau) \tag{3-62}$$

式中,$\operatorname{Sa}(2\pi B\tau)$ 为抽样函数,在等间隔点 $\tau = \pm k/2B (k=1,2,3,\cdots)$ 时,有 $R_Y(\tau)=0$,因此两个瞬时值之间是不相关的。

4. 低通白噪声的方差

低通白噪声方差的表达式为

$$\sigma_Y^2 = \int_{-\infty}^{\infty} P_Y(f)\mathrm{d}f = \int_{-B}^{B} \frac{n_0}{2}\mathrm{d}f = n_0 B \tag{3-63}$$

3.9.3 带通白噪声

1. 带通白噪声的定义

带通白噪声是指白噪声通过理想矩形带通滤波器或理想带通信道后输出的噪声。

2. 带通白噪声的功率谱密度

设 f_c 为中心频率，B 为带宽，理想带通滤波器的传输特性为

$$H(f) = \begin{cases} 1, & f_c - \dfrac{B}{2} \leqslant |f| \leqslant f_c + \dfrac{B}{2} \\ 0, & 其他 \end{cases}$$

则带通白噪声的功率谱密度为

$$P_Y(f) = \begin{cases} \dfrac{n_0}{2}, & f_c - \dfrac{B}{2} \leqslant |f| \leqslant f_c + \dfrac{B}{2} \\ 0, & 其他 \end{cases} \tag{3-64}$$

3. 带通白噪声的自相关函数

带通白噪声的自相关函数表达式为

$$\begin{aligned} R_Y(\tau) &= \int_{-\infty}^{\infty} P_Y(f)\mathrm{e}^{\mathrm{j}2\pi f\tau}\mathrm{d}f \\ &= \int_{-f_c-\frac{B}{2}}^{-f_c+\frac{B}{2}} \frac{n_0}{2}\mathrm{e}^{\mathrm{j}2\pi f\tau}\mathrm{d}f + \int_{f_c-\frac{B}{2}}^{f_c+\frac{B}{2}} \frac{n_0}{2}\mathrm{e}^{\mathrm{j}2\pi f\tau}\mathrm{d}f \\ &= n_0 B \frac{\sin\pi B\tau}{\pi B\tau}\cos 2\pi f_c\tau \end{aligned} \tag{3-65}$$

4. 带通白噪声的方差

带通白噪声方差的表达式为

$$\sigma_Y^2 = \int_{-\infty}^{\infty} P_Y(f)\mathrm{d}f = 2\int_{-B/2}^{B/2} \frac{n_0}{2}\mathrm{d}f = n_0 B \tag{3-66}$$

思考与练习

3-1 随机函数：随某些参量变化的随机变量。通常将以时间为参量的随机函数称为（　　），也称为（　　）。

3-2 随机信号的研究方法：按随机试验进行观察，将观察中获得的具有随机性的样本或数据序列抽象为（　　）或称为（　　），用统计的方法研究随机信号在时域、频域和时频域的分布规律以及数字特征。

3-3 平稳随机信号在时间上是（　　），其能量（　　），傅里叶变换并不存在，因此平稳随机信号不能用通常的频谱来表示。

3-4 自然界变化的过程可以分为（　　）和（　　）两大类。

3-5 数字特征就能反映随机过程的基本特性。数字特征是随机过程的取值的某些特

定的统计平均值。常用的数字特征是( )、( )和相关函数。

3-6 随机过程 $\xi(t)$ 在任意时刻的取值的统计平均值,即为( ),或称( )。

3-7 随机过程的统计特性不随时间推移而变,也就是说支配随机过程的规律不随时间而变,将这类随机过程称为( );反之,称为( )。

3-8 随机过程通常是( ),其频谱特性通常用功率谱密度来表述。可以证明,平稳过程的功率谱密度与自相关函数是一对( )关系。

3-9 高斯随机过程,也称( ),是一种最常见、最易处理的随机过程。如通信系统中的热噪声等都是高斯型的,常称为( )。

3-10 若平稳过程 $X(t)$ 的数学期望和自相关函数均具有( ),则称此平稳过程是( ),或称遍历过程。

3-11 画图并写出正态分布的函数表达式,并说明它具有哪些性质。

3-12 画图说明随机过程的定义。

3-13 本章所涉及的白噪声有哪几种形式,并说明各自的特点。

3-14 随机信号有哪些主要特点。

3-15 举学习和生活中的实例说明正态分布的特点。

第4章

信道与噪声

学习导航

- 信道与噪声
  - 信道的基本概念
    - 信道的定义
    - 信道的分类
    - 信道的模型
  - 常用信道
    - 有线信道
    - 无线信道
  - 信道的噪声
    - 噪声的分类
    - 加性噪声和乘性噪声
    - 起伏噪声的特性
    - 噪声的等效带宽
  - 信道的特性
    - 恒参信道
    - 随参信道
  - 信道容量

学习目标

- 了解信道的基本概念,包括信道的定义、信道的分类和信道的模型。
- 了解常用信道,包括有线信道和无线信道。
- 了解信道的噪声,包括分类、加性乘性噪声、起伏噪声的特性等。
- 了解信道的特性,包括恒参信道和随参信道。
- 掌握信道容量的计算和香农公式。

4.1 信道的基本概念

4.1.1 信道的定义

信道是指以传输介质为基础的信号通道。

根据信道的定义,可分为狭义信道和广义信道。

狭义信道是指信号的传输介质;而广义信道除了传输介质外,还包括通信系统中的一些转换装置。

图 4-1 是一个较为完整的信道。从图中可知,狭义信道是物理信道,是信道的实体,是

一种介于发送设备和接收设备之间的一种传输介质,如电缆、光缆、无线电信号经过的空间或电离层、对流层等大气反射路径等。广义信道除了包括传输介质外,还包括与通信系统有关的转换装置,包括发送设备、接收设备、调制器和解调器等。

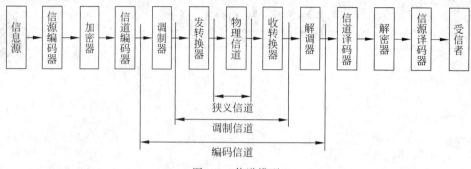

图 4-1　信道模型

4.1.2　信道的分类

信道的分类方法很多,但根据信道传输介质的特性和分析问题所需,可以对信道进行以下几种分类。

1. 根据传输介质分类

根据传输介质的不同将信道可分为有线信道和无线信道。

(1) 有线信道是指明线、各种电缆和光纤,如传统的固定电话网、有线电视网和海底电缆。

(2) 无线信道是指可以传输电磁波的自由空间或大气,如无线电广播信道。

2. 根据是否包含设备分类

根据是否包含设备可将信道分为狭义信道和广义信道。

广义信道按照它包括的功能,还可以分为调制信道和编码信道,如图 4-1 所示。

(1) 调制信道用来调制与解调,其范围从调制器输出端至解调器输入端。

(2) 编码信道用来编码与译码,其范围从编码器输出端至译码器输入端。

3. 根据介质传输特性的统计规律分类

根据介质传输特性的统计规律可将信道分为恒参信道和随参信道。

恒参信道的传输特性与时间无关或随时间作缓慢变化。随参信道也被称为变参信道,变参信道的信道参数在传输过程中会发生变化,可能是天气、多径效应、移动速度等因素导致的。

4.1.3　信道的模型

信道的数学模型用来描述实际物理信道的特性及其对信号传输带来的影响。信道模型有调制信道模型和编码信道模型。

1. 调制信道模型

调制信道是在调制器与解调器之间所建立的一种广义信道,主要处理调制信道输入信号形式和通过调制信道后的已调信号的最终结果,而对于调制信道内部的变换过程并不关心,可以用具有一定输入和输出关系的方框来表示调制信道。

调制信道的主要性质有以下 4 方面：

（1）有一对（或多对）输入端和一对（或多对）输出端；

（2）绝大多数的信道都是线性的，并满足线性叠加原理；

（3）信号通过信道时有一定的时间延迟，并且有损耗；

（4）无论有或者没有信号输入，在信道的输出端都有一定的噪声输出。

调制信道的数学模型如图 4-2 所示。图中 $x_i(t)$ 为输入信号，$y_o(t)$ 为输出信号，$f[x_i(t)]$ 表示信道中对输入信号作某种变换，$n(t)$ 为信道中的加性噪声。加性噪声与信道的输出信号之间是相加关系，故称为加性噪声，或称为加性干扰。

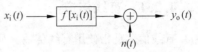

图 4-2 调制信道的数学模型

信号输出与输入之间的关系式为

$$y_o(t) = f[x_i(t)] + n(t) \tag{4-1}$$

设 $f[x_i(t)] = k(t)x_i(t)$，其中，$k(t)$ 表示信道的特性，则有

$$y_o(t) = k(t)x_i(t) + n(t) \tag{4-2}$$

当 $k(t)$ 随 t 变化时，信道为时变信道；当 $k(t)$ 作随机变化时，信道为随参信道；当 $k(t)$ 变化很慢或很小时，信道为恒参信道。

$k(t)$ 与 $x_i(t)$ 相乘，信道称为乘性干扰，乘性干扰的特点是当没有信号输入时，乘性干扰就消失了。

2. 编码信道模型

图 4-1 中编码信道是指信道编码器输出端到信道译码器输入端之间的部分，包括调制器、调制信道和解调器。

编码信道模型与调制信道模型的区别是，编码信道是一种数字信道或离散信道。

编码信道输入和输出都是离散的时间信号，但对信号的影响则是将输入数字序列变成另一种输出数字序列。由于信道噪声或其他因素的影响将导致输出数字序列发生错误，即存在误码概率，所以输入和输出数字序列之间的关系可以用一组转移概率来描述，称为编码信道模型。

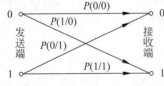

图 4-3 二进制无记忆编码信道模型

对于二进制数字传输系统，简单的编码信道模型如图 4-3 所示。

图 4-3 为一个常用的二进制无记忆编码信道模型，无记忆信道是假设解调器输出码元的差错发生是相互独立的，一个码元的差错与其前后码元是否发生差错无关。模型中 $P(0/0)$、$P(1/1)$、$P(1/0)$ 和 $P(0/1)$ 为信道转移概率，其中 $P(0/0)$ 和 $P(1/1)$ 为正确转移概率，$P(1/0)$ 和 $P(0/1)$ 为错误转移概率，由概率论得知有以下关系式

$$P(1/1) = 1 - P(0/1)$$
$$P(0/0) = 1 - P(1/0) \tag{4-3}$$

二进制数字传输系统的误码率为

$$P = P(0)P(1/0) + P(1)P(0/1) \tag{4-4}$$

式中，$P(0/0)$ 和 $P(1/1)$ 越大并接近 1，误码率就越小，系统性能越好；若 $P(0/1) = P(1/0)$

成立,则称为二进制对称编码信道。

4.2　常用信道

4.2.1　有线信道

有线信道是指使用有线传输介质的信道,包括双绞线、同轴电缆和光纤,其中各种电缆采用金属铜导体传输电流或电压信号,光纤是玻璃纤维或塑料制成的缆线,用以传输光信号。

1. 双绞线电缆

双绞线是由两根具有绝缘层的金属铜导线按一定规则绞合而成的,如图 4-4 所示。将若干对双绞线放在同一个保护套内,则可制成双绞线电缆。

双绞线又可分为非屏蔽双绞线和屏蔽双绞线。

根据性能不同,非屏蔽双绞线可以分为 3 类、4 类、5 类、超 5 类、6 类和 7 类六种;屏蔽双绞线只分为 3 类和 5 类两种。目前,布线中最常用的是 5 类和超 5 类双绞线。

非屏蔽双绞线电缆的优点是每一对导线无屏蔽外套,节省占用空间,便宜、灵活、易弯曲和易安装。目前,最常用的是非屏蔽双绞线电缆。

双绞线电缆的缺点是传输衰减大,传输距离短,且有来自邻近信道的串话干扰。

实铜导体　　　　外绝缘层

图 4-4　双绞线

2. 同轴电缆

如图 4-5 所示,同轴电缆是由内导体(单根实心铜芯线)、绝缘介质、外导体(网状编织的屏蔽层)和塑料外套护所组成的。内外导体之间填充绝缘介质(塑料或空气),外导体屏蔽了电磁干扰。

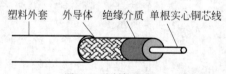

塑料外套　外导体　绝缘介质　单根实心铜芯线

图 4-5　同轴电缆

同轴电缆与双绞线电缆相比的优点是,抗电磁干扰性能更好,带宽更宽,支持的数字数据传输速率更高,最高传输速率可达 20Mbit/s,但一般标准为 10Mbit/s。

同轴电缆的缺点是成本较高,安装较复杂。目前,远距离传输信号的干线线路多采用光纤代替同轴电缆。

3. 光纤

光纤是光纤通信系统中的传输介质。光纤由纤芯、包层、涂敷层和护套构成,如图 4-6 所示。纤芯由折射率较高的导光介质(高纯度的石英玻璃)纤维制成,纤芯外面包有一层折射率较低的玻璃封套(称为包层),以使光线束缚在光纤内传输,涂敷层的作用是增强光纤的柔韧性,光纤的外面还有一层塑料保护层,并将多根光纤扎成一束构成光缆。

按光在光纤中的传输模式可分为单模光纤和多模光纤。

单模光纤只能够传输一个模式的信号波。单模光纤只沿着直线进行传播,无反射,不存在模式色散,传输频带很宽,只适用于主干、大容量和长距离的系统。

多模光纤可以承载多路光信号的传送,即多条光路径可同时在一根光纤中传输多种模式的光,存在很大的模间色散,其传输性能较差、频带较窄、容量小。多模光纤传输的距离比较近,常用于小容量和短距离的系统。

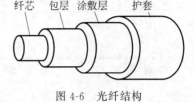

图 4-6　光纤结构

光缆信道由光纤组成,其主要优点如下:

(1) 通信容量大,传输衰减小,传输距离远,光缆能够提供远大于金属电缆(双绞线或同轴电缆)的传输带宽和通信容量。

(2) 光纤尺寸小、体积小和重量轻,便于敷设和运输。

(3) 抗电磁干扰,传输质量好。光纤不受强电干扰、电气信号干扰和雷电干扰,抗电磁脉冲能力也很强。

(4) 保密性好,不易被窃听,因而对军事通信和保密性强的商业通信极具吸引力。

(5) 节约有色金属,一般的通信电缆要耗用大量的铜、铅或铝等有色金属。光纤本身是非金属,光纤通信的发展将为国家节约大量有色金属。

(6) 光缆适应性强,寿命长,扩容便捷。一条带宽为 2Mbps 的标准光纤专线很容易就可以升级到 4Mbps、10Mbps、20Mbps,最大可达 100Mbps,其间无须更换任何设备。

光缆信道的缺点是易碎,接口昂贵,安装和维护需要专门技能。

光纤通常用在主干线络中,如有线电视网中的主干线路是光纤,而同轴电缆则提供到用户的连接。目前,光纤到户的技术也已实现。

4.2.2　无线信道

无线信道不是采用物理导体来传输信号,而是将信号以电磁波或无线电波的形式通过空间传播。

1. 无线电波的定义

广义来讲,电磁波包括无线电波和光波,用于通信、电视、电话和各种遥控信号的频率为数百千赫至数百兆赫的那部分电磁波,称为无线电波。从电学上讲,电磁波就是相同方向且相互垂直的电场和磁场,电磁波是以波动形式传播的电磁场。

电磁波包含很多种类,按照频率从低到高的顺序为:无线电波、红外线、可见光、紫外线、X 射线及 γ 射线。无线电波分布在 300GHz 以下的频率范围内。

无线电波是指在自由空间(包括空气和真空)传播的射频频段的电磁波。无线电波的波长越短、频率越高,相同时间内传输的信息就越多。

无线电波在空间中的传播方式有直射、反射、折射、穿透、绕射(衍射)和散射等。

2. 无线电波的波段划分

无线电波在自由空间中传播的速度 v 大约与光速 $c(3 \times 10^8 \mathrm{m/s})$ 相等。

波长是指波在一个周期内传播的距离,频率是指波每秒完成的周期数,波长、频率 f 与波速三者相关联的表达式为

$$\lambda = \frac{c}{f} \quad \text{或者} \quad \lambda = \frac{v}{f} \tag{4-5}$$

波长和频率成反比关系,而波段指波长范围,频段指频率范围,低频信号可称为长波,高频信号可称为短波,而微波是指频率为吉赫(GHz)的信号,包括分米波、厘米波和毫米波。

根据波长的大小或频率的高低,可将整个无线电波划分成若干不同的频段,它们之间的关系和主要用途如表 4-1 所示。

表 4-1　无线电波的通信频段和主要用途

频 段 名 称	波　　长	频率范围	用　　途
甚低频	$10^4 \sim 10^8$ m	3Hz～30kHz	远距离导航、海底通信、时标
低频	$10^4 \sim 10^3$ m	30～300kHz	导航、电力系统、信标
中频	$10^3 \sim 10^2$ m	300kHz～3MHz	调幅广播、业余无线电、定位搜索
高频	$10 \sim 10^2$ m	3～30MHz	移动无线电话、业余无线电、短波广播
甚高频	1～10m	30～300MHz	电视、调频广播、空中管制、车辆导航
特高频	10～100cm	300MHz～3GMHz	微波接力、卫星通信、雷达
超高频	1～10cm	3～30GHz	微波接力、卫星通信、雷达
极高频	1～10mm	30～300GHz	微波接力、卫星通信、雷达
红外线、可见光、紫外线	$3 \times 10^{-7} \sim 3 \times 10^{-6}$ m	$10^5 \sim 10^6$ GHz	光通信

注:1GHz$=10^9$Hz,1THz$=10^{12}$Hz,1m$=100$cm$=1000$mm。

3. 无线电波的传播方式

无线电波是一种电磁波,它可以在空气中传播,不需要任何物理介质。无线电波传播消息时,要经过发射、传播和接收等过程。无线电波的传播方式主要有地波传播、天波(电离层反射)传播、空间波传播和散射波传播四种。

(1) 地波传播

地波传播是指无线电波沿着地球表面传播,如图 4-7 所示。地波传播的频率在 2MHz 以下,地波传播主要受地面土壤的电参数和地形地物的影响。同时,电磁波具有绕射能力,信号从发射点能沿着地球表面弯曲地传播到接收点。地波传播具有不受气候条件影响、传播时性能稳定可靠的特点。

(2) 天波传播

天波传播是指无线电波经过天空中电离层的反射或折射返回地球表面的传播方式,也称为电离层反射传播,如图 4-8 所示。电离层是指位于地面上 60～400km 的大气层,天波传播在高频 2～30MHz 的波段进行,电波到达电离层后一部分能量被吸收,一部分能量则被反射或折射回地球表面,从而实现电波的传播,它是短波的主要传播方式。

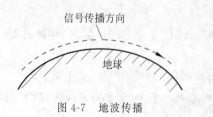

图 4-7　地波传播

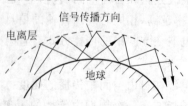

图 4-8　天波传播

天波传播的特点是频率越高,电离层吸收的能量就越少,但当频率大于 30MHz 时,电波将穿透电离层不能被反射回来。

（3）空间波传播

空间波传播是指发射点和接收点在能够相互"看得见"的视距范围内的电波以直线传播,又称为视距传播。其主要用于超短波及微波通信。

（4）散射波传播

散射波传播是指电波以散射的方式进行传播,包括对流层散射传播和电离层散射传播。例如,30～60MHz 频段的电波可以借助电离层散射进行远距离传播,100MHz～4GHz 频段的电波可以借助对流层散射传播到几百千米外的地方。

4. 无线信道的应用

常用的无线信道(无线传输介质)有短波电离层反射信道、超短波或微波视距中继信道、卫星中继信道、超短波或微波对流层散射信道、无线电广播与无线移动通信信道等。

（1）微波视距中继信道。微波是指频率范围为 300MHz～300GHz 的电磁波,它具有在自由空间沿直线传播的特点。由于视距一般为 30～50km,因此需要每间隔 30～50km 建立一个中继站作为转发站,中继站把前一站送来的信号进行再生放大后再转发到下一站,称为"接力",经过多次转发,就能实现远程通信。

微波中继(微波接力)可用于传输电话、电报、图像、数据等信息,具有通信容量大、传输质量高等特点。

（2）卫星中继信道。卫星通信是在地球站之间利用位于 35 866km 高空的人造卫星作为中继站(或称基站)的一种微波接力通信。由于卫星像一个超高的天线和转发器,因此极大地扩展了电波的覆盖范围。若在同步轨道上安放三颗相差 120°的同步静止卫星,就基本能提供全球通信服务(两极盲区除外)。卫星通信常用于传输多路电话、电报、图像、数据和电视节目,具有传输距离远、通信容量大、不受地理条件限制、性能可靠稳定等优点。缺点是有较大的传输时延、卫星本身造价昂贵。

（3）对流层散射信道。对流层是指从地面到 10～15km 内的大气层。由于对流层中大气存在强烈的垂直热对流现象,使大气中形成不均匀的湍流,好像一个个不均匀气团。电波作用于收发天线射束相交空间内的不均匀气团(散射区域)时就会产生散射。对流层散射通信的频率范围主要在 100MHz～4GHz,可以达到的有效散射传播距离最大约为 600km。由于传播距离大大超过视距传播,因此成为超短波以及微波波段远距离通信的有力手段。

4.3 信道的噪声

在通信系统中,噪声是指信号通过通信设备进行传输时受到的各种干扰,它会导致模拟信号失真,数字信号发生错码。

4.3.1 噪声的分类

1. 按噪声来源

噪声按来源分为人为噪声和自然噪声两类。

人为噪声主要是人类活动所造成的干扰,如无线电噪声和工业噪声。无线电噪声来源于各种无线电发射机;工业噪声来源于各种电气设备,包括电力线、电源开关和汽车发动机等。

自然噪声是指自然界中电磁波所产生的干扰,如雷电和大气中的电暴。

2. 按噪声所产生的位置

噪声按所产生的位置可分为外部噪声和内部噪声。

外部噪声是指进入信道的噪声,它对传输过程中的信号产生干扰;内部噪声是指通信设备内部元器件产生的噪声,如电真空管和电源噪声。

3. 按噪声的性质

噪声根据性质可分为单频噪声、脉冲噪声和起伏噪声,它们都是随机噪声。

单频噪声主要来源于无线电干扰,是一种连续波干扰。频谱特性可能是单一频率,也可能是窄带谱,可以通过合理设计系统来避免单频噪声的干扰。

脉冲噪声是在时间上无规则的突发脉冲波形,其脉冲很窄、频谱很宽。脉冲噪声的特点是以突发脉冲形式出现、干扰持续时间短、脉冲幅度大、周期是随机的且相邻突发脉冲之间有较长的安静时间。例如,工业干扰中的电火花、汽车点火噪声、雷电等。可以通过选择合适的工作频率、远离脉冲源等措施减小和避免脉冲噪声的干扰。

起伏噪声是一种连续波随机噪声,包括热噪声、散弹噪声和宇宙噪声。起伏噪声的特点是具有很宽的频带且始终存在,它是影响通信系统性能的主要因素。

4.3.2 加性噪声和乘性噪声

按噪声和信号之间的关系,噪声分为加性噪声和乘性噪声。

假定信号为 $s(t)$,噪声为 $n(t)$,如果混合迭加波形是 $s(t)+n(t)$ 形式,则称此类噪声为加性噪声;如果迭加波形为 $s(t)[1+n(t)]$ 形式,则称其为乘性噪声。

加性噪声虽然独立于有用信号,但它却始终存在,并干扰有用信号,因而不可避免地对通信造成危害。

乘性噪声随着信号的存在而存在,当信号消失后,乘性噪声也随之消失。

加性噪声的来源很多,它们表现的形式也多种多样。例如,无线电噪声、工业噪声、自然噪声和内部噪声等;单频噪声、脉冲干扰和起伏噪声等。

通信系统的噪声是有害信号,它叠加在有用信号上,模糊甚至淹没了有用信号,干扰通信的正常进行。

4.3.3 起伏噪声的特性

在通信过程中,起伏噪声始终存在,它是影响通信系统性能的主要因素之一。

起伏噪声具有以下 2 个统计特性:

(1) 瞬时幅度服从高斯分布,且均值为 0;

(2) 功率谱密度在很宽的频率范围内是平坦的。

起伏噪声具有上述统计特性,又是加性噪声,因此通常为加性高斯白噪声,简称高斯白噪声。

起伏噪声的一维概率密度函数表达式为

$$f_n(x) = \frac{1}{\sqrt{2\pi}\sigma_n}\exp\left[-\frac{x^2}{2\sigma_n^2}\right] \tag{4-6}$$

式中，σ_n^2 为起伏噪声的功率。

起伏噪声的双边功率谱密度表达式为

$$P_n(f) = \frac{n_0}{2} \tag{4-7}$$

4.3.4 噪声的等效带宽

起伏噪声本身是一种频谱很宽的噪声，一个通信系统的线性部分可以用线性网络来描述，通常具有带通特性。当宽带起伏噪声通过带通特性网络时，输出噪声就变为带通型噪声。如果线性网络具有窄带特性，则输出噪声为窄带噪声。如果输入噪声是高斯噪声，则输出噪声就是带通型（或窄带）高斯噪声。

带通型噪声的频谱具有一定的宽度，噪声的带宽可以用不同的定义来描述，通常用噪声等效带宽来描述。

带通型噪声的功率谱密度一般为平滑滚降形状，设带通型噪声的功率谱密度为 $P_n(f)$，则噪声的等效带宽 B_n 的表达式为

$$B_n = \frac{\int_{-\infty}^{\infty} P_n(f)\,\mathrm{d}f}{2P_n(f_0)} = \frac{\int_0^{\infty} P_n(f)\,\mathrm{d}f}{P_n(f_0)} \tag{4-8}$$

式中，f_0 为带通型噪声功率谱密度的中心频率；$P_n(f_0)$ 为原噪声功率谱密度曲线的最大值。

噪声等效带宽的物理意义：以此带宽作一矩形特性滤波器，则通过此特性滤波器的噪声功率，等于通过实际滤波器的噪声功率。

利用噪声等效带宽的概念，在讨论通信系统的性能时，可以认为窄带噪声的功率谱密度在带宽 B_n 内是恒定的。

4.4 信道的特性

4.4.1 恒参信道

恒参信道是指信道的参数相对稳定，不随时间变化或基本不变。例如，有线通信中的双绞线、同轴电缆和光纤等均属于恒参信道；无线通信中的超短波、微波波段视距中继信道和卫星中继信道等也属于恒参信道。

1. 恒参信道的数学模型

恒参信道是指信道传递函数 $H(\omega)$ 不随时间 t 变化的信道，信道参数是稳定的和不随时间变化的，常把恒参信道等效为一个线性时不变网络，可用如图 4-9 所示的方框图来表示。

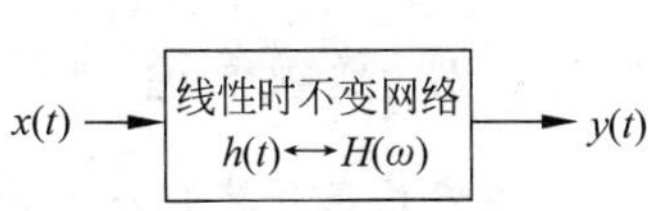

图 4-9 中，设 $x(t)$ 为输入，$y(t)$ 为输出，$h(t)$ 为单位冲激响应，$H(\omega)$ 为传输函数，且 $x(t) \rightarrow X(\omega)$，$y(t) \rightarrow Y(\omega)$，

$x(t) \longrightarrow$ 线性时不变网络 $h(t) \leftrightarrow H(\omega)$ $\longrightarrow y(t)$

图 4-9 线性时不变网络

则有

$$y(t) = x(t)h(t)$$
$$Y(\omega) = H(\omega)X(\omega)$$

理想恒参信道的特性可表示为

$$H(\omega) = |H(\omega)| e^{j\varphi(\omega)} \tag{4-9}$$

式中，$|H(\omega)|$ 为幅度频率特性，$\varphi(\omega)$ 为相位频率特性，它们均与时间无关。

对于理想恒参信道，必须满足下列关系式

$$\begin{cases} |H(\omega)| = \alpha \text{（常数）} \\ \varphi(\omega) = k\omega \text{（线性函数）} \end{cases} \tag{4-10}$$

式中，幅度频率特性 $|H(\omega)|$ 表示一个不随频率变化的常数；相位频率特性 $\varphi(\omega)$ 与频率成直线关系。

信道的相频特性还常用群迟延频率特性 $\tau(\omega)$ 来表示。群迟延频率特性是指相位频率特性对频率的导数，其关系式为

$$\tau(\omega) = \frac{\mathrm{d}\varphi(\omega)}{\mathrm{d}\omega} \tag{4-11}$$

由上式可知，相位频率理想条件下，群迟延频率特性 $\tau(\omega)$ 是条水平直线。

2. 恒参信道的两类失真

在实际的通信系统中，若信道传输特性偏离了理想信道特性，就会产生失真，或称为畸变。如果信道的幅度频率特性在信号频带范围之内不是常数，则会使信号产生幅度频率失真；若信道的相位频率特性在信号频带范围之内不是 ω 的线性函数，则会使信号产生相位频率失真，可用下列关系式来表示。

$$\begin{cases} |H(\omega)| \neq \alpha \\ \varphi(\omega) \neq k\omega \end{cases} \tag{4-12}$$

(1) 幅度频率失真

幅度频率失真是由实际信道的幅度频率特性不理想所引起的，这种失真又称为频率失真，属于线性失真，如语音信号。相位频率失真不会对语音的听觉产生大的影响，对语音听觉产生较大影响的是幅度频率失真。

(2) 相位频率失真

相位频率特性偏离线性关系，将会使通过信道的信号产生相位频率失真，相位频率失真也属于线性失真。如彩色图像信号中的红、绿、蓝 3 基色信号是用相位来表示的。相位失真会对彩色图像信号产生较大的影响。

由于信道失真是客观存在的，必须采取一些减少失真的措施。对于模拟通信系统，常采用频域均衡技术消除失真。对于数字通信系统，常采用时域均衡器使码间干扰降到最小。

4.4.2 随参信道

1. 随参信道传输介质的特性

随参信道是参数随时间随机变化的信道，主要包括陆地移动信道、短波电离层反射信

道、超短波流星余迹散射信道、超短波及微波对流层散射信道、超短波电离层散射信道和超短波超视距绕射信道等。

在通信系统中,信道存在复杂的传输介质,随参信道的特性比恒参信道的复杂得多,对信号的影响也大,通常随参信道传输介质具有以下 4 个共同特点:

(1) 对信号的衰耗随时间变化而变化;

(2) 传输的时延随时间变化;

(3) 产生多径效应(多径传播);

(4) 产生频率选择性衰落。

2. 多径传播

多径传播是指由发送端发送的信号,经过多条路径到达接收端,每条路径对信号的衰减和时延都是随机变化的,接收端接收信号是将各条路径衰减和时延的合成。

设发送信号为 $x(t) = A\cos(\omega_0 t)$,它经过 n 条路径传播到接收端,则接收信号 $Y(t)$ 可表示为

$$Y(t) = \sum_{i=1}^{n} a_i(t)\cos[\omega_0(t - \tau_i(t))] = \sum_{i=1}^{n} a_i(t)\cos[\omega_0 t + \varphi_i(t)] \qquad (4\text{-}13)$$

式中,$a_i(t)$ 为第 i 条路径所到达的接收信号振幅;$\tau_i(t)$ 为第 i 条路径所到达信号的传输时延,它是时间的函数。

相位 $\varphi_i(t) = -\omega_0 \tau_i(t)$

$a_i(t)$,$\tau_i(t)$,$\varphi_i(t)$ 都是随机变化的,则有

$$Y(t) = \sum_{i=1}^{n} a_i(t)\cos(\varphi_i(t))\cos(\omega_0 t) + \sum_{i=1}^{n} a_i(t)\sin(\varphi_i(t))\sin(\omega_0 t) \qquad (4\text{-}14)$$

$Y(t)$ 可以看成是由互相正交的两个分量组成的,两个分量的振幅分别是缓慢随机变化的 $a_i(t)\cos(\varphi_i(t))$ 和 $a_i(t)\sin(\varphi_i(t))$。

设 $X_c(t) = \sum_{i=1}^{n} a_i(t)\cos(\varphi_i(t))$,$X_s(t) = \sum_{i=1}^{n} a_i(t)\sin(\varphi_i(t))$,则有

$$\begin{aligned} Y(t) &= X_c(t)\cos(\omega_0 t) - X_s(t)\sin(\omega_0 t) \\ &= V(t)\cos[\omega_0 t + \varphi(t)] \end{aligned} \qquad (4\text{-}15)$$

式中,$\varphi(t) = \arctan\dfrac{X_s(t)}{X_c(t)}$ 为接收信号的相位;$V(t) = \sqrt{X_c^2(t) + X_s^2(t)}$ 为接收信号的包络。$V(t)$ 和 $\varphi(t)$ 都是缓慢变化的随机过程,$Y(t)$ 可看作是一个包络作缓慢变化的窄带随机过程。接收信号可以看作是一个包络和相位随机缓慢变化的窄带信号。

与幅度恒定、频率单一的发射信号相比,接收信号的包络有了起伏,频率也不再单一,而是扩展为一个窄带信号。经过多径传播后信号包络的起伏现象称为多径衰落,而单一频率变成一个窄带频谱的现象称为频率扩散。

因此,发射信号为单频恒幅正弦波时,接收信号因多径效应变成包络起伏的窄带信号。

3. 随参信道特性的改善

在随参信道中传输信息时,常用于对信道的衰落特性进行改善的主要方法有以下 5 种:

(1) 含交织编码的差错控制技术;

(2) 抗衰落性能好的调制解调技术;

（3）功率控制技术；

（4）扩频技术；

（5）分集接收技术。

其中明显有效且常用的是分集接收技术。

分集接收技术的基本思想是，若在接收端同时接收几个不同路径的信号，将这些信号适当合并构成总信号，则能大大减小信道衰落的影响。

分集的含义是分散得到几个信号并集中合并这些信号，被分散的几个信号之间是统计独立的，通过适当的合并就能减小信道衰落的影响从而提高系统性能。

4.5 信道容量

信道容量是指单位时间内信道中能传输的最大信息量，即最高信息速率。对于连续信道，根据香农信息论可得信道容量的计算公式为

$$C = B\log_2\left(1 + \frac{S}{N}\right) \text{(b/s)} \tag{4-16}$$

式中，C 为信道容量；B 为信道带宽（Hz）；S 为信号功率（W）；S/N 为信噪比。

$N = n_0 B$，n_0 为噪声单边功率谱密度（W/Hz），则有计算公式为

$$C = B\log_2\left(1 + \frac{S}{n_0 B}\right) \text{(b/s)} \tag{4-17}$$

式（4-17）就是著名的香农信道容量公式，简称香农公式，S、B 和 n_0 是香农公式三要素。

香农公式有如下 4 个关于信道容量的重要结论。

（1）任何一个连续信道都有一个信道容量 C，即信道的极限传输能力为 C，要实现任意小的差错概率传输，需满足传输信息的速率 $R_b \leqslant C$ 的条件。若 $R_b > C$，则不可能实现无差错概率传输。

（2）增加信号功率 S 或减小噪声功率，可增加信道容量 C，特别是当 $S \to \infty$ 或 $N \to 0$ 时，信道容量 $C \to \infty$，其表达式为

$$\lim_{S \to \infty} C = \lim_{S \to \infty} B\log_2\left(1 + \frac{S}{N}\right) \to \infty$$

$$\lim_{N \to 0} C = \lim_{N \to 0} B\log_2\left(1 + \frac{S}{N}\right) \to \infty$$

对于理想信道，$N = 0$，其信道容量 C 为无穷大。

（3）增加信道带宽 B，可增加信道容量 C，但不能使 C 无限制地增加，其表达式为

$$\lim_{B \to \infty} C = \lim_{B \to \infty} B\log_2\left(1 + \frac{S}{n_0 B}\right) = \frac{S}{n_0}\lim_{B \to \infty}\frac{n_0 B}{S}\log_2\left(1 + \frac{S}{n_0 B}\right)$$

$$= \frac{S}{n_0}\log e = 1.44\frac{S}{n_0}$$

（4）当信道容量 C 保持不变时，带宽 B 与信噪比 S/N 可互换。当信噪比 S/N 较大时，可以用较小的信道带宽 B 传输信息；当信噪比 S/N 较小时，可以增大信道带宽 B 来确保信息的正确传输。

通过增加带宽 B 来实现在低信噪比情况下的通信叫做扩频通信。

香农公式虽指出了通信系统所能达到的理论极限,但没有指出这种通信系统的实现方法。实践证明,通信系统要想接近香农的理论极限,就必须借助信道编码和调制技术来实现。

例 4-1 若某个信道传输带宽为 3000Hz,信道中只存在加性白噪声,信噪比为 30dB,求信道容量。

解 信噪比 S/N,通常用 dB 表示,在香农公式中,S/N 是值,而不是 dB 数,则有

$$\left(\frac{S}{N}\right)_{dB} = 10\lg\left(\frac{S}{N}\right)$$

当信号噪声功率比为 30dB 时,

$$\frac{S}{N} = 10^{(S/N_{dB})/10} = 10^{\frac{30}{10}} = 10^3 = 1000$$

则该信道容量为

$$C = B\log_2\left(1 + \frac{S}{N}\right) = 3000\log_2(1 + 1000)$$

$$\approx 3000 \times 10 = 30(\text{kb/s})$$

例 4-2 若某个信道传输时的信噪比为 20dB,信道容量为 30kb/s,求此时所需带宽。

解 已知信噪比为 20dB,则有

$$\frac{S}{N} = 10^{(S/N_{dB})/10} = 10^{\frac{20}{10}} = 10^2 = 100$$

由香农公式可得所需的信道带宽为

$$B = \frac{C}{\log_2\left(1 + \frac{S}{N}\right)} = \frac{C}{3.32\lg\left(1 + \frac{S}{N}\right)} = \frac{30 \times 10^3}{3.32 \times 2} \approx 4.52\text{kHz}$$

思考与练习

4-1 狭义信道,指可以传输电或光信号的各种物理传输介质,可分为（　　　）与（　　　）两大类。

4-2 无线信道——指可以传输电磁波的（　　　）或（　　　）。例如,无线电广播就是利用无线信道传播电台节目的。

4-3 调制信道——用来研究（　　　）与（　　　）问题。

4-4 按噪声和信号之间关系分为（　　　）和（　　　）。

4-5 常用的有线信道(有线传输介质)有（　　　）、（　　　）和光纤。

4-6 波段指（　　　）,频段指（　　　）。

4-7 通信系统中噪声的来源和表现形式是很多的,主要分为（　　　）和（　　　）。

4-8 人为噪声主要有（　　　）和（　　　）。

4-9 任何一种信道都不具备理想的传输特性,因此信号通过它时总会受到某种程度的影响或损害,如（　　　）、（　　　）和噪声(加性干扰)。

4-10 按处理信号的不同,滤波器可分为(   )和(   )两大类。

4-11 模拟滤波器的用途是用来(   )或(   )的。

4-12 设有一条带宽为 1MHz、信噪比为 63 的信道,求信道容量。

4-13 设有一条带宽为 3000Hz、信噪比为 40dB 的电话线路,求该信道容量。

4-14 画图说明信道的定义。

4-15 举例说明加性噪声和乘性噪声的定义。

第5章

模拟调制系统

学习导航

基础知识
- 基本概念
- 调制的作用
- 调制方法的分类
- 乘法器

幅度调制
- 标准调幅
- 抑制载波双边带调制
- 单边带调制
- 残留边带调制
- 幅度信号的解调
- 幅度调制的抗噪声性能

模拟调制系统

角度调制
- 角度调制的基本概念
- 窄带调频
- 宽带调频
- 调频信号的产生
- 调频信号的解调
- 调频系统的抗噪声性能

模拟调制系统的性能比较

频分复用
- 频分复用基本原理
- 频分复用优缺点及应用

学习目标

- 了解调制的基本知识,包括基本概念、调制的作用、调制方法分类、乘法器。
- 掌握幅度调制,包括标准调幅、抑制载波双边带调制、单边带调制、残留边带调制、解调和幅度调制的抗噪声性能。
- 掌握角度调制,包括基本概念、窄带调频、宽带调频、调频信号的产生和解调、调频系统的抗噪声性能。
- 了解模拟调制系统的性能比较。
- 了解频分复用,包括频分复用的基本原理、优缺点及应用。

5.1　基础知识

在通信系统中,调制和解调总是同时出现的,调制和解调合称为调制系统。调制系统可分为模拟调制系统和数字调制系统。

5.1.1　基本概念

调制是将信号转换成适合在信道中传输的形式的一种过程。

广义调制分为基带调制和带通调制,其中,带通调制也称载波调制。

狭义调制仅指带通调制,在通信系统中,调制指载波调制。

调制信号是来自信源的基带信号。

载波调制是指用调制信号去控制载波的参数的过程。

载波是未受调制的周期性振荡信号,是正弦波,或是非正弦波。

载波受调制后称为已调信号。

解调(检波)是调制的逆过程,其作用是将已调信号中的调制信号恢复出来。

图 5-1 为在日常生活中使用调制与解调的案例。若要把一件货物(苹果比喻消息信号)从某个地方(山东烟台)运送到某个地点(湖北武汉),就需要利用运载工具(飞机比喻载波),将货物(苹果)装载到运载工具(飞机)上(比喻调制),到达目的地(终点湖北武汉)后,就要从运载工具(飞机)上卸载货物(苹果)(比喻解调)。

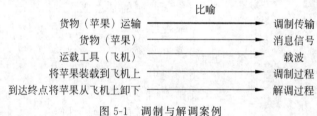

图 5-1　调制与解调案例

5.1.2　调制的作用

调制在通信过程中主要有以下 3 个作用:

(1) 利于无线电波的传输,无线电波是通过天线向空间发射传输信号的,而当天线尺寸与被发射信号的波长处于同一数量级时,信号才能被天线有效地发射出去。若把信号调制到高频载波上,就必须将信号的频谱搬移或变换到较高的频率范围,使信号的波长变短,减小天线尺寸。

(2) 实现信道复用,调制把多个基带信号分别搬移到不同的载频处,实现信道的多路复用,提高信道利用率。

(3) 改善系统的性能,提高系统抗干扰能力,通过采用不同的调制方式,还可实现传输带宽与信噪比之间的互换。

5.1.3　调制方法的分类

调制方法有很多分类,最常用的分类有以下几种:

(1) 根据信源信号的不同,调制方法可分为模拟调制和数字调制。

(2) 根据载波的不同,调制方法可分为正弦波调制和脉冲调制。

(3) 根据调制中是否改变载波的参数,调制方法可分为幅度调制和角度调制。

(4) 按频谱关系,调制方法分为线性调制与非线性调制。

线性调制是指调制后信号的频谱为调制信号(基带信号)频谱的平移及线性变换;而非线性调制时已调信号与输入调制信号之间不存在这种关系,已调信号频谱中将出现与调制信号无对应性关系的分量。

(5) 按控制参数,调制方法分为幅度调制、频率调制和相位调制,或者幅度调制和角度调制。

5.1.4　乘法器

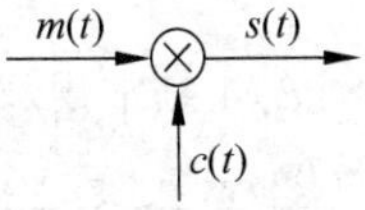

图 5-2　乘法器

图 5-2 为通信系统中常用的乘法器,乘法器起着将两个输入信号相乘和频谱搬移的作用。

图 5-2 中,设本地振荡器 $c(t) = \cos(\omega_c t)$ 为一个正弦波输入信号,输入信号 $m(t) = A_m \cos(\omega_m t)$ 为单音信号,其频率为 ω_m,则乘法器的输出信号表达式为

$$s(t) = A_m \cos(\omega_m t) \cos(\omega_c t) = \frac{A_m}{2}[\cos((\omega_m + \omega_c)t) + \cos((\omega_m - \omega_c)t)] \quad (5\text{-}1)$$

上式还可以写成 $s(t) = A_m \cos(\omega_c t) \cos(\omega_m t) = \dfrac{A_m}{2}[\cos((\omega_c + \omega_m)t) + \cos((\omega_c - \omega_m)t)]$

由上式可知,乘法器将输入频谱搬移到本振频率 ω_c 的两侧。

乘法器的实际电路可由二极管平衡电路或环形电路、差分对电路,或晶体三级管频谱搬移电路,或单片集成乘法器产品来实现。

5.2　幅度调制

幅度调制是载波的振幅按照所需传送信号的变化规律而变化,但频率保持不变的调制方法。或者,幅度调制是用调制信号去控制高频载波的振幅,使其按调制信号作线性变化的过程。

常用的幅度调制方式主要有常规的双边带调幅又称为标准调幅(amplitude modulation,AM)、抑制载波的双边带(double side band,DSB)调幅、单边带(single side band,SSB)调幅和残留边带(vestigial side band,VSB)调幅。

幅度调制器的一般模型如图 5-3 所示,该模型由一个乘法器和滤波器组成。

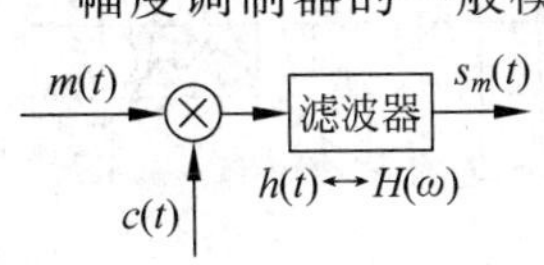

设正弦型载波 $c(t)$ 为

$$c(t) = A\cos(\omega_c t + \varphi_0)$$

式中,A 为载波幅度;ω_c 为载波角频率;φ_0 为载波初始相位。

输出已调信号的时域表达式为

图 5-3　幅度调制器的一般模型

$$S_m(t) = [m(t) * c(t)] * h(t)$$

也可写成

$$S_m(t) = A[m(t)\cos(\omega_c t)] * h(t) \tag{5-2}$$

式中,$\varphi_0 = 0$,$m(t)$为基带信号,$h(t)$为冲激响应。因有$h(t) \leftrightarrow H(\omega)$,则输出已调信号的频域表达式为

$$S_m(\omega) = \frac{A}{2}[M(\omega + \omega_c) + M(\omega - \omega_c)]H(\omega) \tag{5-3}$$

从上两式可知,对于幅度已调信号,在波形上幅度随调制信号的规律而变化。在频谱结构上频谱完全是调制信号频谱结构在频域内的简单搬移,且搬移是线性的,幅度调制通常又称为线性调制。

5.2.1 标准调幅

AM 是常规双边带调幅的简称。

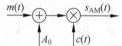

图 5-4　AM 调制模型

1. AM 信号的产生

1) AM 调制模型

图 5-4 为 AM 调制模型,$m(t)$为基带信号,其平均值$\overline{m(t)} = 0$,将$m(t)$与直流分量A_0叠加(用加法器实现)后再与载波($c(t) = \cos(\omega_c t)$)相乘(用乘法器实现)就产生 AM 信号。

2) 时域表达式和波形分析

AM 调制模型中输出信号的时域表达式为

$$s_{AM}(t) = [A_0 + m(t)]\cos(\omega_c t) = A_0\cos(\omega_c t) + m(t)\cos(\omega_c t) \tag{5-4}$$

式中,ω_c为载波角频率,且$\omega_c = 2\pi f_c$,f_c为载波的频率。AM 信号的波形如图 5-5 所示。

从图 5-5 可知如下 3 点:

(1) 当$|m(t)|_{\max} < A_0$时,AM 信号振幅包络的形状与基带信号形状一致,表示 AM 信号的振幅包络随基带信号的瞬时值变化,这样在接收端用包络检波的方法对 AM 信号进行解调,能够恢复出原始的调制信号。

(2) 当$|m(t)|_{\max} > A_0$时,则将会出现过调幅现象而产生包络失真,调幅波的包络不再与$m(t)$的形状一样。

(3) 当$|m(t)|_{\max} = A_0$时,称为临界调幅(也称满调幅),如图 5-6 所示。

当$m(t)$为单频余弦函数$m(t) = A_m\cos(\omega_c t + \varphi_0)$时,代入式(5-4),得

$$\begin{aligned}
s_{AM}(t) &= [A_0 + m(t)]\cos(\omega_c t) = A_0\cos(\omega_c t) + m(t)\cos(\omega_c t) \\
&= A_0\cos(\omega_c t) + A_m\cos(\omega_c t + \varphi_0)\cos(\omega_c t) \\
&= A_0\left[\cos(\omega_c t) + \frac{A_m}{A_0}\cos(\omega_c t + \varphi_0)\cos(\omega_c t)\right]
\end{aligned} \tag{5-5}$$

式中,A_m/A_0为调幅指数,用百分比表示时为调制度,有三

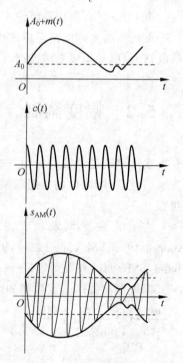

图 5-5　AM 信号的波形

个取值。

当 $A_m/A_0<1$ 时为正常调幅，当 $A_m/A_0=1$ 时为满调幅，当 $A_m/A_0>1$ 时为过调幅。

3）AM信号的频域表达式和频谱分析

设 $M(\omega)$ 为调制信号 $m(t)$ 的频谱，根据傅里叶变换对有 $m(t)\leftrightarrow M(\omega)$

$$A_0\cos(\omega_c t)\leftrightarrow\pi A_0[\delta(\omega+\omega_c)+\delta(\omega-\omega_c)]\tag{5-6}$$

$$m(t)\cos(\omega_c t)\leftrightarrow\frac{1}{2}[M(\omega+\omega_c)+M(\omega-\omega_c)]\tag{5-7}$$

将式(5-6)和式(5-7)代入式(5-4)，得 AM 调制的频域表达式为

$$S_{AM}(\omega)=\pi A_0[\delta(\omega+\omega_c)+\delta(\omega-\omega_c)]+\frac{1}{2}[M(\omega+\omega_c)+M(\omega-\omega_c)]\tag{5-8}$$

AM信号调幅过程的频谱（幅度谱）如图 5-7 所示。

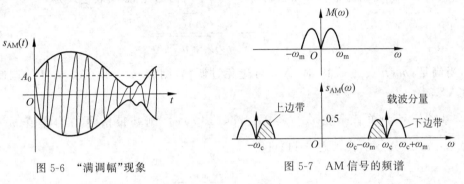

图 5-6　"满调幅"现象　　　　　图 5-7　AM 信号的频谱

从图 5-7 可知：

（1）AM 的频谱由载波分量、上边带和下边带 3 部分组成，其中外侧的边带为上边带，内侧的边带为下边带。上边带的频谱结构与原调制信号的频谱结构相同，下边带是上边带的镜像。

（2）由于信号的频谱对称地分布在载波频率两侧，称这种频谱为双边带频谱。

（3）AM 信号的频谱中的边带频谱由调制信号的频谱经过简单的线性搬移到 ω_c 和 $-\omega_c$ 两侧构成，频谱结构没有发生变化，只是频谱位置平移了，则称为线性调制。AM 调制及其他几种幅度调制方式都属于线性调制。

2. AM 信号的特性

AM 信号的特性包含传输带宽、功率和调制效率三方面。

1）传输带宽

AM 信号是含有载波的双边带信号，其传输带宽为

$$B_{AM}=2f_m\tag{5-9}$$

式中，f_m 是基带信号的最高频率（即基带信号的带宽）。

2）功率

AM 信号在 1Ω 电阻上的平均功率等于 $s_{AM}(t)$ 的均方值，其表达式为

$$P_{AM}=\overline{s_{AM}^2(t)}=\overline{[A_0+m(t)]^2\cos^2(\omega_c t)}$$

而 $\cos^2(\omega_c t)=\frac{1}{2}(1+\cos(2\omega_c t))$，则有

$$\overline{P_{AM}} = \frac{1}{2}\overline{[A_0^2 + 2A_0 m(t) + m^2(t)](1 + \cos(2\omega_c t))}$$

$$= \frac{1}{2}\overline{A_0^2 + 2A_0 m(t) + m^2(t) + [A_0^2 + 2A_0 m(t) + m^2(t)]\cos(2\omega_c t)}$$

设调制信号没有直流分量,$\overline{m(t)}=0$,而$\overline{\cos(2\omega_c t)}=0$,则有

$$P_{AM} = \frac{A_0^2}{2} + \frac{\overline{m^2(t)}}{2} = P_c + P_m \tag{5-10}$$

式中,$P_c = A_0^2/2$ 为载波功率;$P_m = \overline{m^2(t)}/2$ 为边带功率。其中,只有边带功率 P_m 才与信息信号有关,而载波分量并不携带信息,故边带功率为有用功率。

3) 调制效率

调制效率 η_{AM} 是指边带功率在已调信号功率中所占的比例,其表达式为

$$\eta_{AM} = \frac{P_m}{P_{AM}} = \frac{\overline{m^2(t)}}{A_0^2 + \overline{m^2(t)}} \tag{5-11}$$

式中,当满足 $|m(t)|_{max} \leqslant A_0$ 时,AM 可避免过调幅,则有 $\overline{m^2(t)} \leqslant A_0^2$,AM 的调制效率 $\eta_{AM} \leqslant 50\%$。

当基带信号为单音余弦 $m(t) = A_m \cos(\omega_m t)$ 时,则基带信号的均方值 $\overline{m^2(t)} = \overline{(A_m \cos\omega_m t)^2} = A_m^2/2$,代入式(5-11)可得

$$\eta_{AM} = \frac{A_m^2}{2A_0^2 + A_m^2}$$

在满调幅($|m(t)|_{max} = A_m = A_0$)时,调制效率最大值为

$$\eta_{AM} = \frac{A_0^2}{2A_0^2 + A_0^2} = \frac{1}{3} \tag{5-12}$$

AM 的最大调制效率仅为 $\eta_{AM} = 1/3$,相当 33.3%,所以 AM 的调制效率很低,原因在于载波分量不携带信息却占用了大部分功率。

5.2.2 抑制载波双边带调制

1. 信号的产生

1) 调制模型

在 AM 信号的调幅中,载波分量不携带信息,信息完全由边带传送。若将 AM 调制模型中的直流分量 A_0 去掉,直接用 $m(t)$ 调制载波的幅度,就可以得到抑制载波双边带调幅,简称 DSB 调幅。

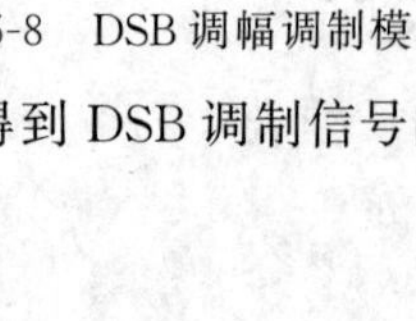

DSB 调幅信号的产生原理模型如图 5-8 所示,图中只用一个乘法器就能产生信号。

2) 时域表达式和波形分析

图 5-8 DSB 调幅调制模型　　DSB 调制的时域表达式是将 AM 时域表达式中的 $A_0 = 0$,则可得到 DSB 调制信号的表达式

$$s_{DSB}(t) = m(t)\cos(\omega_c t) \tag{5-13}$$

DSB 调制信号的波形如图 5-9 所示,过零点处,DSB 调制信号 $m(t)$ 改变符号时恰好载波 $c(t)$ 也改变符号,载波出现反相点。DSB 调制信号的包络不再与基带信号 $m(t)$ 的形状相同。

3) 频域表达式和频谱分析

DSB 调制信号的频谱如图 5-10 所示,表达式为

$$S_{DSB}(\omega) = \frac{1}{2}[M(\omega + \omega_c) + M(\omega - \omega_c)] \tag{5-14}$$

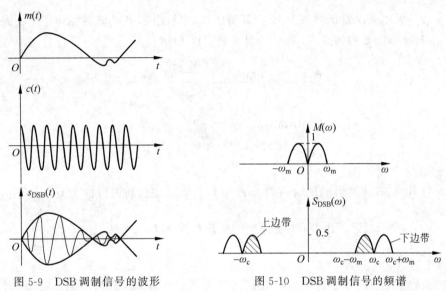

图 5-9　DSB 调制信号的波形　　　　图 5-10　DSB 调制信号的频谱

图 5-10 为 DSB 调制过程的波形及频谱(幅度谱),DSB 调制信号频谱中没有载波分量,发送功率全部在边带信号上,调制效率可达 100%。

2. DSB 调制的特性

1) 带宽

DSB 调制信号的带宽与 AM 信号相同,是基带信号带宽的两倍,其表达式为

$$B_{DSB} = B_{AM} = 2f_m \tag{5-15}$$

上式说明 DSB 调制信号两个边带中的任意一个都包含了 $M(\omega)$ 的所有频谱成分。

2) 功率

DSB 调制信号的平均功率为已调信号的均方值,其表达式为

$$P_{DSB} = \overline{s_{DSB}^2(t)} = \overline{m^2(t)\cos^2(\omega_c t)} = \frac{\overline{m^2(t)}}{2} \tag{5-16}$$

3) 调制效率

边带功率是信号的全功率,调制效率 $\eta_{DSB} = 1$。

分析图 5-10 可知:

(1) DSB 调制信号节省了载波功率,提高了功率的利用率。

(2) 频带宽度仍是调制信号带宽的两倍,与 AM 信号带宽相同。

(3) DSB 调制信号的上、下两个边带是完全对称的,携带了调制信号的全部信息,传输时只用其中一个边带即可完成其功能,这就是下面要讨论的 SSB 调制。

5.2.3 单边带调制

DSB 调制信号上、下两个边带中的任意一个都包含了调制信号频谱 $M(\omega)$ 的所有频谱成分,实际传输时只要一个边带就可完成任务,这种方式称为 SSB 调制。

产生 SSB 调制信号有两种方法:滤波法和相移法。

1. 滤波法

1) 模型的构建

滤波法是先用乘法器产生一个 DSB 调制信号,然后用 SSB 滤波器滤掉一个不需要的边带,剩下的就是所需要的边带,其数学模型如图 5-11 所示。

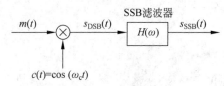

图 5-11 滤波法产生 SSB 调制信号的模型

2) SSB 的形成

图 5-11 中 SSB 滤波器的传输函数为 $H(\omega)$,若满足理想高通特性 $H(\omega)=H_{\text{USB}}(\omega)=\begin{cases}1, & |\omega|>\omega_c \\ 0, & |\omega|\leqslant\omega_c\end{cases}$,则可滤除下边带;若满足理想低通特性 $H(\omega)=H_{\text{LSB}}(\omega)=\begin{cases}1, & |\omega|<\omega_c \\ 0, & |\omega|\geqslant\omega_c\end{cases}$,则可滤除上边带。

传输函数 $H(\omega)$ 的滤波特性还可用图 5-12 来描述。若 $H(\omega)$ 为高通滤波器,则可产生上边带(upper side band,USB)信号;若 $H(\omega)$ 为低通滤波器,则可产生下边带(lower side band,LSB)信号,相应的 SSB 调制信号频谱如图 5-13 所示。

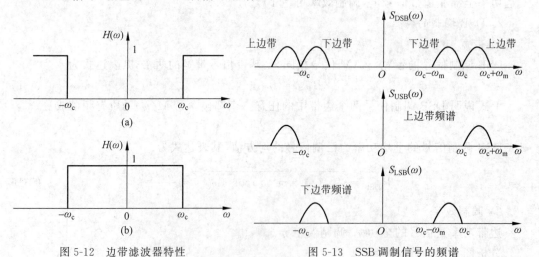

图 5-12 边带滤波器特性　　　　图 5-13 SSB 调制信号的频谱

综合上述分析,SSB 调制信号频谱的表达式为

$$S_{\text{SSB}}(\omega)=S_{\text{DSB}}(\omega)\cdot H(\omega)$$

$$=\frac{1}{2}[M(\omega+\omega_c)+M(\omega-\omega_c)]H(\omega) \tag{5-17}$$

3）滤波法的优缺点

滤波法的优点是方法简单和直观。

滤波法的缺点是 SSB 滤波器很难制作，在实际工程中往往采用多级调制滤波的方法来产生 SSB 调制信号。

2. 相移法

1）信号的产生

相移法是指利用相移网络，对载波和调制信号进行适当的相移，使在合成过程中消除其中的一个边带而获得 SSB 调制，相移法产生 SSB 调制信号的模型如图 5-14 所示。

该模型由两个乘法器和两个相移构成，上、下两个支路分别产生同相分量和正交分量，然后合成器将两个分量相加产生下边带，相减产生上边带。

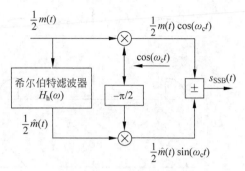

图 5-14　相移法产生 SSB 调制信号的模型

通过图 5-14 相移法产生 SSB 模型的分析，可写出 SSB 调制信号的时域表达式，即

$$S_{\text{SSB}}(t) = \frac{1}{2}m(t)\cos(\omega_c t) \mp \frac{1}{2}\hat{m}(t)\sin(\omega_c t) \tag{5-18}$$

式中，"−"成立时为上边带信号，"+"成立时为下边带信号；$\hat{m}(t)$ 是 $m(t)$ 的希尔伯特变换。希尔伯特滤波器 $H_h(\omega)$ 实质上是一个宽带相移网络，它的作用是将 $m(t)$ 的所有频率分量都移相 $\frac{\pi}{2}$，而幅度不变。

2）SSB 调制的优缺点

SSB 调制的优点主要有两点：

（1）对频谱资源的利用率高，减少了信道的频带宽度，$B_{\text{SSB}} = \frac{1}{2}B_{\text{DSB}} = f_m$，SSB 调制所需的传输带宽仅为 AM、DSB 调制的一半；

（2）不发送载波，而仅发送一个边带，与其他幅度调制比较，节省发射功率。

SSB 调制的缺点是结构比较复杂，希尔伯特滤波器或宽带相移网络的实现比较困难。

SSB 调制方式主要应用在频谱拥挤的通信场合，如短波通信和多路载波电话。

5.2.4　残留边带调制

1. VSB 调制信号的产生

1）模型

VSB 调制是指滤除上边带或下边带时残留部分边带的调制。

图 5-15 是 DSB、SSB 和 VSB 调制信号的频谱，其中 VSB 调制是介于 SSB 与 DSB 调制之间的一种折中方式，它不像 SSB 调制那样完全抑制一个边带，而是逐渐切割，使被抑制的边带残留一小部分。

滤波法产生 VSB 调制信号的模型如图 5-16 所示。

◆

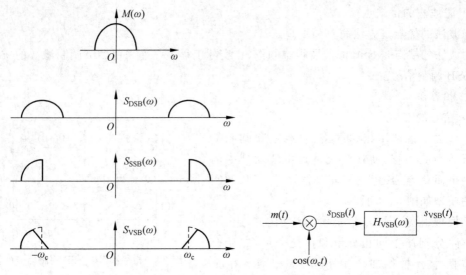

图 5-15　DSB、SSB 和 VSB 调制信号的频谱　　图 5-16　滤波法产生 VSB 调制信号的模型

2) $H_{VSB}(\omega)$ 函数分析

图 5-16 中 $H_{VSB}(\omega)$ 为 VSB 滤波器的传输函数,其特性满足 VSB 调制的要求,$H_{VSB}(\omega)$ 满足的表达式为

$$H_{VSB}(\omega + \omega_c) + H_{VSB}(\omega - \omega_c) = 常数, \quad |\omega| \leqslant \omega_H \tag{5-19}$$

VSB 滤波器特性的几何意义就是 $H_{VSB}(\omega)$ 应在载频 ω_c 两边具有互补对称(奇对称)的滚降特性,如图 5-17 所示。图 5-17 为 VSB 滤波器特性的两种形式,其中,图 5-17(a)为残留"部分上边带"的滤波器特性,图 5-17(b)为残留"部分下边带"的滤波器特性。

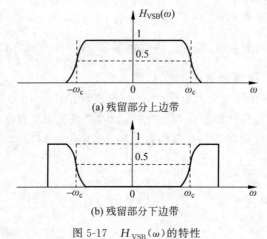

(a) 残留部分上边带

(b) 残留部分下边带

图 5-17　$H_{VSB}(\omega)$ 的特性

3) 频谱表达式

VSB 调制信号的频谱表达式为

$$S_{VSB}(\omega) = S_{DSB}(\omega) \cdot H_{VSB}(\omega)$$

$$= \frac{1}{2}[M(\omega + \omega_c) + M(\omega - \omega_c)]H_{VSB}(\omega) \tag{5-20}$$

2. VSB 滤波器的特性

VSB 调制是介于 DSB 调制和 SSB 调制之间的一种调制方式,其信号带宽和功率也就介于 DSB 和 SSB 调制信号之间。

1) 信号带宽

$$\omega_H < B_{VSB} < 2\omega_H$$

2) 信号功率

$$\frac{1}{4}\overline{m^2(t)} < P_{VSB} < \frac{1}{2}\overline{m^2(t)}$$

3) 调制效率

VSB 调制信号不含有载波的成分,其调制效率为

$$\eta_{VSB} = 100\%$$

VSB 调制信号克服了 DSB 调制信号占用频带宽的缺点,同时解决了 SSB 调制信号实现的困难,在电视广播系统中广泛应用。

5.2.5　幅度信号的解调

解调是从接收的已调信号中恢复出原基带信号(原调制信号),它是调制的逆过程。解调的方法可分为相干解调和非相干解调。

1. 相干解调

相干解调也叫同步检波,解调与调制均为频谱搬移。调制是将基带信号的频谱搬到载波的位置,通过一个乘法器与载波相乘来完成;而解调是将载波位置的已调信号的频谱搬回到原基带信号的位置,它是调制的逆过程,也可用乘法器与载波相乘来完成。

相干解调器的一般模型如图 5-18 所示,由乘法器和低通滤波器组成,相干解调器适用于所有线性调制信号的解调。

相干解调器的原理是想要无失真地恢复原基带信号,接收端必须提供一个与接收的已调载波严格同步(同频同相)的本地载波(称为相干载波),它与接收的已调信号相乘后,经低通滤波器取出低频分量,就能得到原始的基带信号。

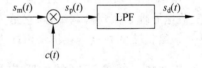

图 5-18　相干解调器的一般模型

图 5-18 是调幅信号相干解调的原理框图,$s_m(t)$ 为接收的已调信号,$c(t)$ 为接收机提供的本地相干载波,它与接收信号中的载波同频同相,即 $c(t) = \cos(\omega_c t)$。如果解调正确,输出信号 $s_d(t)$ 应与发送的调制信号 $m(t)$ 呈线性关系。AM、DSB、SSB、VSB 调制均可采用相干解调方式恢复出原始信号。

(1) AM 信号的相干解调为

$$s_p(t) = s_m(t) \cdot c(t) = s_{AM}(t) \cdot \cos(\omega_c t) = [A_0 + m(t)]\cos(\omega_c t) \cdot \cos(\omega_c t)$$

$$= [A_0 + m(t)]\cos^2(\omega_c t) = \frac{1}{2}[A_0 + m(t)] \cdot [1 + \cos(2\omega_c t)]$$

$$= \frac{1}{2}[A_0 + m(t)] + \frac{1}{2}[A_0 + m(t)]\cos(2\omega_c t)$$

通过低通滤波器抑制高频分量 $2\omega_c$,再消除直流分量,得

$$s_{\mathrm{d}}(t)=\frac{1}{2}m(t)$$

（2）同理可求出 DSB、SSB 和 VSB 调制信号的相干解调分别为 $\frac{1}{2}m(t)$、$\frac{1}{4}m(t)$ 和 $\frac{1}{4}m(t)$。

2. 非相干解调

非相干解调又称为**包络检波**。

包络检波是指从已调波的幅度中直接提取原消息信号，AM 信号在满足 $|m(t)|_{\max}\leqslant A_0$ 时，AM 信号的包络与消息信号 $m(t)$ 的形状才完全一样，包络检波只适用于 AM 信号的解调。

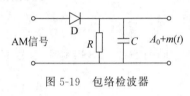

图 5-19   包络检波器

包络检波器通常由半波或全波整流器和低通滤波器组成，属于非相干解调，不需要相干载波，常用的二极管峰值包络检波器如图 5-19 所示，它由一个二极管 D 和 RC 低通滤波器组成。

图 5-19 中，输入信号是 AM 信号，且 $s_{\mathrm{AM}}(t)=[A_0+m(t)]\cos(\omega_{\mathrm{c}}t)$，当进入包络检波器时，由于二极管的单向导电特性，二极管在输入信号的每个高频周期的峰值附近导通，检波输出波形与输入信号包络形状相同。但适当选择 R、C 的数值，使其与消息信号最高频率 ω_{m} 和载波频率 ω_{c} 满足如下关系

$$\frac{1}{\omega_{\mathrm{c}}}\leqslant RC\leqslant\frac{1}{\omega_{\mathrm{m}}} \tag{5-21}$$

满足式（5-21）的条件时，检波器输出信号为

$$s_{\mathrm{d}}(t)=A_0+m(t) \tag{5-22}$$

将式（5-22）隔掉直流 A_0，则可还原消息信号 $m(t)$。

由图 5-19 可知，包络检波器的最大优点是电路简单，不需要提取相干载波，利用电容的充、放电原理来实现解调过程，它是 AM 调制方式中最常用的解调方法。

包络检波的缺点是在抗噪声能力上，AM 信号采用包络检波不如相干解调法。

5.2.6   幅度调制的抗噪声性能

各种已调信号在传输过程中都会受噪声的干扰，通信系统常把信道加性噪声中的热噪声作为主要研究对象，而热噪声是一种高斯白噪声，加性高斯白噪声的干扰影响各种模拟调制系统的抗噪声性能。

1. 幅度调制系统抗噪声性能的分析模型

1）分析模型的构建

信道加性噪声主要对已调信号的接收产生影响，调制系统的抗噪声性能可用解调器的抗噪声性能来衡量，抗噪声性能的分析模型如图 5-20 所示。

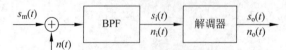

图 5-20   抗噪声性能的分析模型

分析模型由加法器、带通滤波器和解调器组成,其功能如下。

加法器起着将两个输入信号叠加的作用,将已调信号 $s_m(t)$ 和传输过程中的高斯白噪声 $n(t)$ 进行叠加。

带通滤波器滤除已调信号频带以外的噪声,只允许频带内信号通过,具有选频的作用。滤波器的输入是已调信号 $s_m(t)$ 和高斯白噪声 $n(t)$ 的叠加信号;滤波器输出信号 $s_i(t)$(模型中用 $s_i(t)$ 表示)就是输入信号 $s_m(t)$,而滤波器输出噪声 $n_i(t)$ 与输入噪声 $n(t)$ 是不相同的。输入和输出噪声的概率分布虽都是高斯分布,但二者的功率谱分布不同,输入噪声 $n(t)$ 是白噪声,输出噪声 $n_i(t)$ 是高斯窄带噪声。

模型中经过带通滤波器后到达解调器输入端的信号为 $s_i(t)$,噪声为 $n_i(t)$,解调器输出端有用信号为 $s_o(t)$,噪声为 $n_o(t)$。解调器用于恢复原信号,对于不同的调制系统,有不同 $s_m(t)$ 信号,而解调器输入端的噪声 $n_i(t)$ 形式是相同的,由平衡高斯白噪声经过带通滤波器得到。当带通滤波器带宽远小于其中心频率 ω_c 时,$n_i(t)$ 为窄带平稳高斯白噪声,其数学表达式为

$$n_i(t) = n_q(t)\cos(\omega_c t) - n_s(t)\sin(\omega_c t)$$

式中,$n_q(t)$ 是 $n_i(t)$ 的同相分量,$n_s(t)$ 是 $n_i(t)$ 的正交分量。

由随机过程理论可知,$n_i(t)$、$n_q(t)$ 和 $n_s(t)$ 的均值、方差(平均功率)相同,其关系式为

$$\overline{n_i(t)} = \overline{n_q(t)} = \overline{n_s(t)} = 0$$

$$E[n_i^2(t)] = E[n_q^2(t)] = E[n_s^2(t)] = N_i$$

式中,N_i 为解调器输入噪声 $n_i(t)$ 的平均功率,双边功率谱密度为 $n_0/2$,带通滤波器的传输特性为高度为 1、带宽为 B 的理想矩形函数,如图 5-21 所示,则解调器输入噪声 $n_i(t)$ 的平均功率为

$$N_i = n_0 B \tag{5-23}$$

由上式可知,B 应等于已调信号的频带宽度,才能既保证信号无失真通过,又能最大限度地抑制噪声。

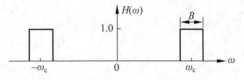

图 5-21 带通滤波器的传输特性

2) 性能指标

性能指标用信噪比和信噪比增益来衡量。

模拟通信系统的主要性能指标由解调器的输出信噪比来度量,解调器输出信噪比的表达式为

$$\frac{S_o}{N_o} = \frac{\text{解调器输出信号的平均功率}}{\text{解调器输出噪声的平均功率}} = \frac{\overline{m_o^2(t)}}{\overline{n_o^2(t)}} \tag{5-24}$$

输出信噪比与调制和解调方式都有关。在一定的输入信号功率和噪声功率谱密度条件下,输出信噪比越大,系统的抗噪声性能越好。信噪比在不同的通信系统中的具体要求不相同,如语音信号的传输要求为 $S_0/N_0 > 26\text{dB}$,电视图像的传输要求为 $S_0/N_0 > 40\text{dB}$。

模拟通信系统的另一个性能指标是信噪比增益(或制度增益),是指输出信噪比与输入信噪比的比值 (G),其表达式为

$$G = \frac{S_o/N_o}{S_i/N_i} \tag{5-25}$$

G 越大,说明系统的抗噪声性能越好。

S_i/N_i 为解调器输入信噪比,其表达式为

$$\frac{S_i}{N_i}=\frac{解调器输入已调信号的平均功率}{解调器输入噪声的平均功率}=\frac{\overline{s_m^2(t)}}{\overline{n_i^2(t)}} \tag{5-26}$$

因此,在系统相同输入功率的前提条件下,通过比较不同系统的信噪比增益才能说明系统的抗噪声性能。

2. AM 包络检波的抗噪声性能

1) AM 包络检波的抗噪声性能分析模型

AM 信号虽可采用相干解调,但最常用的解调方法是包络检波,也属于非相干解调,AM 包络检波的抗噪声性能分析模型如图 5-22 所示,由加法器、带通滤波器和包络检波器组成,其中包络检波器就是解调器,图中 $s_{AM}(t)$ 与 $s_i(t)$ 表示同一信号。

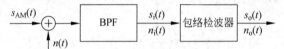

图 5-22　AM 包络检波的抗噪声性能分析模型

包络检波器的 AM 输入信号为

$$s_i(t)=[A_0+m(t)]\cos(\omega_c t)$$

式中,载波的幅值为 A_0,调制信号 $m(t)$ 的均值为 0,且满足 $|m(t)|_{max} \leqslant A_0$ 的条件,则包络检波器输入噪声的表达式为

$$n_i(t)=n_q(t)\cos(\omega_c t)-n_s(t)\sin(\omega_c t)$$

包络检波器输入信号的功率 S_i 和输入噪声的功率 N_i 分别为

$$S_i=\overline{s_i^2(t)}=\frac{A_0^2}{2}+\overline{\frac{m^2(t)}{2}}$$

$$N_i=\overline{n_i^2(t)}=n_0 B$$

输入信噪比为

$$\frac{S_i}{N_i}=\frac{A_0^2+\overline{m^2(t)}}{2n_0 B} \tag{5-27}$$

包络检波器输入是信号加噪声的合成波形,表达式为

$$\begin{aligned}
s_{AM}(t)+n_i(t)&=[A_0+m(t)]\cos(\omega_c t)+n_q(t)\cos(\omega_c t)-n_s(t)\sin(\omega_c t)\\
&=[A_0+m(t)+n_q(t)]\cos(\omega_c t)-n_s(t)\sin(\omega_c t)\\
&=E(t)\cos[\omega_c t+\varphi(t)]
\end{aligned} \tag{5-28}$$

式中,$E(t)$ 是信号与噪声的合成波的包络;$\varphi(t)$ 是信号与噪声的合成波的相位。则有

$$E(t)=\sqrt{[A_0+m(t)+n_q(t)]^2+n_s^2(t)} \tag{5-29}$$

$$\varphi(t)=\arctan\left[\frac{n_s(t)}{A_0+m(t)+n_q(t)}\right] \tag{5-30}$$

理想包络检波器能输出 $E(t)$,检波输出 $E(t)$ 中的信号与噪声存在非线性关系,以下分析两种特殊情况:大信噪比和小信噪比。

2）大信噪比情况

大信噪比是指输入信号的幅度远大于噪声幅度，其表达式为$[A_0 + m(t)] \gg \sqrt{n_q^2(t) + n_s^2(t)}$，则有

$$
\begin{aligned}
E(t) &= \sqrt{[A_0 + m(t) + n_q(t)]^2 + n_s^2(t)} \\
&\approx \sqrt{[A_0 + m(t)]^2 + 2[A_0 + m(t)]n_q(t) + [n_q(t)]^2 + n_s^2(t)} \\
&= \sqrt{[A_0 + m(t)]^2 + 2[A_0 + m(t)]n_q(t)} \\
&= [A_0 + m(t)]\left[1 + \left[1 + \frac{2n_q(t)}{A_0 + m(t)}\right]^{\frac{1}{2}}\right] \\
&\approx [A_0 + m(t)]\left[1 + \left[1 + \frac{2n_q(t)}{A_0 + m(t)}\right]\right] \\
&= A_0 + m(t) + n_q(t)
\end{aligned}
$$

所以

$$E(t) \approx A_0 + m(t) + n_q(t) \tag{5-31}$$

信号经过包络检波器，直流 A_0 被电容器阻隔，输出有用信号 $m(t)$ 与噪声 $n_q(t)$ 独立地分成两项，可分别算出输出信号功率和噪声功率为

$$S_o = \overline{m^2(t)} \tag{5-32}$$

$$N_o = \overline{n_o^2(t)} = \overline{n_i^2(t)} = n_0 B \tag{5-33}$$

输出信噪比为

$$\frac{S_o}{N_o} = \frac{\overline{m^2(t)}}{n_0 B} \tag{5-34}$$

信噪比增益为

$$G_{AM} = \frac{S_o/N_o}{S_i/N_i} = \frac{2\overline{m^2(t)}}{A_0^2 + \overline{m^2(t)}} \tag{5-35}$$

由此可见，G_{AM} 随 A_0 的减小而增加。

为了不发生过调幅现象，应有 $|m(t)|_{max} \leqslant A_0$，$G_{AM}$ 总是小于 1。

对于 100% 调制，就是当 $|m(t)|_{max} = A_0$，且 $m(t)$ 为单频正（余）弦信号时，$\overline{m^2(t)} = A_0^2/2$，则有 $G_{AM} = \dfrac{2\overline{m^2(t)}}{A_0^2 + \overline{m^2(t)}} = \dfrac{A_0^2}{A_0^2 + \dfrac{A_0^2}{2}} = \dfrac{2}{3}$。

因此，$G_{AM} = \dfrac{2}{3}$ 是 AM 系统的最大信噪比增益，说明在大信噪比时，AM 采用包络检波时的性能与相干解调时的性能几乎一样。

3）小信噪比情况

小信噪比是指输入信号幅度远小于噪声幅度，其表达式为 $[A_0 + m(t)] \ll \sqrt{n_q^2(t) + n_s^2(t)}$，则有

$$E(t) = \sqrt{[A_0 + m(t) + n_q(t)]^2 + n_s^2(t)}$$

$$E(t) = \sqrt{[A_0 + m(t)]^2 + n_q^2(t) + n_s^2(t) + 2n_q(t)[A_0 + m(t)]}$$

$$\approx \sqrt{2[n_q^2(t) + n_s^2(t)] + 2n_q(t)[A_0 + m(t)]}$$

$$= \sqrt{2[n_q^2(t) + n_s^2(t)]\left\{1 + \frac{n_q(t)[A_0 + m(t)]}{n_q^2(t) + n_s^2(t)}\right\}}$$

$$= \sqrt{2[n_q^2(t) + n_s^2(t)]}\left\{1 + \frac{n_q(t)[A_0 + m(t)]}{n_q^2(t) + n_s^2(t)}\right\}^{\frac{1}{2}}$$

$$\approx \sqrt{[n_q^2(t) + n_s^2(t)]}\left\{1 + \frac{n_q(t)}{n_q^2(t) + n_s^2(t)}[A_0 + m(t)]\right\}$$

$$= \sqrt{[n_q^2(t) + n_s^2(t)]} + \frac{n_q(t)}{\sqrt{[n_q^2(t) + n_s^2(t)]}}[A_0 + m(t)] \qquad (5\text{-}36)$$

由式(5-36)可知,包络中没有单独的信号项,也就是 $E(t)$ 中没有单独的信号项,有用信号 $m(t)$ 被噪声扰乱,只能看作是噪声。此时包络检波器不能正常解调,输出信噪比将随输入信噪比的下降而急剧下降,此现象称为解调器的门限效应。门限效应出现时所对应的临界输入信噪比(S_i/N_i) 称为门限值,门限效应是由包络检波器的非线性解调作用引起的。

3. 线性调制相干解调的抗噪声性能

1) 线性调制相干解调的抗噪声性能分析模型

相干解调属于线性调制(幅度调制),线性调制相干解调的抗噪声性能分析模型如图 5-23 所示。相干解调器满足线性叠加,信号与噪声可以分开处理。

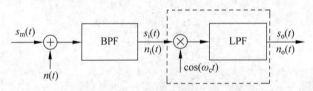

图 5-23　线性调制相干解调的抗噪声性能分析模型

下面对 DSB、SSB、VSB 调制系统的抗噪声性能进行分析,分析模型中的解调器应为相干解调器。

2) DSB 调制相干解调

设解调器的输入信号为

$$s_m(t) = s_i(t) = m(t)\cos(\omega_c t)$$

$s_m(t)$ 与相干载波 $\cos(\omega_c t)$ 相乘的关系式为

$$s_m(t)\cos(\omega_c t) = m(t)\cos^2(\omega_c t) = \frac{1}{2}m(t)(1 + \cos(2\omega_c t))$$

$$= \frac{1}{2}m(t) + \frac{1}{2}m(t)\cos(2\omega_c t)$$

经低通滤波器滤去 $2\omega_c$ 分量后,得到输出信号的表达式为

$$m_o(t) = \frac{1}{2}m(t) \qquad (5\text{-}37)$$

输出信号功率为

$$S_o = \overline{m_o^2(t)} = \frac{1}{4}\overline{m^2(t)} \tag{5-38}$$

解调器的输入噪声 $n_i(t)$ 可表示为同相分量 $n_q(t)$ 与正交分量 $n_s(t)$ 的组合形式,表达式为

$$n_i(t) = n_q(t)\cos(\omega_c t) - n_s(t)\sin(\omega_c t) \tag{5-39}$$

$n_i(t)$ 与相干载波 $\cos(\omega_c t)$ 相乘后的表达式为

$$n_i(t)\cos(\omega_c t) = [n_q(t)\cos(\omega_c t) - n_s(t)\sin(\omega_c t)]\cos(\omega_c t)$$

$$= \frac{1}{2}n_q(t) + \frac{1}{2}[n_c(t)\cos(2\omega_c t) - n_s(t)\sin(2\omega_c t)] \tag{5-40}$$

经低通滤波器滤除 $2\omega_c$ 分量后,解调器的输出噪声为

$$n_o(t) = \frac{1}{2}n_q(t) \tag{5-41}$$

解调器输出噪声的功率为

$$N_o = \overline{n_o^2(t)} = \frac{1}{4}\overline{n_q^2(t)} \tag{5-42}$$

而窄带噪声 $n_i(t)$、同相分量 $n_q(t)$ 和正交分量 $n_s(t)$ 的平均功率相同,其表达式为

$$\overline{n_i^2(t)} = \overline{n_q^2(t)} = \overline{n_s^2(t)} = N_i$$

$$N_o = \frac{1}{4}\overline{n_q^2(t)} = \frac{1}{4}N_i = \frac{1}{4}n_0 B \tag{5-43}$$

式中,B 为 DSB 调制信号的带宽,且 $B = 2f_H$。

解调器的输出信噪比为

$$\frac{S_o}{N_o} = \frac{\frac{1}{4}\overline{m^2(t)}}{\frac{1}{4}N_i} = \frac{\overline{m^2(t)}}{n_0 B}$$

解调器输入信号的平均功率可由 $s_m(t)$ 的均方值求得,表达式为

$$S_i = \overline{[m(t)\cos(\omega_c t)]^2} = \frac{1}{2}\overline{m^2(t)} \tag{5-44}$$

解调器输入噪声的平均功率为 $N_i = n_0 B$

解调器输入信噪比的表达式为

$$\frac{S_i}{N_i} = \frac{\frac{1}{2}\overline{m^2(t)}}{n_0 B} = \frac{\overline{m^2(t)}}{2n_0 B} \tag{5-45}$$

DSB 调制信噪比增益表达式为

$$G_{DSB} = \frac{S_o/N_o}{S_i/N_i} = 2 \tag{5-46}$$

DSB 调制的信噪比增益为 2,说明解调器输出信噪比是输入信噪比的 2 倍,表示信噪比改善了一倍。这是因为,DSB 调制在相干解调过程时,输入噪声中的正交分量 $n_s(t)$ 被消除了。

◆

3）SSB 调制相干解调

SSB 调制信号的解调方法与 DSB 调制信号相同,解调器之前的 SSB 调制信号的带通滤波器的带宽是 DSB 调制信号带通滤波器带宽的一半。

SSB 调制信号的解调器与 DSB 调制信号的解调器相同,计算 SSB 调制信号解调器的输入及输出信噪比的方法也与 DSB 调制信号相同。

解调器的输出噪声和输入噪声的功率表达式为

$$N_o = \frac{1}{4} N_i = \frac{1}{4} n_0 B \tag{5-47}$$

式中,$B = f_H$ 是 SSB 调制的带通滤波器的带宽。

SSB 调制信号(或解调器的输入信号)的表达式为

$$s_i(t) = s_{SSB}(t) = \frac{1}{2} m(t) \cos(\omega_c t) \mp \frac{1}{2} \hat{m}(t) \sin(\omega_c t) \tag{5-48}$$

$s_i(t)$ 与相干载波 $\cos(\omega_c t)$ 相乘后,再经低通滤波器可得解调器输出信号的表达式

$$m_o(t) = \frac{1}{4} m(t)$$

解调器输出信号的平均功率为

$$S_o = \overline{m_o^2(t)} = \frac{1}{16} \overline{m^2(t)}$$

解调器输入信号的平均功率为

$$S_i = \overline{s_m^2(t)} = \overline{\frac{1}{4} [m(t)\cos(\omega_c t) \mp \hat{m}(t)\sin(\omega_c t)]^2}$$

$$= \frac{1}{4} \overline{\left[\frac{1}{2} m^2(t) + \frac{1}{2} m^2(t)\cos(2\omega_c t) + \frac{1}{2}\hat{m}^2(t) - \frac{1}{2}\hat{m}^2(t)\cos(2\omega_c t) \mp \hat{m}(t)\sin(2\omega_c t) \right]}$$

$$= \frac{1}{4} \left[\frac{1}{2}\overline{m^2(t)} + \frac{1}{2}\overline{\hat{m}^2(t)} \right]$$

$$S_i = \frac{1}{8} \left[\overline{m^2(t)} + \overline{\hat{m}^2(t)} \right]$$

$m^2(t)$ 和 $\hat{m}^2(t)$ 所有的频率分量仅相位不同,幅度相同,两者具有相同的平均功率,则

$$S_i = \frac{1}{4} \overline{m^2(t)}$$

解调器的输入信噪比为

$$\frac{S_i}{N_i} = \frac{\frac{1}{4}\overline{m^2(t)}}{n_0 B} = \frac{\overline{m^2(t)}}{4n_0 B} \tag{5-49}$$

输出信噪比为

$$\frac{S_o}{N_o} = \frac{\frac{1}{16}\overline{m^2(t)}}{\frac{1}{4}n_0 B} = \frac{\overline{m^2(t)}}{4n_0 B} \tag{5-50}$$

SSB 调制信噪比增益为

$$G_{SSB} = \frac{S_o/N_o}{S_i/N_i} = 1 \tag{5-51}$$

SSB 调制的信噪比增益为 1，表示信噪比没有改善。这是因为，SSB 调制信号和噪声的同相和正交的表示形式相同，在相干解调过程中，信号和噪声的正交分量均被抑制。

4）VSB 调制系统的抗噪声性能

VSB 调制系统的抗噪声性能的分析方法与 DSB 调制和 SSB 调制相干解调的相似。但由于所采用的 VSB 滤波器的频率特性形状不同，VSB 调制系统的抗噪声性能的计算是比较复杂的。当 VSB 不是太宽时，可认为与 SSB 调制系统的抗噪声性能相同。

5.3 角度调制

角度调制又称为非线性调制，是指已调信号频谱不再是原调制信号频谱的线性搬移，而是产生了新的频率成分，频谱的搬移过程是非线性变换。

正弦载波有幅度、频率和相位三个参量，使高频载波的频率或相位按调制信号的规律变化而使振幅保持恒定的调制方式，称为频率调制（frequency modulation，FM）和相位调制（phase modulation，PM），分别简称为调频和调相。

频率或相位的变化都可以看成载波角度的变化，因此调频和调相又统称为角度调制。这两种调制中，载波的幅度都保持恒定，而频率和相位的变化都表现为载波瞬时相位的变化。与幅度调制技术相比，角度调制最突出的优势是具有较高的抗噪声性能。

5.3.1 角度调制的基本概念

1. 角度调制信号的一般表达式

在角度调制中，正弦载波的幅度没有变化，而频率和相位都要随时间变化。

角度调制信号的一般表达式为

$$s_m(t) = A\cos[\omega_c t + \varphi(t)] = A\cos(\theta(t)) \tag{5-52}$$

式中，A 是载波的恒定振幅；$\theta(t) = \omega_c t + \varphi(t)$ 是瞬时相位；$\varphi(t)$ 是相对于载波相位 $\omega_c t$ 的瞬时相位偏移；$d\varphi(t)/dt$ 是相对于 ω_c 的瞬时角频偏，$\omega(t) = d\theta(t)/dt = d[\omega_c t + \varphi(t)]/dt = \omega_c + d\varphi(t)/dt$ 是信号的瞬时角频率。

2. PM

PM 是指瞬时相位偏移随着消息信号 $m(t)$ 作线性变化，其表达式为

$$s_m(t) = A_0\cos[\omega_c t + \varphi(t)], \quad \varphi(t) = K_{PM}m(t) \tag{5-53}$$

式中，K_{PM} 为相移常数，表示单位调制信号的幅度引起 PM 的相位偏移，单位是 rad/V。

PM 信号的表达式为

$$s_{PM}(t) = A\cos[\omega_c t + K_{PM}m(t)] \tag{5-54}$$

瞬时相位为

$$\theta_{PM}(t) = \omega_c t + K_{PM}m(t) \tag{5-55}$$

瞬时角频率为

$$\omega_{PM}(t) = \omega_c + K_{PM}\frac{dm(t)}{dt} \tag{5-56}$$

瞬时相位偏移为

$$\Delta\theta_{PM}(t) = K_{PM}m(t) \tag{5-57}$$

瞬时角频率偏移为

$$\Delta\omega_{PM}(t) = K_{PM}\frac{dm(t)}{dt} \tag{5-58}$$

调制指数为

$$m_p = |K_{PM}m(t)|_{max} \tag{5-59}$$

最大频偏为

$$\Delta\omega_{PM} = \left|K_{PM}\frac{dm(t)}{dt}\right|_{max} \tag{5-60}$$

3. FM

FM 是指瞬时频率偏移随着消息信号 $m(t)$ 成比例变化，其表达式为

$$s_m(t) = A\cos[\omega_c t + \varphi(t)], \quad \frac{d\varphi(t)}{dt} = K_{FM}m(t) \tag{5-61}$$

式中，K_{FM} 为频偏常数，单位是 rad/(s·V)。

FM 信号的一般表达式为

$$s_{FM}(t) = A\cos\left[\omega_c t + K_{FM}\int_{-\infty}^{t}m(\tau)d\tau\right] \tag{5-62}$$

相位偏移为

$$\varphi(t) = K_{FM}\int_{-\infty}^{t}m(\tau)d\tau \tag{5-63}$$

瞬时相位为

$$\theta_{FM}(t) = \omega_c t + K_{FM}\int_{-\infty}^{t}m(\tau)d\tau \tag{5-64}$$

瞬时角频率为

$$\omega_{FM}(t) = \omega_c + K_{FM}m(t) \tag{5-65}$$

瞬时相位偏移为

$$\Delta\theta_{FM}(t) = K_{FM}\int_{-\infty}^{t}m(\tau)d\tau \tag{5-66}$$

瞬时角频率偏移为

$$\Delta\omega_{FM}(t) = K_{FM}m(t) \tag{5-67}$$

调制指数为

$$m_f = \left|K_{FM}\int_{-\infty}^{t}m(\tau)d\tau\right|_{max} \tag{5-68}$$

最大频偏为

$$\Delta\omega_{FM} = |K_{FM}m(t)|_{max} \tag{5-69}$$

4. 单音调制 FM 与 PM

设调制信号为单一频率的正弦波 $m(t) = A_m\cos(\omega_m t)$，用它对载波进行相位调制时，将 $m(t)$ 代入 $s_{PM}(t) = A\cos[\omega_c t + K_{PM}m(t)]$，得 PM 信号表达式为

$$s_{PM}(t) = A_0 \cos[\omega_c t + K_{PM} A_m \cos(\omega_m t)] \tag{5-70}$$

式中，$m_p = K_{PM} A_m$ 是调相指数，表示最大的相位偏移。

用它对载波进行频率调制时，将 $m(t) = A_m \cos(\omega_m t)$ 代入 $s_{FM}(t) = A\cos\Big[\omega_c t +$

$K_{FM}\displaystyle\int_{-\infty}^{t} m(\tau)d\tau\Big]$，得到 FM 信号的表达式为

$$s_{FM}(t) = A\cos\left[\omega_c t + \frac{K_{FM} A_m}{\omega_m}\sin(\omega_m t)\right] \tag{5-71}$$

式中，$m_f = \dfrac{K_{FM} A_m}{\omega_m} = \dfrac{\Delta\omega}{\omega_m} = \dfrac{\Delta f}{f_m}$ 为调频指数，表示最大的相位偏移，其中的 $\Delta\omega = 2\pi\Delta f = A_m K_{FM}$ 为最大角频偏，f_m 为调制频率。

5. PM 与 FM 的关系

PM 与 FM 之间存在微积分关系，而频率和相位之间也存在微分与积分的关系，因此 FM 与 PM 之间是可以相互转换的。

如图 5-24(b)，若将调制信号先积分，再进行调相，得到的是调频波，叫做间接调频。图 5-24(a)为直接调频。

如图 5-25(b)，若将调制信号先微分，再进行调频，得到的是调相波，叫做间接调相。图 5-25(a)为直接调相。

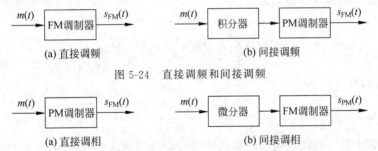

(a) 直接调频　　　　　　　　　　　　(b) 间接调频

图 5-24　直接调频和间接调频

(a) 直接调相　　　　　　　　　　　　(b) 间接调相

图 5-25　直接调相和间接调相

5.3.2　窄带调频

根据调制前后载波瞬时相位的大小，可将 FM 分为宽带调频(wide band frequency modulation,WBFM)和窄带调频(narrow band frequency modulation,NBFM)两种。FM 属于非线性调制。由调频所引起的最大相位偏移及相位的最大频率偏移的大小应该满足下式

$$\left| K_{FM}\int_{-\infty}^{t} m(\tau)d\tau \right|_{max} \ll \frac{\pi}{6}(\text{或} 0.5) \tag{5-72}$$

满足上述条件，称为 NBFM，不满足上述条件的，称为 WBFM。

1. FM 信号时域分析

FM 信号的时域表达式为

$$s_{FM}(t) = A\cos\left[\omega_c t + K_{FM}\int_{-\infty}^{t} m(\tau)d\tau\right]$$

$$= A\cos(\omega_c t)\cos\left[K_{FM}\int_{-\infty}^{t} m(\tau)d\tau\right] - A\sin(\omega_c t)\sin\left[K_{FM}\int_{-\infty}^{t} m(\tau)d\tau\right] \tag{5-73}$$

当满足窄带调制条件时有下列关系式

$$\cos\left[K_{\mathrm{FM}}\int_{-\infty}^{t}m(\tau)\mathrm{d}\tau\right]\approx 1$$

$$\sin\left[K_{\mathrm{FM}}\int_{-\infty}^{t}m(\tau)\mathrm{d}\tau\right]\approx K_{\mathrm{FM}}\int_{-\infty}^{t}m(\tau)\mathrm{d}\tau$$

因此,式(5-73)简化后,表达式为

$$s_{\mathrm{NBFM}}(t)\approx A\cos(\omega_c t)-\left[AK_{\mathrm{FM}}\int m(t)\mathrm{d}t\right]\sin(\omega_c t) \tag{5-74}$$

2. FM 信号频域分析

傅里叶变换对公式的表达式为

$$m(t)\leftrightarrow M(\omega)$$

$$\cos(\omega_c t)\leftrightarrow\pi[\delta(\omega+\omega_c)+\delta(\omega-\omega_c)]$$

$$\sin(\omega_c t)\leftrightarrow\mathrm{j}\pi[\delta(\omega+\omega_c)-\delta(\omega-\omega_c)]$$

$$\int m(t)\mathrm{d}t\leftrightarrow\frac{M(\omega)}{\mathrm{j}\omega}$$

设 $m(t)$ 的均值为 0,则有

$$\left[\int m(t)\mathrm{d}t\right]\sin(\omega_c t)\leftrightarrow\frac{1}{2}\left[\frac{M(\omega+\omega_c)}{\omega+\omega_c}-\frac{M(\omega-\omega_c)}{\omega-\omega_c}\right]$$

则有 NBFM 信号的频域表达式为

$$S_{\mathrm{NBFM}}(\omega)=\pi A[\delta(\omega+\omega_c)+\delta(\omega-\omega_c)]+$$
$$\frac{AK_{\mathrm{FM}}}{2}\left[\frac{M(\omega-\omega_c)}{\omega-\omega_c}-\frac{M(\omega+\omega_c)}{\omega+\omega_c}\right] \tag{5-75}$$

AM 信号的频域表达式为

$$S_{\mathrm{AM}}(\omega)=\pi A[\delta(\omega+\omega_c)+\delta(\omega-\omega_c)]+\frac{1}{2}[M(\omega+\omega_c)+M(\omega-\omega_c)] \tag{5-76}$$

比较 NBFM 信号的频域表达式和 AM 信号频域表达式可知,两者都含有一个载波和位于 ω_c 处的两个边带,它们的带宽相同,其关系式为

$$B_{\mathrm{NBFM}}=B_{\mathrm{AM}}=2B_{\mathrm{m}}=2f_{\mathrm{H}} \tag{5-77}$$

式中,$B_{\mathrm{m}}=f_{\mathrm{H}}$ 为调制信号 $m(t)$ 的带宽;f_{H} 为调制信号的最高频率。

两者不同的是,AM 信号只是将调制信号的频谱 $M(\omega)$ 在频率轴上作线性移动;而 NBFM 的两个边频分别乘了因式 $1/(\omega+\omega_c)$ 和 $1/(\omega-\omega_c)$,由于因式是频率的函数,加权是频率加权,加权的结果引起调制信号频谱的失真。此外,NBFM 的正负频率分量的符号相反。

5.3.3   宽带调频

WBFM 是指当调频所引起的最大相位偏移及相位的最大频率偏移的大小不满足下式

$$\left|K_{\mathrm{FM}}\int_{-\infty}^{t}m(\tau)\mathrm{d}\tau\right|_{\max}\ll\frac{\pi}{6}(\text{或}\ 0.5) \tag{5-78}$$

当不满足上述不等式的窄带条件时,调频信号的时域表达式不能简化,WBFM 的频谱分析比较困难。为使问题简化,只研究单频正弦波的情况。

1. FM 信号的表达式和频谱

设 FM 信号为单音调制信号 $m(t)=A_m\cos(\omega_m t)$，则 WBFM 信号的表达式为

$$S_{FM}(t)=A\cos\left[\omega_c t+K_{FM}A_m\int\cos(\omega_m t)dt\right]$$

$$s_{FM}(t)=A\cos\left[\omega_c t+K_{FM}\int_{-\infty}^{t}\cos(\omega_m \tau)d\tau\right]$$

$$=A\cos\left[\omega_c t+\frac{K_{FM}A_m}{\omega_m}\sin(\omega_m t)\right]$$

$$=A\cos\left[\omega_c t+\beta_{FM}\sin(\omega_m t)\right] \qquad (5\text{-}79)$$

式中，$\beta_{FM}=\dfrac{K_{FM}A_m}{\omega_m}$ 为调频指数。

利用三角公式展开为

$$s_{FM}(t)=A\cos(\omega_c t)\cos(\beta_{FM}\sin(\omega_m t))-A\sin(\omega_c t)\sin(\beta_{FM}\sin(\omega_m t))$$

将上式两个因子分别展开成傅里叶级数，则

偶函数因子为

$$\cos(\beta_{FM}\sin(\omega_m t))=J_0(\beta_{FM})+2\sum_{n=1}^{\infty}J_{2n}(\beta_{FM})\cos(2n\omega_m t)$$

奇函数因子为

$$\sin(\beta_{FM}\sin(\omega_m t))=2\sum_{n=1}^{\infty}J_{2n-1}(\beta_{FM})\sin((2n-1)\omega_m t)$$

式中，$J_n(\beta_{FM})$ 称为第一类 n 阶贝塞尔函数，它是 n 阶和 β_{FM} 函数，其表达式为

$$J_n(\beta_{FM})=\sum_{m=0}^{\infty}\frac{(-1)^m\left(\frac{1}{2}\beta_{FM}\right)^{n+2m}}{m!(n+m)!}$$

则

$$s_{FM}(t)=A\cos(\omega_c t)\left[J_0(\beta_{FM})+2\sum_{n=1}^{\infty}J_{2n}(\beta_{FM})\cos(2n\omega_m t)\right]-$$

$$A\sin(\omega_c t)\left[2\sum_{n=1}^{\infty}J_{2n-1}(\beta_{FM})\sin((2n-1)\omega_m t)\right] \qquad (5\text{-}80)$$

利用三角公式和贝塞尔函数的性质，可得 FM 信号级数展开式为

$$s_{FM}(t)=A\sum_{n=-\infty}^{\infty}J_n(\beta_{FM})\cos((\omega_c+n\omega_m)t)$$

对上式进行傅里叶变换，即得频谱表达式为

$$S_{FM}(\omega)=\pi A\sum_{n=-\infty}^{\infty}J_n(\beta_{FM})[\delta(\omega-\omega_c-n\omega_m)+\delta(\omega+\omega_c+n\omega_m)] \qquad (5\text{-}81)$$

综合上述情况，频谱具有如下非线性的特点：

(1) 有载频，有上下边频 $\omega_c\pm n\omega_m$，边频幅度为 $AJ_n(\beta_{FM})$，n 为奇数时，上下边频极性相反；

(2) 当 $\beta_{FM}\ll 1$ 时，只有 $g(t)=\int f(t)dt$ 和 $J_1(\beta_{FM})$ 有值；其他 n 值时 $J_n(\beta_{FM})$ 都接

近于零,此时的信号只有载频和上下边频,这就是 NBFM。

(3) 当 $\beta_{FM} > 1$ 时,对应 WBFM。

2. 调频指数

调频指数 β_{FM} 是最大频率偏移 Δf 与调制信号频率 f_m 之比,其表达式为

$$\beta_{FM} = \frac{K_{FM} A_m}{\omega_m} = \frac{\Delta\omega}{\omega_m} = \frac{\Delta f}{f_m} \tag{5-82}$$

3. 单频调制时的带宽宽度

FM 信号的频谱包含无穷多个频率分量,理论上,FM 信号的频带宽度为无限宽;但实际边频幅度 $J_n(\beta_{FM})$ 随着 n 的增大而逐渐减小,因此 FM 信号可近似认为是有限频带宽度。

常用卡森(Carson)公式来计算调制波的频带带宽

$$B_{FM} = 2(1 + \beta_{FM})f_m \tag{5-83}$$

调频指数与带宽的关系式为

$$B_{FM} = 2(1 + \beta_{FM})f_m = 2f_m + 2\Delta f_{max} \tag{5-84}$$

式中, $\beta_{FM} = \dfrac{\Delta f_{max}}{f_m}$ 。

当 $\beta_{FM} \ll 1$,有 $B_{FM} \approx 2f_m$,这就是 NBFM 的带宽。

当 $\beta_{FM} \gg 1$,有 $B_{FM} = 2\Delta f_{max}$,这就是 WBFM 的带宽。

4. 功率分配

FM 信号的平均功率表达式为

$$P_{FM} = \overline{s_{FM}^2(t)} \tag{5-85}$$

由帕塞瓦尔定理可知

$$P_{FM} = \overline{s_{FM}^2(t)} = \frac{A^2}{2} \sum_{n=-\infty}^{\infty} J_n^2(\beta_{FM}) \tag{5-86}$$

利用贝塞尔函数的性质 $\sum_{n=-\infty}^{\infty} J_n^2(\beta_{FM}) = 1$ 可得到下列关系式

$$P_{FM} = \frac{A^2}{2} = P_c \tag{5-87}$$

因此,对于 FM 信号,已调信号和未调载波的功率均为 $A^2/2$,与调制过程及调频指数无关。

FM 信号的平均功率等于未调载波的平均功率,即调制后总的功率不变,只是将原来载波功率中的一部分分配给每个边频分量。

功率分布与 β_{FM} 有关,而 β_{FM} 与调制信号的幅度和频率有关。

5.3.4   调频信号的产生

调频是用调制信号控制载波的频率变化,调频信号的产生方法通常有直接法和间接法两种。

1. 直接调频

直接调频是指用调制信号 $m(t)$ 控制压控振荡器(voltage controlled oscillator,VCO)的

频率,使其按照调制信号 $m(t)$ 的规律线性变化,调制模型如图 5-26
所示。

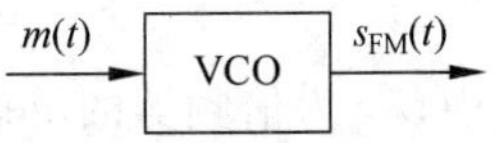

VCO 的类型有 LC VCO、RC VCO 和晶体 VCO。晶体 VCO
的频率稳定度高,但调频范围窄；RC VCO 的频率稳定度低而调
频范围宽；LC VCO 的特点居二者之间。

图 5-26　直接调频模型

VCO 指输出频率与输入控制电压有对应关系的振荡电路,频率是输入信号电压的函
数,振荡器的工作状态或振荡回路的元件参数受输入控制电压的控制。若被控制的振荡器
是 LC VCO,只要控制振荡回路的某个电抗元件(L 或 C),就可使其参数随调制信号变化,
目前广泛使用的电抗元件是变容二极管。

LC 振荡器如果采用变容二极管就可实现直接调频。通常把 VCO 称为调频器,用以产
生调频信号。

每个 VCO 自身就是一个 FM 调制器,其振荡频率正比于输入控制电压,其表达式为

$$\omega_i(t) = \omega_o + K_{FM} m(t) \tag{5-88}$$

直接调频法的优点是可以获得较大的频偏,缺点是频率稳定度不高,因而需要采用稳频
措施。

另外一种直接调频的方法是在 VCO 的基础上构成一个锁相环输出调频信号。

2. 倍频法

倍频法是先对调制信号积分后再对载波进行相位调制,产生一个 NBFM 信号,然后用
n 次倍频器和混频器将 NBFM 信号转换成 WBFM 信号,这种方法又称为阿姆斯特朗间接法。

1) NBFM 信号的产生

NBFM 信号由正交分量与同相分量合成,其表达式为

$$s_{NBFM}(t) \approx A\cos(\omega_c t) - \left[AK_{FM} \int m(t)dt \right] \sin(\omega_c t) \tag{5-89}$$

可采用图 5-27 所示的方框图来实现 NBFM。

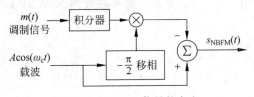

图 5-27　NBFM 信号的产生

从图 5-27 可知,调制信号 $m(t)$ 先经过积分器,再经过相应的电路形成调频信号。由
NBFM 向 WBFM 过渡的过程就是放大调频信号最大频偏的过程,通常利用倍频器实现频
偏的放大。

2) 倍频法产生 WBFM 信号

NBFM 信号经 n 倍频得到 WBFM 信号,其原理框图如图 5-28 所示。倍频器的作用是
提高调频指数,从而获得 WBFM 信号。

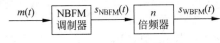

图 5-28　WBFM 信号的产生

倍频器可以用非线性器件实现,然后用带通
滤波器滤去不需要的频率分量。以理想平方律器
件为例,其输出与输入特性的关系式为

$$s_o(t) = k_d s_i^2(t) \tag{5-90}$$

式中，k_d 为倍频器的灵敏度。

当输入信号为 FM 信号时，有 $s_i(t) = A_0 \cos[\omega_c t + \beta_{FM} \sin(\omega_m t)]$，则输出信号表达式为

$$s_o(t) = k_d s_i^2(t) = k_d A_0^2 \cos^2[\omega_c t + \beta_{FM} \sin(\omega_m t)]$$

$$= \frac{k_d A_0^2}{2} + \frac{k_d A_0^2}{2} \cos[2\omega_c t + 2\beta_{FM} \sin(\omega_m t)] \tag{5-91}$$

由式(5-91)可知，滤除直流成分后可得到一个新的调频信号，其载频和相位偏移均增为 2 倍，由于相位偏移增为 2 倍，因而调频指数也必然增为 2 倍。

同理，经 n 次倍频后可以使调频信号的载频和调频指数增为 n 倍，这可能使载波频率过高而不符合实际要求，为了解决此问题，需要在使用倍频的同时使用混频。

3) 阿姆斯特朗间接法

典型方案如图 5-29 所示，是由阿姆斯特朗(Armstrong)于 1930 年提出的，称为阿姆斯特朗间接法，其中乘法器和带通滤波器组成了混频器。

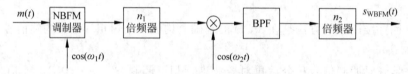

图 5-29　阿姆斯特朗间接法

阿姆斯特朗间接法的优点是频率稳定度好，缺点是需要多次倍频和混频，因此电路较复杂。

5.3.5　调频信号的解调

调频信号的解调可分为相干解调和非相干解调。

相干解调仅适用于 NBFM 信号，而非相干解调对 NBFM 信号和 WBFM 信号均适用。

1. 非相干解调

调频信号的一般表达式为

$$s_{FM}(t) = A \cos\left[\omega_c t + K_{FM} \int m(t) dt\right] \tag{5-92}$$

则解调器的输出应为

$$s_o(t) \propto K_{FM} m(t) \tag{5-93}$$

由式(5-93)可知，调频信号的解调是要产生一个与输入调频信号的频率呈线性关系的输出电压，完成这种频率与电压转换关系的器件是频率检波器，简称鉴频器。采用具有线性频率-电压转换特性的鉴频器，可对调频信号进行直接解调。

图 5-30(a)和(b)分别给出了理想鉴频器特性和鉴频器组成的方框图，理想鉴频器由微分器和包络检波器级联。

微分器的输出表达式为

$$s_d(t) = -A[\omega_c + K_{FM} m(t)] \sin\left[\omega_c t + K_{FM} \int m(t) dt\right] \tag{5-94}$$

式(5-94)为一个调制信号，其幅度表达式为

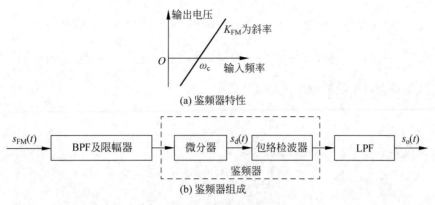

(a) 鉴频器特性

(b) 鉴频器组成

图 5-30 鉴频器特性及组成

$$y(t) = A[\omega_c + K_{FM}m(t)] \tag{5-95}$$

载波的频率为

$$\omega(t) = \omega_c t + K_{FM}\int m(t)dt \tag{5-96}$$

若 $K_{FM}(t) \ll \omega_c$，则 $y(t) = A[\omega_c + K_{FM}m(t)]$ 可近似地看作包络为 $y(t)$ 的常规调制信号。用包络检波器检出包络，并滤去直流，再经低通滤波后即得解调输出的表达式为

$$s_o(t) = K_d K_{FM}m(t) \tag{5-97}$$

式中，K_d 为鉴频器灵敏度，单位为 V/(rad/s)。式(5-97)表明鉴频器完全可以恢复出所需要的消息信号 $m(t)$。

上述解调过程是先用微分器将幅度恒定的调频波变成调幅调频波，再用包络检波器从幅度变化中检出调制信号，此解调方法又称为包络检波。

包络检波的缺点是包络检波器对于由信道噪声和其他原因引起的幅度起伏也有反应，须在微分器前加一个限幅器和带通滤波器以便将调频波在传输过程中引起的幅度变化部分削去，变成固定幅度的调频波，带通滤波器让调频信号顺利通过，而滤除带外噪声及高次谐波分量。

2. 相干解调

相干解调属于线性调制，而 NBFM 信号可分解成同相分量与正交分量之和，可以采用线性调制中的相干解调法来进行解调，相干解调仅适用于 NBFM 信号，如图 5-31 所示。

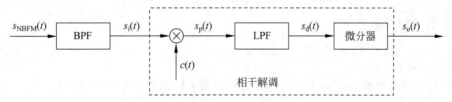

图 5-31 NBFM 信号的相干解调

设 NBFM 信号为

$$s_{NBFM}(t) = A\cos(\omega_c t) - A\left[K_{FM}\int m(t)dt\right]\sin(\omega_c t)$$

并设相干载波 $c(t) = -\sin(\omega_c t)$，则乘法器输出的表达式为

$$s_p(t) = -\left\{A\cos(\omega_c t) - A\left[K_{FM}\int m(t)dt\right]\sin(\omega_c t)\right\}\sin(\omega_c t)$$

$$= -\frac{A}{2}\sin(2\omega_c t) + \left[\frac{AK_{FM}}{2}\int m(t)dt\right](1 - \cos(2\omega_c t)) \tag{5-98}$$

经低通滤波器取出的低频分量的表达式为

$$s_d(t) = \frac{AK_{FM}}{2}\int m(t)dt \tag{5-99}$$

再经微分器后即得解调输出的表达式为

$$s_o(t) = \frac{AK_{FM}}{2}m(t) \tag{5-100}$$

因此,相干解调可以恢复原调制信号。对于角度调制的相干解调,严格要求本地载波与调制载波同步,否则将使解调信号失真。

5.3.6 调频系统的抗噪声性能

FM 系统的主要解调方式是非相干解调,因为相干解调仅适用于 NBFM 信号,且需同步信号;而非相干解调适用于 NBFM 和 WBFM 信号,不需同步信号。

下面主要讨论 FM 非相干解调系统的抗噪声性能,其分析模型如图 5-32 所示。

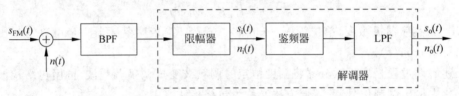

图 5-32 FM 系统抗噪声性能分析模型

分析模型中的限幅器用于消除接收信号在幅度上可能出现的畸变,带通滤波器的作用是抑制信号带宽以外的噪声,$n(t)$ 是均值为零、单边功率谱密度为 n_0 的高斯白噪声,经过带通滤波器变为窄带高斯噪声。调频系统抗噪声性能的分析模型与线性调制系统相似。

1. 解调器输入信噪比

设输入 FM 信号的表达式为

$$s_{FM}(t) = A\cos\left[\omega_c t + K_{FM}\int m(t)dt\right] \tag{5-101}$$

输入信号的平均功率表达式为

$$S_i = \frac{A^2}{2} \tag{5-102}$$

FM 信号与带通滤波器的带宽 B_{FM} 相同,鉴频器输入噪声平均功率表达式为

$$N_i = n_0 B_{FM} \tag{5-103}$$

输入信噪比表达式为

$$\frac{S_i}{N_i} = \frac{A^2}{2n_0 B_{FM}} \tag{5-104}$$

2. 解调器输出信噪比和信噪比增益

鉴频器的非线性作用使得无法分别分析信号与噪声输出。计算输出信噪比时,与 AM

包络检波一样,需要考虑大信噪比和小信噪比两种极端情况。

1) 大信噪比情况

当解调器输入信噪比足够大时,信号与噪声的相互作用可以忽略,可以把信号和噪声分开计算,经过分析,可得解调器的输出信噪比表达为

$$\frac{S_o}{N_o} = \frac{3A^2 K_f^2 \overline{m^2(t)}}{8\pi^2 n_0 f_m^2} K_f f_m \tag{5-105}$$

式中,A 为载波的幅度,K_f 为调频器灵敏度,f_m 为调制信号 $m(t)$ 最高频率,n_0 为噪声的单边功率谱密度。

假设调制信号(消息信号)$m(t)$ 为单频余弦波 $m(t) = \cos(\omega_m t)$,则相应产生的 FM 信号表达式为

$$s_{FM}(t) = A\cos[\omega_c t + m_f \sin(\omega_m t)] \tag{5-106}$$

式中,调频指数为

$$m_f = \frac{K_f}{\omega_m} = \frac{\Delta\omega}{\omega_m} = \frac{\Delta f}{f_m} \tag{5-107}$$

将这些关系式代入式(5-105)中,可得

$$\frac{S_o}{N_o} = \frac{3}{2} m_f^2 \frac{A^2/2}{n_0 f_m} \tag{5-108}$$

因此,可得解调器的信噪比增益表达式为

$$G_{FM} = \frac{S_o/N_o}{S_i/N_i} = \frac{3}{2} m_f^2 \frac{B_{FM}}{f_m} \tag{5-109}$$

考虑在 WBFM 时,信号带宽的表达式为

$$B_{FM} = 2(m_f + 1)f_m = 2(\Delta f + f_m) \tag{5-110}$$

因此,式(5-109)还可以写成

$$G_{FM} = 3m_f^2(m_f + 1) \tag{5-111}$$

对于 WBFM,即 $m_f \gg 1$ 时,有近似式为

$$G_{FM} \approx 3m_f^3 \tag{5-112}$$

综上所述,在大信噪比情况下,m_f 越大,G_{FM} 越大,B_{FM} 也越宽。FM 系统可以通过增加传输带宽来改善抗噪声性能。带宽与信噪比的互换特性是十分有益的。

但 FM 系统以带宽换取输出信噪比的改善并不是无止境的。带宽增加会使输入噪声功率增大,输入信噪比下降,从而出现门限效应,解调器无法正常工作。

实际中,常采用预加重和去加重措施来提高 FM 系统的输出信噪比。

2) 小信噪比情况

当输入信噪比 (S_i/N_i) 低于门限值时,鉴频器也会出现门限效应。门限效应是所有非相干解调器都存在的一种特性。无论是 AM 的包络检波器,还是 FM 的鉴频器都存在门限效应。

门限效应是指随输入信噪比降低,输出信噪比急剧下降的一种效应。门限值是指出现门限效应时所对应的输入信噪比,记为 $(S_i/N_i)_b$。

图 5-33 表示单频调制信号在调制指数 β_{FM} 分别为 20、10、7、4、3 和 2 时,调频解调器的输出信噪比与输入信噪比的近似关系曲线。

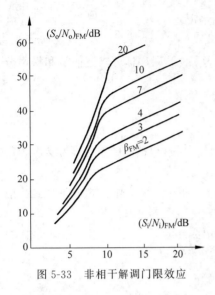

图 5-33　非相干解调门限效应

从图 5-33 可以看出,门限值与调制指数有关:

(1) β_{FM} 越大,门限值越高;

(2) 不同 β_{FM} 时,门限值的变化不大,在 $8\sim11\text{dB}$ 内变化,一般认为门限值为 10dB 左右;

(3) 在门限值以上时,$(S_o/N_o)_{FM}$ 与 $(S_i/N_i)_{FM}$ 呈线性关系,且 β_{FM} 越大,输出信噪比的改善越明显;

(4) 门限值之下,β_{FM} 越大,$(S_o/N_o)_{FM}$ 下降越快。

门限效应是 FM 系统存在的一个实际问题,提高通信系统的有效措施之一就是降低门限值。

降低门限值(也称门限扩展)的方法有很多,可以采用锁相环解调器和负反馈解调器,还可以采用"预加重"和"去加重"技术来进一步改善调频解调器的输出信噪比,相当于改善了门限。

5.4　模拟调制系统的性能比较

1. 各种模拟调制方式

综合上述分析,各种模拟调制方式的性能和应用如表 5-1 所示。包括传输带宽 B、调制信噪比增益 G、输出信噪比 S_o/N_o、设备复杂程度和主要应用。表中的 S_o/N_o 是在相同的解调器输入信号功率 S_i、相同噪声功率谱密度 $n_0/2$、相同基带信号带宽 f_m 的条件下得出的,调制信号为单音正弦,AM 为 100% 调制。

表 5-1　各种模拟调制方式的性能和应用

调制方式	信号带宽 B	制度增益 G	S_o/N_o	设备复杂度	主 要 应 用
DSB	$2f_m$	2	$\dfrac{S_i}{n_0 f_m}$	中等	点对点的专用通信,低带宽信号多路复用系统
SSB	f_m	1	$\dfrac{S_i}{n_0 f_m}$	较高	短波无线电通信,电话音频分多路通信
VSB	略大于 f_m	近似 SSB	近似 SSB	较高	数据传输;商用电视广播
AM	$2f_m$	$\dfrac{2}{3}$	$\dfrac{1}{3}\dfrac{S_i}{n_0 f_m}$	最低	中短波无线电广播
FM	$2(m_f+1)f_m$	$3m_f^2(m_f+1)$	$\dfrac{3}{2}m_f^2\dfrac{S_i}{n_0 f_m}$	中等	微波中继、超短波小功率电台(窄带);卫星通信、调频立体声广播(宽带)

2. 各种模拟调制方式的性能

1) 抗噪声性能

WBFM 抗噪声性能最好,DSB、SSB、VSB 调制的抗噪声性能次之,AM 抗噪声性能最差。

2）频带利用率

SSB 调制占用的带宽最窄，其频带利用率最高；而 FM 占用的带宽随调频指数的增大而增大，其频带利用率最低。

3．各种模拟调制方式的特点与应用

AM 的优点是接收设备简单，缺点是功率利用率低，抗干扰能力差，主要用于中波和短波调幅广播。

DSB 调制的优点是功率利用率高，带宽与 AM 相同，设备较复杂，应用较少，一般用于点对点专用通信。

SSB 调制的优点是功率利用率和频带利用率都较高，抗干扰能力和抗选择性衰落能力均优于 AM，而带宽只有 AM 的一半。缺点是发送和接收设备都复杂。SSB 调制常用于频分多路复用系统中。

VSB 调制的抗噪声性能和频带利用率与 SSB 调制相当，在电视广播和数传等系统中广泛应用。

FM 的抗干扰能力强，广泛应用于长距离高质量的通信系统中。缺点是频带利用率低，存在门限效应。

5.5 频分复用

复用是指利用一条信道同时传输多路独立信号，多路独立信号互不干扰，提高信道的利用率。

按复用方式不同，分为频分复用（frequency division multiplexing，FDM）和时分复用（time division multiplexing，TDM）。

5.5.1 频分复用基本原理

FDM 是按频率区分各路信号的方式，将信道的带宽分成多个互不重叠的小频带（子通道），每路信号占据其中一个子通道，在接收端用滤波器将多路信号分开，分别进行解调和终端处理。

图 5-34 为 FDM 系统的原理框图。图中设有 n 路基带信号，为了限制已调信号的带宽，在发送端和接收端各自要完成相应的工作。

发送端（复接器中）完成 4 方面的工作：

（1）让各路消息信号通过低通滤波器，以限制其最高频率；

（2）将各路消息信号调制到不同频率的载波（副载波）上，实现频谱搬移；

（3）将带通滤波器的各路已调信号的频带限制在规定范围内（相应的子通道内）；

（4）将各路已调信号相加成 FDM 信号后送入信道传输。

接收端（分路器中）完成 4 方面的工作：

（1）用中心频率不同的带通滤波器将各路已调信号分开；

（2）将各路信号由各自的解调器进行解调；

（3）通过低通滤波器滤波；

（4）恢复出相应的消息信号。

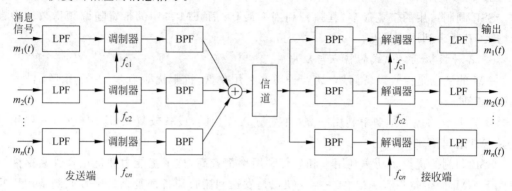

图 5-34　FDM 系统原理框图

图中载波频率 $f_{c1}, f_{c2}, \cdots, f_{cn}$ 应该合理选择，以使各路已调信号频谱之间留有一定的防护频带，防止相邻信号之间产生干扰。

5.5.2　频分复用优缺点及应用

1. FDM 的优缺点

FDM 的优点是信道利用率高、复用的路数多、技术成熟。

FDM 的缺点是设备复杂，在复用和传输，调制和解调等过程中会不同程度地引入非线性失真，从而产生各路信号互相干扰。

FDM 在模拟通信和数字通信中被广泛地应用。

2. FDM 的应用

FDM 最典型的应用就是传统的多路载波电话系统。

多路载波电话系统是指采用 FDM 在一对传输线上同时传输多路模拟电话的通信系统。

在载波电话系统中，为了节省传输频带，该系统采用 SSB 调制方式，12 路电话复用成一个基本群信号，称为基群；5 个基群复用为一个超群，共 60 路电话；10 个超群复用为一个主群，共 600 路电话；在信道带宽允许的情况下还可将多个主群进行复用，组成巨群等。

图 5-35 给出了基群的频谱结构示意图。该电话基群由 12 个下边带信号组成，占用 $60 \sim 108 \mathrm{kHz}$ 的频率范围，其中每路取 $4 \mathrm{kHz}$ 作为标准带宽。复用所有载波都由一个振荡器合成，起始频率 $64 \mathrm{kHz}$，载波之间的频率间隔为 $4 \mathrm{kHz}$，各载波频率的计算表达式为

$$f_n = 64 + 4(12 - n) \mathrm{kHz} \qquad (5\text{-}113)$$

式中，f_n 是第 n 路信号的载波频率，$n = 1 \sim 12$。

图 5-35　12 路电话基群的频谱结构示意图

FDM 除了应用于多路载波电话系统外，还用于如立体声调频广播、电视广播系统和微波中继系统等，应用广泛。

目前，有线载波电话已基本上被数字电话（采用 TDM 技术）取代。

思考与练习

5-1 调制就是把所要传输的信息搭载在载波上的过程,换言之,就是使载波的某个参数( )、频率、( )随着消息信号的规律而变化。

5-2 载波是一种高频周期信号,它本身不含任何有用信息。经过调制的载波称为( ),它含有消息信号的全部特征。

5-3 在接收端,需要从已调信号中还原消息信号,这一过程称为( )或( ),它是调制的逆过程。

5-4 幅度调制过程中所涉及的3种信号为消息信号、载波和( )。

5-5 比较AM、DSB、SSB、FM的有效性,从优到劣的顺序为( )。

5-6 比较AM、DSB、SSB、FM的可靠性,从优到劣的顺序为( )。

5-7 若用模拟消息信号分别控制载波的幅度、频率和相位,则相应产生模拟已调信号:如( )、频率调制(FM)和相位调制(PM)。

5-8 若用数字消息信号分别控制载波的幅度、频率和相位,则相应产生数字已调信号:如幅移键控(ASK)、频移键控(FSK)和( )。

5-9 AM是( )的简称。这种调制方式广泛应用于中波调幅广播。

5-10 解调(也称检波)是( )的逆过程,其作用是从接收的已调信号 $S_m(t)$ 中恢复出基带信号 $m(t)$。

5-11 解调的方法可分为两类:相干解调和( )。

5-12 相干解调也叫( )。由乘法器和低通滤波器(LPF)组成,适用于AM、DSB、SSB、( )信号的解调。

5-13 包络检波器通常由( )和低通滤波器组成。

5-14 若已调信号的频谱仅是基带信号频谱的简单搬移,即在调制过程中频谱结构没有发生变化,只是频谱位置平移了,则称为( )。

5-15 信号的平均功率可由信号的( )求出。

5-16 产生SSB信号的方法通常有( )和相移法。

5-17 角度调制与线性调制不同,已调信号频谱不再是原调制信号频谱的线性搬移,而是频谱线性变换,会产生与频谱搬移不同的新的频率成分,故又称为( )。

5-18 正弦载波有3个基本参量:幅度、频率和( )。

5-19 消息信号不仅可以"放到"载波的幅度上,还可以"放到"载波的频率或相位上,分别称为频率调制(FM)和相位调制(PM),简称调频和调相,统称( )。

5-20 PM与FM之间存在内在联系,即微积分关系。若将消息信号 $m(t)$ 微分后,再对载波进行调频,则可得( );若将消息信号 $m(t)$ 积分后,再对载波进行调相,则可得( )。

5-21 FM产生调频信号的方法通常有两种:直接法和( )。

5-22 FDM的优点是信道( )、复用的路数多、技术成熟。

5-23 简述线性调制与非线性调制的异同。

5-24 画图说明频分复用的原理。

5-25 画图说明AM信号的产生。

5-26 画图说明AM信号的解调原理。

第6章

模拟信号的数字化

学习导航

基本概念

抽样
- 低通模拟信号抽样定理
- 带通模拟信号抽样定理
- 脉冲振幅调制

模
拟
信
号
的
数
字
化

量化
- 量化原理
- 均匀量化
- 非均匀量化

编码
- 常用二进制码组
- A 律 13 折线编码
- 逐次比较型编码器
- 译码

波形编码
- 脉冲编码调制
- 差分脉冲编码调制
- 增量调制
- PCM 与 ΔM 系统性能比较

时分复用
- 时分复用的原理
- 时分复用的应用

学习目标

- 了解模拟信号的数字化的基本概念。
- 了解抽样,包括低通和带通模拟信号抽样定理、脉冲振幅调制。
- 了解量化,包括量化原理、均匀量化和非均匀量化。
- 了解编码,包括常用二进制组、A 律 13 折线编码、逐次比较型编码器和译码。
- 了解波形编码,包括脉冲编码调制、差分脉冲编码调制和增量调制。
- 了解时分复用,包括时分复用的原理、时分复用的应用。

6.1 基本概念

数字通信系统相比模拟系统具有许多优点,因此成为当今通信的发展方向。

在实际应用中有许多原始信号,如语音信号、图像信号、温度及压力传感器等的输出信号都是模拟信号,它们在进行数字传输之前都需要进行转换。

若要利用数字通信系统传输模拟信号,一般需要 3 个步骤:

(1) 把模拟信号数字化,即模数转换(A/D);

(2) 进行数字方式传输;

(3) 把数字信号还原为模拟信号,即数模转换(D/A)。

A/D 或 D/A 转换的过程通常由信源编(译)码器实现。

模拟信号的数字传输系统如图 6-1 所示。

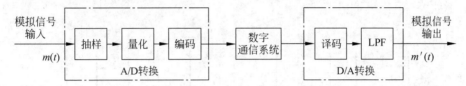

图 6-1 模拟信号的数字传输系统

图 6-1 表示模拟信号转换为数字信号传输后再转换成模拟信号输出的整个过程。在发送端,对输入的模拟信号 $m(t)$ 进行波形编码(数字化),其过程分为"抽样、量化和编码"3 步。编码后的脉冲编码调制(PCM)信号是一个二进制数字序列,其传输方式可以是数字基带传输,也可以是对载波调制后的频带传输。在接收端,编码信号(PCM 信号)经译码后还原为样值序列(含有误差),再经低通滤波器滤除高频分量,便可得到重建的模拟信号。

将发送端的 A/D 转换称为信源编码,将接收端的 D/A 转换称为信源译码。

语音信号的数字化过程称为语音编码,图像信号的数字化过程称为图像编码。

模拟信号数字化的方法大致可划分为波形编码和参量编码两类。

波形编码是直接把时域波形变换为数字代码序列,比特率通常在 $16 \sim 64 \text{kb/s}$ 范围内,接收端重建信号的质量好。

参量编码是利用信号处理技术,先提取语音信号的特征参量,再变换成数字代码,其比特率在 16kb/s 以下,但接收端重建信号的质量不够好。

电话业务在通信中占有最大的业务量,本章以语音编码为例,介绍模拟信号数字化的有关理论和技术。

6.2 抽样

抽样是模拟信号数字化的第一步。抽样是把时间上连续的模拟信号变成一系列时间上离散的抽样值的过程。

根据信号是低通型的还是带通型的,抽样定理分低通抽样定理和带通抽样定理。

根据用来抽样的脉冲序列是等间隔的还是非等间隔的,抽样定理又分均匀抽样定理和非均匀抽样定理。

根据抽样的脉冲序列是冲激序列还是非冲激序列,抽样定理又可分理想抽样和实际抽样。

6.2.1　低通模拟信号抽样定理

利用傅里叶变换的基本性质,以时域和频域的对照直观图形来说明抽样定理,如图6-2所示。

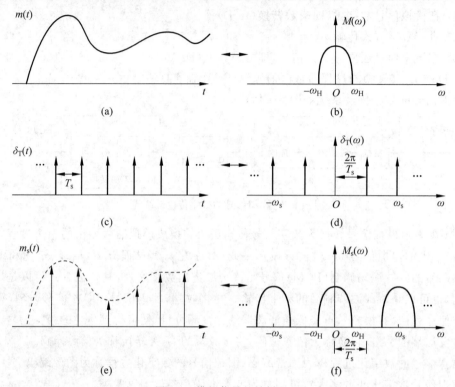

图 6-2　模拟信号的抽样过程

1. 抽样定理

设频带限制在$(0, f_H)$内的低通连续信号(模拟信号)$m(t)$,若以采样间隔(或采样速率)$T_s \leqslant \dfrac{1}{2f_H}$对其采样,则$m(t)$可由其等间隔(均匀)的采样值序列$m_s(t)$唯一确定,此定理称为低通信号的均匀抽样定理。

其中,$T_s = 1/(2f_H)$是抽样最大间隔,通常称为奈奎斯特(Nyquist)间隔。

相应的抽样速率(采样间隔的倒数)应满足$f_s \geqslant 2f_H$,其含义是在信号最高频率分量的每一个周期内至少取两个样值,否则,将会产生混叠失真。

抽样定理的数学表达式为

$$m(t) = \sum_{n=-\infty}^{\infty} m(nT_s) \mathrm{Sa}[(t - nT_s)\omega_m] \tag{6-1}$$

式中,$m(t)$为模拟信号;$\omega_m = 2\pi f_H$,f_H为最高截止频率;T_s为抽样周期。

2. 抽样信号的频谱

抽样定理的证明是从频域角度,并借助了理想抽样信号的频谱。

所谓理想抽样是指用来抽样的脉冲序列是一个单位冲激序列$\delta_T(t)$,其表达式为

$$\delta_T(t) = \sum_{n=-\infty}^{\infty} \delta(t - nT_s) \tag{6-2}$$

抽样过程可看作 $m(t)$ 与 $\delta_T(t)$ 相乘,则理想抽样信号的表达式为

$$m_s(t) = m(t)\delta_T(t) = m(t)\sum_{n=-\infty}^{\infty}\delta(t-nT_s) = \sum_{n=-\infty}^{\infty}m(nT_s)\delta(t-nT_s) \quad (6-3)$$

根据频域卷积定理,信号在时域相乘,对应于其傅里叶变换在频域的卷积,$m(t)$ 的频谱为 $M(\omega)$,$M(\omega)$ 的最高角频率为 ω_H,$\delta_T(t)$ 的频谱为 $\delta_T(\omega)$,则有

$$\delta_T(\omega) = \frac{2\pi}{T_s}\sum_{n=-\infty}^{\infty}\delta(\omega-n\omega_s) \quad (6-4)$$

式中,$\omega_s = 2\pi f_s = \dfrac{2\pi}{T_s}$。

$\delta_T(\omega)$ 与 $M(\omega)$ 的卷积抽样信号频谱的表达式为

$$\begin{aligned}
M_s(\omega) &= \frac{1}{2\pi}\left[M(\omega) * \delta_T(\omega)\right] \\
&= \frac{1}{T_s}\left[M(\omega) * \sum_{n=-\infty}^{\infty}\delta(\omega-n\omega_s)\right] \\
&= \frac{1}{T_s}\sum_{n=-\infty}^{\infty}M(\omega-n\omega_s) \quad (6-5)
\end{aligned}$$

式中,$M(\omega)$ 是 $m(t)$ 的频谱,其最高角频率为 ω_H,抽样过程的各点时间波形及其频谱如图 6-2 所示。

3. 信号恢复

从式(6-5)和图 6-2 可知,理想抽样信号的频谱 $M_s(\omega)$ 是由无穷多个间隔为 ω_s 的原信号频谱 $M(\omega)$ 相叠加而成的,只要 $f_s \geq 2f_H$(即 $\omega_s \geq 2\omega_H$),则 $M_s(\omega)$ 中相邻的 $M(\omega-n\omega_s)$ 之间互不重叠,而位于 $n=0$ 的频谱就是原信号频谱 $M(\omega)$ 本身。在接收端,用一个低通滤波器就能从 $M_s(\omega)$ 中取出 $M(\omega)$,从而无失真地恢复原信号 $m(t)$,理想抽样与信号恢复原理框图如图 6-3 所示。

如果抽样速率 $f_s < 2f_H$,则抽样后信号的频谱在相邻的周期内发生混叠,此时不可能无失真重建原信号,如图 6-4 所示。

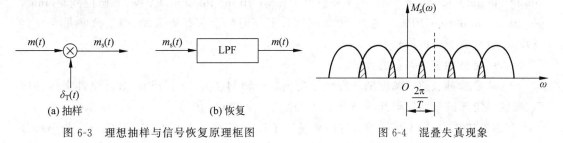

图 6-3　理想抽样与信号恢复原理框图　　　　　　图 6-4　混叠失真现象

综上所述,若要从样值信号中恢复原信号,抽样速率应满足 $f_s \geq 2f_H$ 的条件。

6.2.2　带通模拟信号抽样定理

1. 带通型信号

信号 $m(t)$ 的最低频率为 f_L,最高频率为 f_H,带宽 $B = f_H - f_L$,若 $B < f_L$,则此信号

称为带通型信号,或者带型信号。

对于带通信号,如果按 $f_s = 2f_H$ 进行抽样,抽样后的信号频谱不会发生重叠。如果按 $0 \sim f_H$ 进行抽样,会造成频带浪费。

如果采用低通抽样定理的抽样速率 $f_s \geqslant 2f_H$,对频率限制在 f_L 与 f_H 之间的带通型信号抽样,肯定能满足频谱不混叠的要求,但该 f_s 太高了,它会使 $0 \sim f_L$ 中有一大段频谱空隙得不到利用,降低了信道的利用率。为了提高信道利用率,同时又使抽样后的信号频谱不混叠,下面来研究带通信号的抽样定理。

2. 带通信号的抽样定理

设带通模拟信号 $m(t)$ 的频带限制在 f_L 和 f_H 之间,其频谱最低频率大于 f_L,最高频率小于 f_H,信号带宽 $B = f_H - f_L$,其频谱如图 6-5 所示。

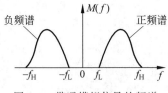

图 6-5 带通模拟信号的频谱

可以证明,此带通模拟信号所需最小抽样频率 f_{min} 为

$$f_{min} = 2B\left(1 + \frac{k}{n}\right) \tag{6-6}$$

式中,B 为信号带宽;n 是 f_H/B 商的整数部分,$n = 1$,$2, \cdots$;k 是 f_H/B 商的小数部分,$0 < k < 1$。

只有抽样频率不小于 f_{min} 时,所得抽样信号才可以不失真地重建原信号 $m(t)$。

当 $f_L = 0$ 时,$f_s = 2B$,就是低通模拟信号的抽样情况;当 f_L 很大时,f_s 趋近于 $2B$,这个信号是一个窄带信号。

实际中大多数带通信号一般为窄带信号,当满足 $f_L \gg B$ 时,此带通信号通常可按 $2B$ 速率抽样。

6.2.3 脉冲振幅调制

脉冲调制是指以时间上离散的脉冲串作为载波,用模拟基带信号 $m(t)$ 去控制脉冲串的某参数,使其按 $m(t)$ 的规律变化的调制方式。

按基带信号改变脉冲参量(幅度、宽度和位置)的不同,脉冲调制又分为脉幅调制(pulse amplitude modulation,PAM)、脉宽调制(pulse width modulation,PWM)和脉位调制(pulse position modulation,PPM)。这三种调制信号虽在时间上都是离散的,但受调参量变化是连续的,也都属于模拟信号。

PAM 是脉冲编码调制的基础。

PAM 是脉冲载波的幅度随基带信号变化的一种调制方式。若脉冲载波是冲激脉冲序列,按抽样定理进行抽样得到的信号 $m_s(t)$ 就是一个 PAM 信号。

在理想抽样中,用于抽样的脉冲序列是一个冲激序列 $\delta_T(t)$,在实际中 $\delta_T(t)$ 是不可能实现的。$\delta_T(t)$ 即使能获得,抽样后信号的频谱为无穷大,对有限带宽的信道而言也无法传递。在实际中通常采用脉冲宽度相对于抽样周期很窄的窄脉冲序列近似代替冲激脉冲序列,从而实现 PAM。

用窄脉冲序列进行实际抽样的 PAM 分为自然抽样 PAM 和平顶抽样 PAM 两种方式。

1. 自然抽样 PAM

1) 自然抽样 PAM 的原理

自然抽样 PAM 的原理与图 6-3 所示的理想抽样过程相似,只需把冲激序列 $\delta_T(t)$ 用实际的窄脉冲序列 $s(t)$ 替代。

自然抽样 PAM 又称曲顶抽样 PAM,是指抽样后的脉冲幅度(顶部)随被抽样信号 $m(t)$ 变化,或者说保持了 $m(t)$ 的变化规律,自然抽样的 PAM 原理框图如图 6-6 所示。

2) 自然抽样 PAM 过程的波形

自然抽样 PAM 过程的波形如图 6-7 所示。

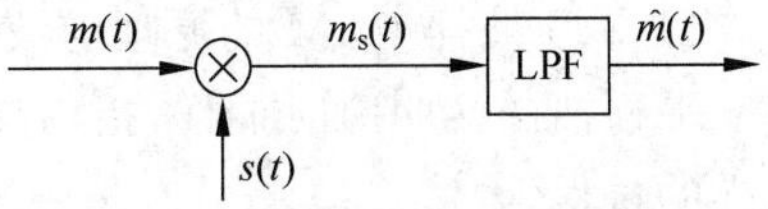

设模拟基带信号 $m(t)$ 的波形如图 6-7(a)所示,脉

图 6-6 自然抽样的 PAM 原理框图

冲载波以 $s(t)$ 表示,它是宽度为 τ,周期为 T_s 的矩形窄脉冲序列,其中 T_s 是按抽样定理确定的,取 $T_s = 1/2f_H$,$s(t)$ 的波形如图 6-7(b)所示,则自然抽样 PAM 信号 $m_s(t)$ 的波形见图 6-7(c)。由图 6-7(c)可见,抽样后得到的信号 $m_s(t)$,其每个样值脉冲的顶部不是平的,而是随 $m(t)$ 相应时段的值"自然地"变化。

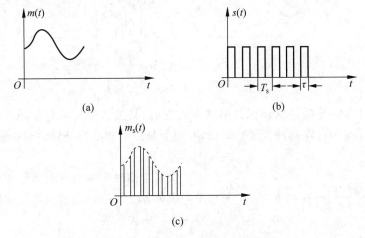

图 6-7 自然抽样 PAM 过程的波形

3) 自然抽样 PAM 的频谱

图 6-7(c)波形为 $m(t)$ 与 $s(t)$ 的乘积,其关系式为

$$m_s(t) = m(t)s(t)$$

式中,$s(t)$ 的频谱表达式为

$$S(\omega) = \frac{2\pi\tau}{T_s} \sum_{n=-\infty}^{\infty} \text{Sa}(n\tau\omega_H)\delta(\omega - 2n\omega_H) \tag{6-7}$$

由频域卷积定理知 $m_s(t)$ 的频谱表达式为

$$M_s(\omega) = \frac{1}{2\pi}[M(\omega) * S(\omega)] = \frac{A\tau}{T_s} \sum_{n=-\infty}^{\infty} \text{Sa}(n\tau\omega_H)M(\omega - 2n\omega_H) \tag{6-8}$$

上式由无限多个间隔为 $\omega_s = 2\omega_H$ 的 $M(\omega)$ 频谱之和组成,$n = 0$ 的成分是 $(\tau/T_s)M(\omega)$,与原信号谱 $M(\omega)$ 只差一个比例常数 τ/T_s,因此可用低通滤波器从 $M_s(\omega)$ 中滤出 $M(\omega)$,从而恢复出基带信号 $m(t)$。

4) 自然抽样与理想抽样比较

比较式(6-5)和式(6-8),自然抽样与理想抽样的相似之处是,两者的频谱都是由无限多

个间隔为 ω_s 的 $M(\omega)$ 频谱之和组成,其中 $n=0$ 的成分是 $M(\omega)$,都可用低通滤波器从 $M_s(\omega)$ 中滤出 $M(\omega)$,从而恢复原信号 $m(t)$。

自然抽样与理想抽样的不同之处是,理想抽样的频谱被常数 $1/T_s$ 加权,信号带宽为无穷大;自然抽样频谱的包络按 Sa 函数随频率增高而下降,带宽是有限的,且带宽与脉宽 τ 有关。

2. 平顶抽样 PAM

1) 平顶抽样 PAM 的原理与波形

平顶抽样又叫瞬时抽样,指用幅值为被抽样信号在抽样时刻的瞬时值的矩形脉冲进行抽样的过程。

平顶抽样与自然抽样的不同之处在于抽样后的样值脉冲顶部是平的,是矩形脉冲,其幅度为被抽样信号在抽样时刻的瞬时值,平顶抽样 PAM 信号波形如图 6-8 所示。

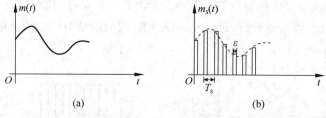

图 6-8　平顶抽样 PAM 信号波形

平顶抽样 PAM 是通过抽样保持电路来实现的,其抽样保持原理如图 6-9 所示。抽样保持电路的作用是将冲激脉冲变成矩形脉冲,矩形脉冲的幅度为抽样时刻的值,而脉宽 τ 为保持时间。

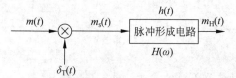

图 6-9　平顶抽样 PAM 抽样保持原理

设基带信号为 $m(t)$,矩形脉冲形成电路的冲激响应为 $h(t)$,$m(t)$ 与经过理想抽样后得到的信号 $m_s(t)$ 的关系为

$$m_s(t)=m(t)\delta_T(t)=\sum_{n=-\infty}^{\infty} m(nT_s)\delta(t-nT_s)$$

(6-9)

式中,$m_s(t)$ 是由一系列被 $m(nT_s)$ 加权的冲激序列组成;$m(nT_s)$ 就是第 n 个抽样值的幅度。

经过矩形脉冲形成电路,每当输入一个冲激信号,在其输出端便产生一个幅度为 $m(nT_s)$ 的矩形脉冲 $h(t)$。在 $m_s(t)$ 作用下,输出便产生一系列被 $m(nT_s)$ 加权的矩形脉冲序列,这就是平顶抽样 PAM 信号 $m_H(t)$,其表达式为

$$m_H(t)=\sum_{n=-\infty}^{\infty} m(nT_s)h(t-nT_s)$$

(6-10)

2) 平顶抽样 PAM 的频谱

脉冲形成电路的传输函数满足 $H(\omega)\leftrightarrow h(t)$ 关系,则输出的平顶抽样 PAM 信号频谱 $M_H(\omega)$ 的表达式为

$$M_H(\omega)=M_s(\omega)H(\omega)$$

(6-11)

式中，$M_s(\omega) = \frac{1}{2\pi}[M(\omega) * \delta_T(\omega)] = \frac{1}{T_s}\left[M(\omega) * \sum_{n=-\infty}^{\infty} \delta(\omega - n\omega_s)\right] = \frac{1}{T_s}\sum_{n=-\infty}^{\infty} M(\omega - n\omega_s)$。式(6-11)简化后的表达式为

$$M_H(\omega) = \frac{1}{T_s}H(\omega)\sum_{n=-\infty}^{\infty} M(\omega - 2n\omega_H) = \frac{1}{T_s}\sum_{n=-\infty}^{\infty} H(\omega)M(\omega - 2n\omega_H)$$

平顶抽样 PAM 信号频谱 $M_H(\omega)$ 是由被 $H(\omega)$ 加权后的周期性重复的 $M(\omega)$ 所组成的。$H(\omega)$ 是 ω 的函数，如果直接用低通滤波器恢复，得到的是 $H(\omega)M(\omega)/T_s$，必然存在失真。

3) 修正滤波器原理

若在低通滤波器之前加一个传输函数为 $1/H(\omega)$ 的修正滤波器，就能无失真地恢复原模拟信号，其原理如图 6-10 所示。

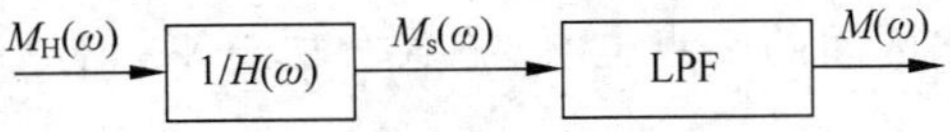

$$M_H(\omega) \longrightarrow \boxed{1/H(\omega)} \xrightarrow{M_s(\omega)} \boxed{\text{LPF}} \xrightarrow{M(\omega)}$$

图 6-10　修正滤波器原理

图 6-10 中，平顶抽样 PAM 信号的频谱 $M_s(\omega)$ 中的每一项都被 $H(\omega)$ 加权，$H(\omega)$ 是 ω 的函数，不能再像理想抽样那样直接用低通滤波器恢复原来的模拟信号了。

6.3 量化

模拟信号 $m(t)$ 进行抽样以后，其样值还是随信号幅度连续变化的，抽样值 $m(nT_s)$ 有无穷多种可能的取值，仍属于模拟信号，无法用有限位二进制编码来表示，必须对抽样后的样值进行量化。

量化是指利用预先规定的有限个电平来表示模拟信号抽样值的过程。

量化分均匀量化和非均匀量化两种。

6.3.1 量化原理

1. 量化的定义

设模拟信号的抽样值为 $m(nT_s)$，其中 T_s 是抽样周期，n 是整数，此抽样值仍然是一个取值连续的变量。若仅用 N 个不同的二进制数字码元来代表此抽样值的大小，则 N 个不同的二进制码元只能代表 $M = 2^N$ 个不同的抽样值，必须将抽样值的范围划分成 M 个区间，每个区间用一个电平表示，这样共有 M 个离散电平，称为量化电平，用这 M 个量化电平表示连续抽样值的方法称为量化。

2. 量化器

实现量化功能的部件称为量化器。

原理上，量化过程可以认为是在一个量化器中完成的，量化器的输入信号为 $m(nT_s)$，输出信号为 $m_q(nT_s)$，量化器原理如图 6-11 所示。

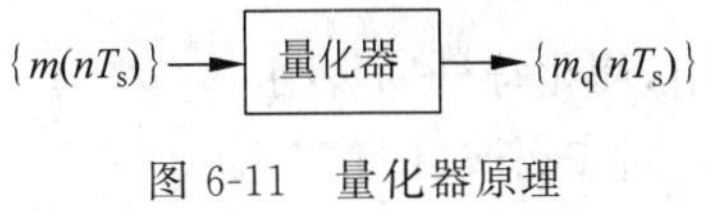

$$\{m(nT_s)\} \longrightarrow \boxed{\text{量化器}} \longrightarrow \{m_q(nT_s)\}$$

图 6-11　量化器原理

在实际中,量化过程常和后续的编码过程结合在一起完成,不一定存在独立的量化器。

3. 量化的一般公式

设 $m(nT_s)$ 表示模拟信号抽样值,$m_q(nT_s)$ 表示量化后的量化信号值,$q_1,q_2,\cdots,q_i$ 是量化后信号的 i 个可能输出电平,$m_1,m_2,\cdots,m_i$ 为量化区间的端点,则关系式为

$$m_q(nT_s)=q_i, \quad m_{i-1}\leqslant m(nT_s)<m_i \tag{6-12}$$

按照上式作变换,就把模拟抽样信号 $m(nT_s)$ 变换成了量化后的离散抽样信号,即量化信号。

4. 量化过程

量化过程可用图 6-12 来说明。

(1) $m(t)$ 是模拟信号,$m(nT_s)$ 表示第 n 个抽样值。

(2) $q_1\sim q_M$ 是预先规定好的 M 个量化电平。

(3) m_i 为第 i 个量化区间的端点电平(称为分层电平),分层电平之间的间隔 $\Delta V_i = m_i-m_{i-1}$ 称为量化间隔。

(4) 量化就是将抽样值 $m(nT_s)$ 转换为 M 个规定的量化电平($q_1\sim q_M$)之一,当模拟信号的抽样值 $m(nT_s)$ 落在 $m_{i-1}\leqslant m(nT_s)\leqslant m_i$ 范围时,量化器输出电平为 $m_q(nT_s)=q_i$,当 $m_{i-1}\leqslant m(nT_s)<m_i$,$t=4T_s$ 和 $t=6T_s$ 时的抽样值 $m(nT_s)$ 落在 $m_5\sim m_6$,则量化器输出的量化值均为 q_6,如图 6-12 所示。

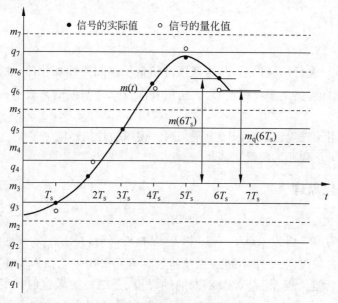

图 6-12   量化过程

5. 量化结果分析

量化值只是抽样的近似值,存在量化误差,误差的表达式为

$$e_q=m-m_q$$

式中,简化符号 m 表示 $m(nT_s)$,m_q 表示 $m_q(nT_s)=q_i$。

对于语音、图像等随机信号,量化误差也是随机的,它对信号的影响就像噪声一样,称为量化噪声,并用均方误差(即量化噪声的平均功率 N_q)来度量,其表达式为

$$N_q = E\left[(m - m_q)^2\right] = \int_{-\infty}^{\infty} (x - m_q)^2 f(x) \mathrm{d}x \tag{6-13}$$

式中，E 表示求统计平均值；$f(x)$ 是输入样值信号的概率密度函数。在给定信息源的情况下，$f(x)$ 是已知的，量化噪声功率 N_q 与量化间隔的分割（或分层电平的划分）和量化电平的选择有关。

综上所述，量化电平数 M 越多，量化区间划分得越细，量化噪声功率 N_q 越小。另外，良好的量化规则（如区间的划分、分层电平的划分、量化电平的选择等）也有助于使 N_q 减小。

6.3.2　均匀量化

均匀量化是指将 M 个抽样区间等距离划分的量化，在图 6-12 中，量化间隔是均匀划分的，称为均匀量化。

1. 均匀量化的表达式

设模拟抽样信号的取值范围为 (a, b) 之间，量化电平数为 M，则均匀量化的量化间隔 Δ 为

$$\Delta = \frac{b - a}{M} \tag{6-14}$$

第 i 个量化区间的端点（也称分层电平）为

$$m_i = a + i\Delta = m_{i-1} + \Delta, \quad i = 0, 1, \cdots, M \tag{6-15}$$

若量化器输出电平 q_i 取量化间隔的中点，则有

$$q_i = \frac{m_i + m_{i-1}}{2} = m_{i-1} + \frac{\Delta}{2}, \quad i = 1, 2, \cdots, M \tag{6-16}$$

量化误差（量化噪声）的绝对值 $|e_q| > \Delta/2$。

因此，量化输出电平和量化前信号的抽样值一般不同，量化输出电平有误差，量化误差像噪声一样影响通信质量，这个误差常称为量化噪声。

当信号的幅度超出量化区（量化器允许的输入范围）时，量化误差的绝对值 $|e_q| > \Delta/2$；当抽样值超出一定范围时，量化值 m_q 保持不变，但 $|e_q| > \Delta/2$ 为过载或饱和。过载时产生的误差通常较大，应尽量避免信号进入过载区，或者只能以极小的概率进入过载区。

2. 均匀量化时的量化信噪比

量化噪声对通信质量的影响可用量化信噪比来衡量。

量化信噪比是指信号功率与量化噪声功率之比，其表达式为

$$\frac{S}{N_q} = \frac{E[m^2]}{E\left[(m - m_q)^2\right]} \tag{6-17}$$

式中，N_q 为量化噪声功率；S 为信号功率，可表示为

$$S = E\left[(m)^2\right] = \int_a^b x^2 f(x) \mathrm{d}x \tag{6-18}$$

显然，S/N_q 越大，量化性能越好。

在不过载条件下，可得均匀量化时的量化噪声功率为

$$N_q = E\left[(m - m_q)^2\right] = \int_a^b (x - m_q)^2 f(x) \mathrm{d}x \tag{6-19}$$

若把积分区间分割成 M 个量化间隔,则上式可表示成

$$N_q = \sum_{i=1}^{M} \int_{m_{i-1}}^{m_i} (x - q_i)^2 f(x) dx \tag{6-20}$$

式中,$m_i = a + i\Delta$,$q_i = a + i\Delta - \dfrac{\Delta}{2}$。

通常,量化电平数 M 很大,量化间隔 Δ 很小,可认为在 Δ 内 $f(x)$ 不变,N_q 又可表示为

$$N_q = \sum_{i=1}^{M} p_i \int_{m_{i-1}}^{m_i} (x - q_i)^2 dx = \frac{\Delta^2}{12} \sum_{i=1}^{M} p_i \Delta = \frac{\Delta^2}{12} \tag{6-21}$$

假设不出现过载现象,则上式中 $\sum\limits_{i=1}^{M} p_i \Delta = 1$。

因此,均匀量化器不过载时的量化噪声功率仅与量化间隔有关,而与信号的统计特性无关。只要 Δ 给定,无论抽样值大小,N_q 都是相同的。

3. 量化器的平均量化信噪比的计算

设有一个电平数为 M 的均匀量化器,其输入样本值 $[-a, a]$ 内具有均匀分布的概率密度,计算该量化器的平均量化信噪比。

量化噪声功率表达式为

$$N_q = E[(m - m_q)^2] = \int_{-a}^{a} (x - m_q)^2 f(x) dx$$

若把积分区间分割成 M 个量化间隔,则上式可表示成

$$N_q = \sum_{i=1}^{M} \int_{m_{i-1}}^{m_i} (x - q_i)^2 f(x) dx$$

将已知条件代入,可得表达式为

$$N_q = \frac{1}{12} \sum_{i=1}^{M} p_i \Delta^2 = \frac{\Delta^2}{12} \sum_{i=1}^{M} P_i$$

$$\sum_{i=1}^{M} p_i \Delta^2 \int_{m_{i-1}}^{m_i} (x - q_i)^2 \frac{1}{2a} dx$$

$$= \sum_{i=1}^{M} \int_{-a+(i-1)\Delta}^{-a+i\Delta} \left(x + a - i\Delta + \frac{\Delta}{2}\right)^2 \frac{1}{2a} dx$$

$$= \sum_{i=1}^{M} \left(\frac{1}{2a}\right) \left(\frac{(\Delta)^3}{12}\right) = \frac{M \cdot (\Delta)^3}{24a}$$

因为 $M\Delta = 2a$,则有表达式为

$$N_q = \frac{(\Delta)^2}{12} \tag{6-22}$$

信号具有均匀的概率密度,则信号功率表达式为

$$S_o = \int_{-a}^{a} x^2 \left(\frac{1}{2a}\right) dx = \frac{M^2}{12} (\Delta)^2 \tag{6-23}$$

平均信号量化信噪比表达式为

$$\frac{S_o}{N_q} = M^2 \quad \text{或为} \quad \left(\frac{S_o}{N_q}\right)_{dB} = 20 \lg M \tag{6-24}$$

由此可知,均匀量化器不过载时的量化噪声功率 N_q 与信号的统计特性无关,而仅与量化间隔 Δ 有关。

4. 均匀量化器的应用

均匀量化器应用于线性 A/D 变换接口,如在计算机的 A/D 变换中,N 为 A/D 变换器的位数,常用的有 8 位、12 位、16 位等不同精度。同时,在遥测遥控系统、仪表、图像信号的数字化接口等也都使用均匀量化器。

均匀量化的缺点是均匀量化时输入信号的动态范围将受到较大的限制,实际中往往采用非均匀量化。

6.3.3　非均匀量化

非均匀量化是指量化间隔不均匀划分的量化方法。

1. 非均匀量化的基本概念

1) 非均匀量化的目的

实际应用中,对于给定的量化器,量化电平数 M 和量化间隔 Δ 都是确定的,量化噪声功率 N_q 也是确定的。非均匀量化的目的是让量化间隔 Δ 随信号抽样值的大小而变化,信号样值小,Δ 也小;信号样值大,Δ 也大,从而提高小信号的量化信噪比。

非均匀量化是一种在整个动态范围内量化间隔不相等的量化。换言之,非均匀量化是根据输入信号的概率密度函数 $f(x)$ 来分布量化电平,以改善量化性能,其均方误差表达式为

$$N_q = E[(m-m_q)^2] = \int_{-\infty}^{\infty} (x-m_q)^2 f(x)\,dx$$

式中,在 $f(x)$ 大的地方,设法降低量化噪声 $(m-m_q)^2$,从而降低均方误差,提高信噪比。

信号的强度如语音信号是可能随时间变化的。当信号小时,信号量化信噪比也小,均匀量化器对于小输入信号很不利,为改善小信号时的信号量化信噪比,在实际应用中常采用非均匀量化。

2) 非均匀量化的原理

在使用非均匀量化时,量化间隔随信号抽样值的不同而变化。信号抽样值小时,量化间隔 Δ 也小;信号抽样值大时,量化间隔 Δ 也变大。

非均匀量化的实现方法通常是在进行量化之前,先将信号抽样值压缩,再进行均匀量化。

压缩是用一个非线性电路将输入电压 x 变换成输出电压 y,$y=f(x)$,如图 6-13 所示。图中纵坐标 y 是均匀刻度的,横坐标 x 是非均匀刻度的,输入电压 x 越小,量化间隔也就越小,小信号的量化误差也越小。

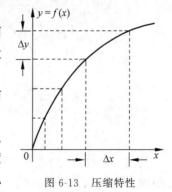

图 6-13　压缩特性

3) 采用压扩技术

实现非均匀量化的常用方法是压缩法与扩张法。

具体做法需要在发送端和接收端实现。

发送端,先将样值信号 x 进行压缩处理,再对压缩器的输出 y 进行均匀量化。发送端加一个压缩器,使弱小信号有较大的放大倍数,而对大信号的增益则比较小。

压大放小的压缩特性通常是对数特性,对压缩后的信号再进行均匀量化,相当于对抽样信号进行了非均匀量化。

接收端,为了使原始抽样信号恢复,将把接收到的经过压缩后的信号还原成压缩前的信号,完成还原工作的电路就是扩张器,其特性正好与压缩器相反,对小信号压缩,对大信号提升,从而保证信号的不失真。

压缩与扩张特性合成后是一条直线,信号通过压缩再通过扩张实际上好像通过了一个线性电路。

2. A 律和 μ 律压缩特性

压缩特性通常是对数特性。

A 律对数压缩特性表达式为

$$y = \begin{cases} \dfrac{Ax}{1 + \ln A}, & 0 \leqslant x \leqslant \dfrac{1}{A} \\ \dfrac{1 + \ln Ax}{1 + \ln A}, & \dfrac{1}{A} \leqslant x \leqslant 1 \end{cases} \tag{6-25}$$

式中,A 为正常数,表示压缩程度。不同 A 值的压缩特性如图 6-14(a) 所示,不同 A 值表示不同的压缩曲线形状,$A = 1$ 时无压缩效果。A 值越大,对大样值压缩越多,对小样值放大越明显,实际应用中的典型值是 $A = 87.6$。

μ 律对数压缩特性表达式为

$$y = \frac{\ln(1 + \mu x)}{\ln(1 + \mu)}, \quad 0 \leqslant x \leqslant 1 \tag{6-26}$$

式中,μ 为正常数,典型值为 255。不同 μ 值的压缩特性如图 6-14(b) 所示。

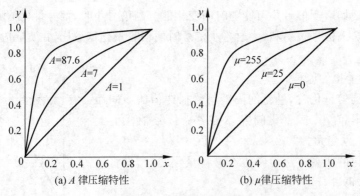

(a) A 律压缩特性　　　　(b) μ 律压缩特性

图 6-14　对数压缩特性

由图 6-14(b) 中的实线可知,对经过压缩处理后的 y 进行等间隔划分(均匀量化),其效果等同于对输入信号 x 进行非均匀量化(即信号小时量化间隔小,信号大时量化间隔也大)。

经过理论分析证明,具有 A 律和 μ 律对数压缩特性的量化器输出的信噪比,在相当宽的范围基本恒定。在信号大的动态范围内有相近的量化信噪比,采用对数压缩特性提高了小信号的量化信噪比,相当于扩大了输入信号的动态范围,如图 6-15 所示。

图 6-15 中 $\mu=0$ 表示无压缩扩张时的信噪比，$\mu=100$ 表示有压缩扩张时的信噪比。无压缩扩张时，信噪比随输入信号的减小而迅速下降；有压缩扩张时，信噪比随输入信号的减小缓慢下降。若要求量化信噪比大于 20dB，则对于 $\mu=0$ 时的输入信号必须大于 -18dB，而对于 $\mu=100$ 时的输入信号只要大于 -36dB 即可。

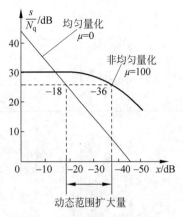

图 6-15 有无压缩信噪比曲线

3. A 律 13 折线和 μ 律 15 折线

由于电话信号的压缩特性，国际电信联盟（International Telecommunication Union，ITU）制定了两种建议，A 律和 μ 律，以及相应的近似算法 13 折线法和 15 折线法。中国、欧洲各国以及国际互连时采用 A 律，北美、日韩等少数国家采用 μ 律。

早期的 A 律和 μ 律特性是用非线性的模拟器件实现的，为连续曲线，在电路上实现这样的函数规律是相当复杂的，且精确度和稳定度都受到限制。

如果采用折线近似对数压扩特性，就可以运用数字技术来实现。此方法简便且准确，获得了广泛应用，并被采纳为国际标准，一种是采用 13 折线近似 A 律对数压缩特性，另一种是采用 15 折线近似 μ 律对数压缩特性。

1）13 折线压缩特性

A 律 13 折线是 A 律的近似算法，其产生是从不均匀量化的基点出发，设法用 13 段折线逼近 $A=87.6$ 的 A 律压缩特性。具体方法是把输入 x 轴和输出 y 轴用两种不同的方法划分。对 x 轴在 $0\sim1$（归一化）范围内不均匀分成 8 段，分段的规律是每次以 1/2 对分，第一次在 $0\sim1$ 的 1/2 处对分，第二次在 $0\sim1/2$ 的 1/4 处对分，第三次在 $0\sim1/4$ 的 1/8 处对分，其余类推。对 y 轴在 $0\sim1$（归一化）范围内采用等分法，均匀分成 8 段，每段间隔均为 1/8，然后把 x，y 各对应段的交点连接起来构成 8 段直线，得到如图 6-16 所示的折线压扩特性。其中第 1、2 段斜率相同（均为 16），因此可视为一条直线段，故实际上只有 7 根斜率不同的折线。

从图 6-16 中可知，除第 1 段和第 2 段以外，其他各段的斜率都不同。

以上分析的是正方向，由于语音信号是双极性信号，图 6-16 中的压缩特性只是实用的压缩特性曲线的一半，在负方向也有与正方向对称的一组折线，也是 7 根，但其中靠近零点的 1、2 段斜率也都等于 16，与正方向的第 1、2 段斜率相同，又可以合并为一根，因此，正、负双向共有 $2\times(8-1)-1=13$ 折，故称为 13 折线。

A 律 13 折线起始段斜率为 16，由式（6-25）可知，$A=87.6$ 的对数压缩特性起始段斜率也为 16，就是说 13 段折线逼近 $A=87.6$ 的对数压缩特性。

经过计算，折线段从第 1～第 8 段的信噪比改善值分别为 24、24、18、12、6、0、-6 和 -12dB。

2）15 折线压缩特性

采用 15 折线逼近 $\mu=255$ 对数压缩特性的原理与 A 律 13 折线类似，也是把 y 轴均分 8 段，对应于 y 轴分界点 $i/8$ 处的 x 值可以按照式（6-27）计算。

$$x = \frac{256^y - 1}{255} = \frac{256^{i/8} - 1}{255} = \frac{2^i - 1}{255} \tag{6-27}$$

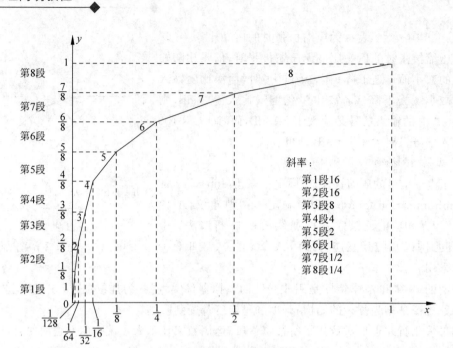

图 6-16　A 律 13 折线

计算结果相对应的特性如图 6-17 所示(只画出了正向部分)。正、负方向各有 8 段折线,但正、负电压的第 1 段因斜率相同而连成一条直线,形式上得到的是 15 段折线,故称 μ 律 15 折线。

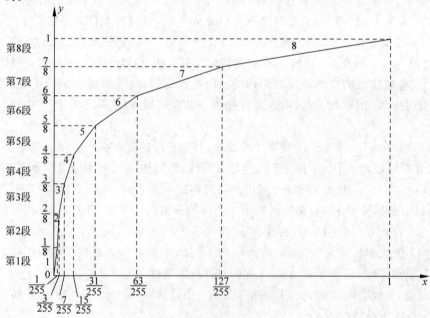

图 6-17　15 折线特性

3) 13 折线特性和 15 折线特性的比较

比较 13 折线特性和 15 折线特性的第 1 段斜率可知,存在以下 3 方面差别:

（1）15 折线第 1 段的斜率(32)大约是 13 折线第 1 段斜率(16)的 2 倍。

（2）15 折线对小信号的量化信噪比改善量也是 13 折线的 2 倍。

（3）对于大信号而言,15 折线比 13 折线的性能差。

在实际中,量化过程通常是和后续的编码过程结合在一起完成的。

6.4 编码

编码是把量化后的有限个量化电平值变换成二进制码组的过程,其逆过程称为解码或译码。

编码所涉及的问题有码型的选择、码位的选择、编码规则和编码器等。

6.4.1 常用二进制码组

码字是指对于 M 个量化电平,用 N 位二进制码来表示的每一个码组。

码型指是把量化后的所有量化级,按其量化电平的大小次序排列,并列出各自对应的码字,这种对应关系的整体是代码的编码规律。

编码可以分为二进制码和多进制码。

二进制码具有较强的抗干扰能力,且易于产生,在 PCM 的编码中一般采用二进制码。

常见的二进制码有自然二进码、折叠二进码和格雷二进码三种码型。表 6-1 列出了用 4 位码表示 16 个量化级时的编码规律。

表 6-1 常见二进制码型

量化极序号	量化电压极性	自然二进码	折叠二进码	格雷二进码
15	正极性	1111	1111	1000
14		1110	1110	1001
13		1101	1101	1011
12		1100	1100	1010
11		1011	1011	1110
10		1010	1010	1111
9		1001	1001	1101
8		1000	1000	1100
7	负极性	0111	0000	0100
6		0110	0001	0101
5		0101	0010	0111
4		0100	0011	0110
3		0011	0100	0010
2		0010	0101	0011
1		0001	0110	0001
0		0000	0111	0000

1. 自然二进码

自然二进码是十进制正整数的二进制表示,编码简单、易记,而且译码可以逐比特独立进行。若把自然二进码从低位到高位依次给以 2 倍的加权,就可变换为十进数。

如二进码 $(a_{n-1}, a_{n-2}, \cdots, a_1, a_0)$,则有

十进码 $D = a_{n-1}2^{n-1} + a_{n-2}2^{n-2} + \cdots + a_1 2^1 + a_0 2^0$

便是对应的十进数(表示量化电平值),这种"可加性"可简化译码器的结构。

按照二进制的自然规律排列的二进制码称为自然二进码,这是最常见的二进制码。

2. 折叠二进码

折叠二进码是由极性码和幅度码组成。极性码,即左边第 1 位,表示信号的极性;幅度码,即第 2 位～最后 1 位,表示信号的幅度,且幅度码从零电平到大电平按自然码规则编码。当正、负绝对值相同时,幅度码相对于零电平对称折叠,故称折叠码。

折叠码有两个特点:

(1) 可将双极性信号简化为单极性编码;

(2) 小幅度电平对应的码组出现误码时,误差级数比自然码小。

在语音通信中,小信号出现的概率较大,因此,采用折叠二进码有利于降低语音通信的噪声。

3. 格雷二进码

格雷二进码是一种二进制编码,与普通二进制的不同之处在于任何相邻电平的码组,只有一位码位发生变化,即相邻码字的距离恒为 1。如 0000 0001 0011 0010 0110 0111。

格雷二进码有三个特点:

(1) 译码时,若传输或判决有误,则量化电平的误差小;

(2) 格雷二进码除极性码外,当正、负极性信号的绝对值相等时,其幅度码相同,故又称反射二进码;

(3) 格雷二进码不是"可加的",不能逐比特独立进行,需先转换为自然二进码后再译码。

6.4.2　A 律 13 折线编码

码位数的多少决定了量化分层的多少。在信号变化范围一定时,采用的码位数越多,量化分层越细,量化误差就越小,通信质量就更好。但码位数越多,设备越复杂。

PCM 采用 8 位编码就可以满足通信质量的要求。我国采用的 A 律 13 折线编码就采用 8 位折叠二进码。

在 A 律 13 折线 PCM 编码中,普遍采用 8 位二进制码,对应 $M = 2^8 = 256$ 个量化级,即正、负输入幅度范围内各有 128 个量化级,这需要将 13 折线中的每个折线段再均匀划分 16 个量化级。由于每个段落长度不均匀,正或负输入的 8 个段落被划分成 $8 \times 16 = 128$ 个不均匀的量化级。按折叠二进码的码型,这 8 位码的安排为

$$\underbrace{M_1}_{\text{极性码}} \quad \underbrace{M_2 M_3 M_4}_{\text{段落码}} \quad \underbrace{M_5 M_6 M_7 M_8}_{\text{段内码}}$$

(1) 第 1 位 M_1 表示量化值的极性正负,正值用"1"表示,负值用"0"表示;后面的 7 位表示量化值的绝对值大小。

(2) 第 2～第 4 位 $(M_2 M_3 M_4)$ 是段落码,表示量化值位于 8 段中的某一段落。将每一段落平均分为 16 个量化间隔,取每个量化间隔的中间值为量化电平。

(3) 最后 4 位 $(M_5 M_6 M_7 M_8)$ 为段内码,表示量化值所在某一段落内 16 个量化间隔中

的某一量化间隔的量化电平。

（4）起始电平和量化间隔，各段的长度不等，各段的量化间隔也是不同，第 1 段和第 2 段的量化间隔最短，量化间隔为 $1/2048 = (1/128) \times (1/16)$，称此量化间隔为 1 个量化单位。

段落码和段内码编码规则分别如表 6-2 和 6-3 所示。

表 6-2 段落码编码规则

段落序号	段落码 $M_2M_3M_4$	段落范围（量化单位）
8	111	1024～2048
7	110	512～1024
6	101	256～512
5	100	128～256
4	011	64～128
3	010	32～64
2	001	16～32
1	000	0～16

表 6-3 段内码编码规则

量化间隔	段内码 $M_5M_6M_7M_8$	量化间隔	段内码 $M_5M_6M_7M_8$
15	1111	7	0111
14	1110	6	0110
13	1101	5	0101
12	1100	4	0100
11	1011	3	0011
10	1010	2	0010
9	1001	1	0001
8	1000	0	0000

6.4.3 逐次比较型编码器

编码的实现是由编码器完成的。

编码器有多种类型，在 PCM 编码中比较常用的是逐次比较型编码器。

1. 逐次比较型编码的原理

逐次比较型编码的原理与天平称重类似，信号抽样值相当于被测物，标准电流或电压（电平）类似于天平的砝码。预先规定好一些作为比较标准的电流（或电压），称为权值电平，用 I_b 表示，其个数与编码位数（字长）有关。当每个样值 I_s 到来时，有规律地用各标准电平 I_b 逐次与样值 I_s 进行比较。每比较一次，输出一位码，当 $I_s > I_b$ 时，输出"1"码，反之输出"0"码。经过 7 次比较，即完成了对输入样值的 7 位非线性量化和编码。

逐次比较型编码器是根据输入样值的大小，按照 A 律 13 折线压缩扩张特性，编制出相应的 8 位折叠二进码 $C_1 \sim C_8$，其中 C_1 为极性码，$C_2 \sim C_8$ 的 7 位码表示信号抽样值的绝对大小。

2. 逐次比较型编码的原理图

逐次比较型编码器原理如图 6-18 所示。

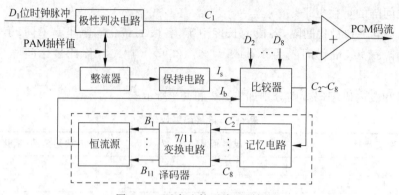

图 6-18　逐次比较型编码器框图

逐次比较型编码器由整流器、极性判决电路、保持电路、比较器及本地译码电路等组成，各组成部分的功能如下。

（1）极性判决电路用来确定信号的极性，输入 PAM 信号是双极性信号，其样值为正时，在位脉冲到来时刻输出"1"码；样值为负时，输出"0"码。同时，将该信号经过全波整流变为单极性信号。

（2）整流器用于将双极性信号变为单极性信号。

（3）比较器是编码器的核心，用来比较抽样值 I_s 和标准电平 I_b 的大小，每比较一次输出一位二进制码，以实现对输入信号抽样值的非线性量化和编码。若 $I_s > I_b$，输出"1"码；若 $I_s < I_b$，输出"0"码。在 7 次比较过程中，前 3 次的比较结果是段落码，后 4 次的比较结果是段内码，每次比较所需的标准电流 I_b 均由本地译码电路提供。

（4）译码器包括记忆电路、7/11 变换电路和恒流源。

（5）记忆电路用来寄存前面已编的码，除第一次比较外，其余各次比较都要依据前几次比较的结果来确定下一次的标准电平 I_b 值。

（6）7/11 变换电路的功能是将 7 位非线性码转换成 11 位线性码，以便于控制恒流源产生所需的标准电平 I_b。

（7）恒流源也称 11 位线性解码电路或电阻网络，它用来产生各种标准电流 I_b。在恒流源中有数个基本的权值电流支路，其个数与量化级数有关。按 A 律 13 折线编出的 7 位码，需要 11 个基本的权值电流支路，每个支路都有一个控制开关。每次应该哪个开关接通形成比较用的标准电流 I_b，由前面的比较结果经变换后得到的控制信号来控制。

（8）保持电路是保持输入信号的样值大小在 7 次比较过程中不变，与平顶抽样概念相同。

从原理上讲，模拟信号数字化的步骤是经抽样、量化后再进行编码，但实际上量化是在编码过程中与编码同时完成的，也就是说，此编码器同时兼有量化和编码两个功能。

6.4.4　译码

译码的作用是把收到的 PCM 信号还原成相应的 PAM 样值信号，即进行 D/A 变换。

A 律 13 折线译码器原理框图与逐次比较型编码器中的本地译码器基本相同，所不同的是增加了极性控制部分和带有寄存读出的 7/12 变换电路，A 律 13 折线译码器原理框图如图 6-19 所示。

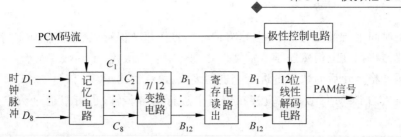

图 6-19 A 律 13 折线译码器原理框图

译码器原理框图各部分电路的功能如下：

(1) 记忆电路是将输入的串行 PCM 码变为并行码并记忆下来。

(2) 极性控制电路的作用是根据收到的极性码 C_1 是"1"还是"0"来控制译码后 PAM 信号的极性，恢复原信号极性。

(3) 7/12 变换电路的作用是将 7 位非线性码转变为 12 位线性码。在编码器的本地译码器中采用 7/11 位码变换，使得量化误差有可能大于本段落量化间隔的一半。译码器中采用 7/12 变换电路，是为了增加了一个 $\Delta_i/2$ 恒流电流，人为地补上半个量化级，使最大量化误差不超过 $\Delta_i/2$，从而改善量化信噪比。

(4) 寄存读出电路是将输入的串行码在存储器中寄存起来，待全部接收后再一起读出，送入解码网络。实质上是进行串/并变换。12 位线性解码电路主要是由恒流源和电阻网络组成，与编码器中解码网络类同。它是在寄存读出电路的控制下，输出相应的 PAM 信号。

6.5 波形编码

常用的波形编码方法有脉冲编码调制（PCM）、差分脉冲编码调制（differential pulse code modulation，DPCM）、增量调制（delta modulation，DM）。

6.5.1 脉冲编码调制

将模拟信号经过抽样、量化和编码三个步骤变成数字信号的 A/D 转换方式称为 PCM，采用 PCM 数字化方法的模拟信号数字传输系统称为 PCM 系统。

1. PCM 系统的原理

PCM 系统的原理框图如图 6-20 所示。

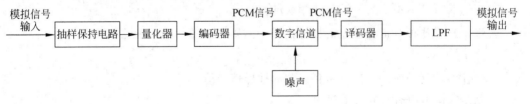

图 6-20 PCM 系统的原理框图

PCM 系统发送端和接收端各组成部分的功能如下：

1) 发送端

首先对输入模拟信号进行抽样，将时间上连续的模拟信号变成时间上离散的抽样信号。

有足够的时间进行量化,由保持电路将抽样信号作短暂保存,合称为抽样保持电路。

量化器将幅度上仍然连续的抽样信号进行幅度离散化,得到数字量。

编码器将量化后的数字量进行二进制编码,最终输出 PCM 信号。

编码后的 PCM 信号可以直接在信道中进行基带传输,也可以通过数字调制后进行频带传输。

2)接收端

译码器将收到的 PCM 信号还原成量化后的抽样样值脉冲序列,然后通过低通滤波器滤除高频分量,便可得到与原输入信号十分相似的模拟信号。

2. PCM 信号的比特率和带宽

PCM 信号的比特率表达式为

$$R_b = f_s N = 2f_H N \tag{6-28}$$

所需传输带宽(采用矩形脉冲传输时第 1 零点带宽)表达式为

$$B = R_b = N f_s \tag{6-29}$$

PCM 是对语音信号采样值本身进行编码,可以获得较高的声音质量,但由于其比特率高(64kbit/s),所需传输带宽大,$B = 64\text{kHz}$。对于大容量的长途传输系统,尤其是卫星通信,采用 PCM 的有效性和经济性就比传统的模拟通信差。显然,降低数字电话信号的比特率、压缩传输频带是语音编码技术追求的一个目标。

6.5.2　差分脉冲编码调制

DPCM 是一种预测编码方法,简称差分脉码调制。

DPCM 的实现原理是将前一个抽样值作为预测值,取当前抽样值和预测值之差进行差值编码并传输,此差值称为预测误差。语音信号等连续变化的信号,其相邻抽样值之间具有一定的相关性,当前抽样值和其预测值比较接近,两者的差值取值范围可能要比抽样值本身的取值范围小,可以用较少的编码位数来对预测误差进行编码,从而达到降低数据传输速率的目的。

DPCM 系统原理框图如图 6-21 所示。$m(t)$ 为输入语音信号,在 nT_s 时刻的抽样值为 $m(nT_s)$,简写为 m_n,T_s 为间隔时间,n 为整数;抽样信号 m_n 和预测器输出的预测值 m'_n 相减,得到预测误差 e_n;e_n 经过量化后得到量化预测误差 r_n,r_n 用于编码输出,还用于更新下一个预测值,它与原预测值 m'_n 相加,作为预测器新的输入 m^*_n。假定量化器的量化误差为零,$r_n = r'_n$,则表达式为

$$m^*_n = r_n + m'_n = e_n + m'_n = (m_n - m'_n) + m'_n = m_n \tag{6-30}$$

若将 m^*_n 看作带有量化误差的抽样信号 m_n,则预测器的输入和输出关系为

$$m'_n = m^*_{n-1} \tag{6-31}$$

式中,预测值 m'_n 就是前一个带有量化误差的抽样信号值。

预测器的输出和输入的关系式为

$$m'_n = \sum_{i=1}^{p} a_i m^*_{n-i} \tag{6-32}$$

式中,p 为预测阶数,a_i 为预测系数,都是常数。预测值 m'_n 是前面 p 个带有量化误差的抽样信号值的加权和。

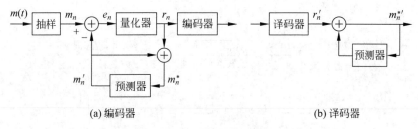

(a) 编码器　　　　　　　　　　　　　　　　(b) 译码器

图 6-21　DPCM 系统原理框图

为了改善 DPCM 体制的性能,将自适应技术引入量化和预测过程,得出自适应差分脉码调制(adaptive differential pulse code modulation,ADPCM) 体制,它能大大提高信号量化信噪比和动态范围。

在实际应用中,32kbit/s 的 ADPCM 可以达到 64kbit/s 的 PCM 的质量,而比特率只是PCM 的一半,极大地节省了传输带宽,从而使经济性和有效性显著提高。

近年来,ADPCM 在卫星通信、微波通信和移动通信方面得到了广泛的应用,并已成为长途电话通信中一种国际通用的语音编码方法。

6.5.3　增量调制

增量调制简称 ΔM 或 DM,是继 PCM 后出现的又一种模拟信号数字化传输的方法,可看成是 DPCM 的一个重要特例。

ΔM 与 PCM 相比,具有编译码简单、抗误码特性好和低比特率时的量化信噪比高等优点。

使用 ΔM 的目的是为了简化语音编码方法,ΔM 在军事和工业部门的专用通信网和卫星通信中广泛应用。

当 DPCM 系统中量化器的量化电平数取为 2 时,则 DPCM 系统就成为 ΔM 系统,ΔM可看成是一种最简单的 DPCM。

1. 增量调制原理

ΔM 的每个编码比特表示相邻抽样值的差值(也称增量)的极性(正或负)。若增量为正(当前样值大于前一个样值),编"1"码;若增量为负,编"0"码。正是由于它是一种用差值(增量)编码进行通信的方式,故名"增量调制"。

增量调制系统的原理如图 6-22 所示。

图 6-22 增量调制系统中采用积分器的 ΔM 编码与译码,其组成部分的功能如下:

1) 发送端的编码器

发送端的编码器是由加法器、判决器、积分器及脉冲发生器(极性变换电路)组成的一个闭环电路。

加法器实际上实现相减运算,其作用是求出差值 $e(t)=m(t)-m'(t)$。

判决器也称比较器,它的作用是对差值 $e(t)$ 的极性进行识别和判决,以便输出编码(增量码)信号 $c(t)$,判断规则是当抽样时刻是 t_i 时

$$\begin{cases} e(t_i)=m(t_i)-m'(t_i)>0,编码器输出"1"码 \\ e(t_i)=m(t_i)-m'(t_i)<0,编码器输出"0"码 \end{cases}$$

积分器和脉冲发生器组成本地译码器,它的作用是根据 $c(t)$ 形成信号 $m'(t)$,即编码器

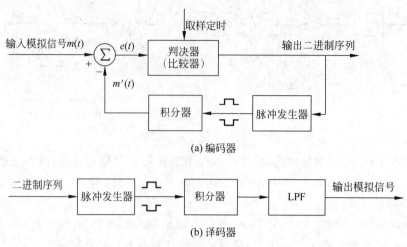

图 6-22 增量调制系统的原理

$c(t)$输出"1"码时，$m'(t)$上升一个台阶 δ；编码器 $c(t)$输出"0"码时，$m'(t)$下降一个台阶 δ，进而与 $m(t)$ 在加法器中进行幅度比较。

2）接收端译码器

接收端译码器由脉冲发生器、积分器和低通滤波器组成。

脉冲发生器和积分器的作用与发送端的本地译码器相同，即将接收到的二进制代码序列转换成信号 $m'(t)$。

低通滤波器的作用是滤除 $m'(t)$ 中的高频成分（即平滑波形），使滤波后的信号更加接近于原模拟信号 $m(t)$。

综上所述，在一定条件下可以用传送信号 $m'(t)$ 来代替传送模拟信号 $m(t)$，而 $m'(t)$ 可用二进制代码序列表示，从而实现了模拟信号到数字信号的转换；接收端根据收到的二进制代码序列恢复信号 $m'(t)$，完成数字信号到模拟信号的转换。而 $m(t)$ 与信号 $m'(t)$ 之间的差异就是在这种转换过程中产生的误差，即所谓的量化误差或量化噪声。

2. 增量调制系统中的量化噪声

假定系统不会产生过载量化噪声，只有基本量化噪声。

$m(t)$ 和 $m'(t)$ 之差就是低通滤波前的量化噪声 $e(t)$，$e(t)$ 随时间在区间 $(+\sigma, -\sigma)$ 内变化，假设它在此区间内均匀分布，则 $e(t)$ 的概率分布密度函数 $f(e)$ 可以表示为

$$f(e) = \frac{1}{2\sigma}, \quad -\sigma \leqslant e \leqslant +\sigma \tag{6-33}$$

$e(t)$ 的平均功率表达式为

$$E[e^2(t)] = \int_{-\sigma}^{\sigma} e^2 f(e) \mathrm{d}e = \frac{1}{2\sigma} \int_{-\sigma}^{\sigma} e^2 \mathrm{d}e = \frac{\sigma^2}{3} \tag{6-34}$$

假设功率的频谱均匀分布在 $0 \sim f_s$（f_s 为抽样频率）之间，其功率谱密度 $P(f)$ 可以近似地表示为

$$P(f) = \frac{\sigma^2}{3f_s}, \quad 0 < f < f_s \tag{6-35}$$

因此，此量化噪声通过截止频率为 f_m 的低通滤波器之后，其功率表达式为

$$N_q = P(f)f_m = \frac{\sigma^2}{3}\left(\frac{f_m}{f_s}\right) \tag{6-36}$$

由上式可以看出,基本量化噪声功率只与 f_m、f_s 和 σ 有关,和输入信号大小无关。

6.5.4　PCM 与 ΔM 系统性能比较

PCM 和 ΔM 都是模拟信号数字化的基本方法,ΔM 实际是 DPCM 的一种特例,有时把 PCM 和 ΔM 统称为脉冲编码。

ΔM 与 PCM 的本质区别是 PCM 是对样值本身编码,而 ΔM 是对相邻样值的差值的极性编码。

ΔM 与 PCM 的性能比较主要在以下几方面。

1. 编码原理

PCM 和 ΔM 都是模拟信号数字化的具体方法,但 PCM 是对样值本身编码,其代码序列反映模拟信号的幅度信息;而 ΔM 是对相邻样值的差值编码,其代码序列反映了模拟信号的微分(变化)信息。

2. 传输带宽

ΔM 系统每一次抽样只传送一位代码,ΔM 系统的比特率为 $R_b = f_s$,要求的最小带宽为

$$B_{\Delta M} = \frac{1}{2}f_s \tag{6-37}$$

实际应用时取

$$B_{\Delta M} = f_s$$

而 PCM 系统的比特率为

$$R_b = B = Nf_s \tag{6-38}$$

3. 量化信噪比

在相同的信道带宽,相同的比特率 R_B,二进制时 $R_b = R_B$,在低比特率时,ΔM 性能优越。而在编码位数较多、比特率较高时,PCM 性能优越,PCM 量化信噪比表达式为

$$\left(\frac{S_o}{N_q}\right)_{PCM} \approx 20\lg 2^{2N} \approx 6N\,(dB) \tag{6-39}$$

PCM 的量化信噪比与编码位数 N 呈线性关系。

ΔM 系统在正弦输入信号临界振幅条件下,其最大的量化信噪比为

$$\frac{S_o}{N_q} = \frac{3}{8\pi^2}\frac{f_s^3}{f_k^2 f_m} \approx 0.04\frac{f_s^3}{f_k^2 f_m} \tag{6-40}$$

抽样速率 f_s 每提高一倍,量化信噪比提高 9dB,信号频率 f_k 每提高一倍,量化信噪比下降 6dB,ΔM 的抽样速率至少在 32kHz 才能满足一般通信质量的要求。

4. 信道误码的影响

在 ΔM 系统中,每一个误码造成一个量阶的误差,对误码不太敏感,对误码率的要求较低。而 PCM 的每一个误码会造成较人的误差,尤其高位码元,错一位可造成许多量阶的误差。误码对 PCM 系统的影响比对 ΔM 系统严重些,PCM 系统对误码率的要求较高。因此,ΔM 允许用于误码率较高的信道条件。

5. 系统的特点与应用

PCM 系统的特点是多路信号统一编码,一般采用 8 位编码,编码设备复杂,质量较好,一般用于大容量的干线通信。

ΔM 系统的特点是单路信号独用一个编码器,设备简单,单路应用时,不需要收发同步设备。多路应用时,每路独用一套编、译码器,路数增多则设备成倍增加,因此 ΔM 一般用于小容量支线通信,话路上下方便灵活。

总之,PCM 系统和 ΔM 系统各自有其优点,应用于不同的场所。

6.6   时分复用

时分复用(TDM)是按传输信号的时间进行分割的,它使不同的信号在不同的时间内传送,将整个传输时间分为许多时间间隔(T_s),又称为时隙,每个时间片被一路信号占用。TDM 就是通过在时间上交叉发送每一路信号的一部分来实现一条电路传送多路信号的。电路上的每一短暂时刻只有一路信号存在。

因数字信号是有限个离散值,TDM 技术广泛应用于包括计算机网络在内的数字通信系统,而模拟通信系统的传输一般采用 FDM。

6.6.1   时分复用的原理

TDM 是利用不同时隙在同一信道上传输多路数字信号的技术,其具体的实现方法是将一条通信线路的工作时间周期性地分割成若干互不重叠的时隙(时间段或时间片),每路信号分别使用指定的时隙传输其样值。

TDM 的原理如图 6-23 所示。

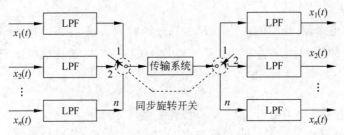

图 6-23   TDM 原理

图 6-23 的 TDM 系统中,信道里有 n 路模拟信号,分别是 $x_1(t)$,$x_2(t)$,$\cdots$,$x_n(t)$,最高截止频率为 f_H,抽样频率为 f_s,抽样间隔为 T_s。各路信号首先通过相应的低通滤波器使之变为频带受限信号,然后送到抽样开关(或旋转开关)。旋转开关每 T_s 对各路信号依次抽样一次,这样 n 个样值按先后顺序错开地纳入抽样间隔 T_s 之内,合成的复用信号是 n 个抽样消息之和,在时间上将不发生重叠。

各路信号每轮一次抽样的总时间(电子开关旋转一周的时间)是一帧,是一个抽样周期 T_s,各路复用脉冲间隔为间隙,间隙的占用时间即每路 PAM 波形的脉冲宽度为 T_s/n。抽样后分别对每路 PAM 波形编码,编码位数为 k,得到每路的 PCM 码元信号,PCM 码元信

号脉冲宽度为 T_s/kn。

接收端在保证收发同步的情况下,将输入的 PCM 码元信号先正确分路,然后经过译码器输出波形,再通过低通滤波器,从而恢复出发送的各路基带信号。

TDM PAM 信号进行传输时,在理论上需要无限带宽,但是在 PAM 系统中,关心的是 PAM 信号所携带的信息,而不是 PAM 脉冲的形状。由于 PAM 信号的信息是携带在幅度上的,只要幅度信息没有损失,则脉冲形状的失真已无关紧要。

TDM 系统中,除了采用 PCM 方式编码外,还可以采用增量调制的方式编码。

6.6.2　时分复用的应用

PCM 数字电话系统是采用时分复用的一个典型案例。

目前国际上推荐的 PCM 时分复用数字电话的复用制式有 PCM30/32 路(采用 A 律压扩特性)制式和 PCM24 路(采用 μ 律压扩特性)制式,并规定国际通信时,以 A 律压扩特性为标准。

我国采用 PCM30/32 路制式,下面简单介绍 PCM30/32 路时分复用数字电话的复用方法。

根据取样定理,每个话路的取样速率为 $f_s = 8000\mathrm{Hz}$,每个话路的取样间隔 $T_s = 1/8000 = 125\mu\mathrm{s}$。PCM30/32 路数字电话系统复用的路数是 32 路,$125\mu\mathrm{s}$ 要分割成 32 个时隙,其中 30 个时隙用来传送 30 路话,另外两个时隙分别用来传送帧同步码和信令码。这 32 个时隙称为一帧,帧长为 $125\mu\mathrm{s}$。

PCM30/32 路数字电话的帧结构(时隙分配图)如图 6-24 所示。

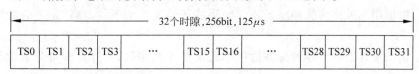

图 6-24　PCM30/32 路数字电话帧结构

32 个时隙分别用 TS0~TS31 表示,其中 TS1~TS15 和 TS17~TS31 这 30 个时隙用来传送 30 路电话信号的样值代码。TS0 用于传输帧同步码组,可建立正确的路序。TS16专用于传送话路信令(如占用、被叫摘机、主叫挂机等)。每个时隙包含 8 位码,一帧共有256bit,PCM30/32 路时分复用数字电话系统的信息传输速率为

$$R_b = \frac{256}{125 \times 10^{-6}} = 2.048\mathrm{Mb/s} = 32 \times 64(\mathrm{kb/s})$$

在 PCM30/32 路制式中,32 路信号(其中话音 30 路)时分复用构成的合路信号称为基群或一次群。如果要传输更多路的数字电话,则需要将若干一次群数字信号通过数字复接设备复合成二次群,二次群再复合成三次群等。根据 ITUT 建议,由 4 个一次群复接为一个二次群,包括 120 路用户数字话,传输速率为 8.448Mb/s。由 4 个二次群复接为一个三次群,包括 480 路用户数字话,传输速率为 34.368Mb/s。由 4 个三次群复接为一个四次群,包括 1920 路用户数字话,传输速率为 139.264Mb/s。由 4 个四次群复接为一个五次群,包括 7680 路用户数字话,传输速率为 565.148Mb/s。

思考与练习

6-1   要实现数字化的传输与交换,就必须将模拟信号通过编码变成(   )。

6-2   抽样、量化和(   )为数字化的三个过程。

6-3   (   )是把时间和幅度上均连续的模拟信号转换成时间离散的采样信号(也称样值序列)。

6-4   (   )是把幅度上仍连续的采样信号进行幅度离散化,即指定有限个量化电平,把采样值用最接近的电平表示。

6-5   (   )则是把时间和幅度上均离散的量化信号用二进制码组表示。

6-6   将模拟信号经过抽样、(   )和编码三个步骤变成数字信号的 A/D 转换方式称为脉冲编码调制。

6-7   语音编码技术大致分为两大类:波形编码和(   )。

6-8   编码是把量化后的有限个量化电平值变换成二进制码组的过程。其逆过程称为解码或(   )。

6-9   采用(   )的 PCM 数字电话系统是一个典型的时分复用的应用。

6-10   脉冲编码调制(PCM)简称(   ),是指从模拟信号抽样、量化,直到变换成为二进制符号的基本过程。

6-11   根据信号是低通型的还是带通型的,抽样定理分低通抽样定理和(   )。

6-12   根据用来抽样的脉冲序列是等间隔的还是非等间隔的,抽样定理分为均匀抽样定理和(   )。

6-13   根据抽样的脉冲序列是冲激序列还是非冲激序列,抽样定理可分为理想抽样和(   )。

6-14   按基带信号改变脉冲参量(幅度、宽度和位置)的不同,脉冲调制分为脉幅调制(PAM)、(   )和脉位调制(PPM)。

6-15   简述利用数字通信系统传输模拟信号的三个步骤。

6-16   简述抽样、量化和编码是模拟信号数字化过程中的三个基本环节。

6-17   简述抽样定理的基本原理。

6-18   简述量化定理的基本原理。

6-19   简述时分复用的原理。

第7章

数字基带传输

学习目标

- 了解数字基带信号,包括数字基带的波形、码型和频谱。
- 掌握数字基带传输系统,包括组成、码间串扰的概念和信号的传输过程。
- 了解无码间串扰的基带传输,包括时域条件、频域条件和传输特性的设计。
- 了解数字基带传输系统的抗噪声性能,包括单、双极性基带系统的误码率。
- 掌握眼图的定义和模型。
- 掌握均衡的原理。

7.1 数字基带信号

模拟信号经过信源编码得到的信号为数字基带信号,将这种信号经过码型变换,不经过调制,直接送到信道传输,称为数字信号的基带传输。

信息码元序列简称信码,是指数字终端设备送出的数字信息,或模数转换形成的编码信号,通常是一个数字序列。电脉冲波形的形式称为数字基带信号的码型。

7.1.1 数字基带的波形

数字基带信号是表示数字信息的电波形。信息码元的电脉冲波形通常有矩形脉冲、三角波、高斯脉冲或升余弦脉冲等。最常用的是矩形脉冲基带信号,矩形脉冲几种基本的数字基带信号波形(码型)见图 7-1。

1. 单极性非归零波形

如图 7-1(a)所示,单极性非归零(non-return to zero,NRZ)波形是一种最简单最常用的基带信号的电波形。正电平和零电平的矩形脉冲分别表示二进制码元"1"和"0",且在每个码元的时间段内电平不变,单极性码中含有直流分量和丰富的低频分量。

波形特点是电脉冲之间无间隔,极性单一,有直流分量,适用于近距离传输。

2. 双极性非归零波形

如图 7-1(b)所示,双极性非归零(biphase non-return to zero,BNRZ)波形用正、负电平的脉冲分别表示"1"码和"0"码。它是幅度相等极性相反的双极性波形。

波形特点是当"0"和"1"等概率出现时无直流分量,接收端恢复信号的判决电平为零,不易受信道特性变化的影响,抗干扰能力较强。

3. 单极性归零波形

如图 7-1(c)所示,单极性归零(return to zero,RZ)波形是指脉宽小于码元宽度,每个脉冲的电平在一个码元终止时刻前总要回归到零电平。单极性归零波形采用半占空码,为"1"脉冲的占空比的 50%。

波形特点是可以直接提取定时信息,是其他波形提取位定时信号时常采用的一种过渡波形。

4. 双极性归零波形

如图 7-1(d)所示,双极性归零(bipolar return to zero,BRZ)波形是双极性波形的归零形式,兼有双极性和归零波形的特点。每个码元内的脉冲都回到零电平,即相邻脉冲之间必定留有零电位的间隔。

波形特点是相邻码元脉冲之间留有零电位的间隔,接收端容易识别每个码元的起止时刻,有利于同步脉冲的提取,应用较为广泛。

5. 差分波形

如图 7-1(e)所示,差分波形是用相邻码元的电平的跳变和不变来表示消息代码,电平跳变表示"1",而电平不变表示"0",也称相对波形,用差分波形传送代码可以消除设备初始状态的影响。

差分波形的最大优点是可以消除设备初始状态不确定性的影响,特别是在相位调制系统中可用于解决载波相位模糊的问题。

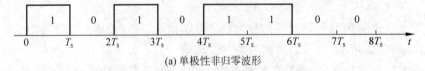

(a) 单极性非归零波形

图 7-1 矩形脉冲几种基本的数字基带信号波形

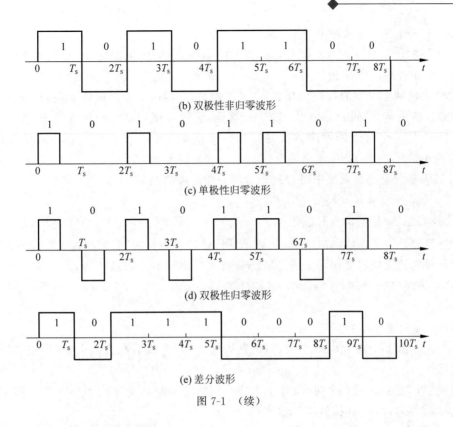

(b) 双极性非归零波形

(c) 单极性归零波形

(d) 双极性归零波形

(e) 差分波形

图 7-1 （续）

7.1.2 数字基带的码型

不同的码型具有不同的频域特性，码型选择直接关系到信道的传输特性，在选择线路码（传输码）时，一般应遵循以下几点原则：

（1）对于传输频率受限的信道，要求低频分量小，无直流分量，否则将使信号的波形产生很大的失真；

（2）信号抗噪性能应满足不易产生误码扩散或增值，信号的能量大也有助于提高抗噪声能力；

（3）功率谱主瓣要窄，以节省传输频带和减小码间串扰，尽量减少高频分量以节约频率资源减少串音；

（4）具有一定的宏观检错能力，提高传输效率；

（5）编译码设备力求简单，减少干扰，容易实现；

（6）便于从信号中提取定时信息。

满足或部分满足以上原则的线路码有很多，常用的线路码及其主要特点和应用场合有如下几种。

1. 传号交替反转码（alternative mark inversion，AMI 码）

AMI 码的编码规则是将消息码中的"1"交替变换成"+1"和"-1"，而"0"保持不变。

消息码： 1 0 0 0 1 0 0 1 1 0 0 0 0 0 1 1 0 0

AMI 码：+1 0 0 0 -1 0 0 +1 -1 0 0 0 0 0 +1 -1 0 0

由此可见，AMI 码使基带信号出现正负脉冲交替，而零电位保持不变，对应的波形是具有正、负、零三种电平的脉冲序列。

AMI 码的优点是没有直流成分,高、低频分量少,编译码电路简单,且可利用传号极性交替这一规律观察误码情况。

AMI 码的缺点是当原信码出现长连"0"串时,信号的电平长时间不跳变,造成提取定时信号困难。解决连"0"码的方法之一是进行扰码,将发送序列进行随机化处理,使其不再出现连"0"码;另一个有效的解决方法是采用三阶高密度双极性码(high density bipolar of order 3 code,HDB₃ 码)。

AMI 码是北美电话系统中时分复用基群的线路接口码型。

2. 三阶高密度双极性码(HDB₃码)

HDB₃ 码是 AMI 码的一种改进型。

改进目的是为了保持 AMI 码的优点,克服 AMI 码中连"0"个数超过 3 个的缺点。

编码规则是先把消息代码变成 AMI 码,通过增加补信码和破坏码,对出现 4 个或 4 个以上连"0"码时进行处理,B 码和 V 码各自都保持极性交替,V 码与前 1 个码(信码 B)同极性。

编码的全过程如下:

(1) 检查信息数中的"0"的个数,当信息码的连"0"个数不超过 3 个时,仍按 AMI 码的规则编码。

(2) 连"0"数目超过 3 个时,将每 4 个连"0"化作一小节,定义为 B00V,称为破坏节,其中 V 称为破坏脉冲,而 B 称为调节脉冲。

(3) V 与前一个相邻的非"0"脉冲的极性相同,这破坏了极性交替的规则,V 称为破坏脉冲,而要求相邻的 V 码之间极性必须交替,V 的取值为 +1 或 −1;B 的取值可选 0、+1 或 −1,以使 V 同时满足(3)中的两个要求。

(4) V 码后面的传号码极性也要交替。

例如:

消息码:　　1 0 0 0　0　1 0 0 0　0　1 1　0 0 0　0　0 0 0　0 1 1

AMI 码:　−1 0 0 0　0 +1 0 0 0　0 −1 +1　0 0 0　0　0 0 0　0 −1 +1

HDB₃ 码:−1 0 0 0 −V +1 0 0 0 +V −1 +1 −B 0 0 −V +B 0 0 +V −1 +1

其中,V 脉冲和 B 脉冲与 1 脉冲波形相同,用 V 或 B 表示的目的是为了示意该非"0"码是由原信码的"0"变换而来的。

AMI 码对应的波形是具有正、负、零三种电平的脉冲序列。

HDB₃ 码保留了 AMI 码的优点,但使连"0"个数不超过 3 个,有利于定时信息的提取。

3. 双相码(曼彻斯特码)

双相码又称曼彻斯特码。

编码规则是用一个周期的正负对称方波(如"01")表示"0",而用其反相波形(如"10")表示"1",下面用例子来说明其规则。

消息码:1 1 0 0 1 0 1

双相码:10 10 01 01 10 01 10

双相码的优点是在每个码元周期的中心点都存在电平跳变,含有丰富的位定时信息,无直流分量,编码过程简单。

双相码的缺点是占用带宽加倍。

双相码适用于数据终端设备上近距离传输,在 10Mbit/s 的以太网中,常用该码作为电缆中的传输码型。

4. 传号反转码

传号反转码(coded mark inversion,CMI 码)的编码规则是信码中的"1"交替用"11"和"00"表示,而"0"用"01"表示。

CMI 码的优点是含有丰富的定时信息,不会出现 3 个以上的连码。

CMI 码是 PCM 四次群采用的线路接口码型,应用在速率低于 8.448Mbit/s 的光纤传输系统中。

7.1.3 数字基带信号的频谱

数字基带信号是随机的脉冲序列,没有确定的频谱函数,只能用功率谱来描述它的频谱特性。

通常获得功率谱有两种方法,一种是由随机过程的相关函数求得功率谱密度;另一种比较简单的方法是以随机过程功率谱的原始定义出发,求出数字随机序列的功率谱公式。

1. 数字基带信号的数学表达式

数字基带信号可用数学式表示,若信号中各码元波形相同而电平取值不同,则数字基带信号的表达式为

$$s(t) = \sum_{n=-\infty}^{\infty} a_n g(t - nT_s) \qquad (7\text{-}1)$$

式中,T_s 为码元持续时间;$g(t)$ 为某种脉冲波形(矩形或三角脉冲等);a_n 为第 n 个码元所对应的电平值;数字基带信号 $s(t)$ 是一个随机脉冲序列。

设用 $g_i(t)$ 表示 N 进制中的符号"i",其中 $i = 1, 2, \cdots, N$,则有

$$g(t - nT_s) = \begin{cases} g_1(t - nT_s) \\ \vdots \\ g_N(t - nT_s) \end{cases}$$

其中,

$$s_n(t) = \begin{cases} g_1(t - nT_s), & \text{以概率 } P \text{ 出现} \\ g_2(t - nT_s), & \text{以概率 } 1-P \text{ 出现} \end{cases}$$

式中,$g(t)$ 形象地称为门函数,$g_1(t)$ 表示 0 码的波形,$g_2(t)$ 表示 1 码的波形。数字基带信号 $s(t)$ 通常是一个随机的脉冲序列,其频谱特性需要用功率谱来描述。

2. 数字基带信号的功率谱密度

通过谱分析可以了解信号带宽、频率成分等信息,才能根据信号频谱的特点选择相匹配的信道以及确定是否可从信号中提取定时信息。

基带信号 $s(t)$ 是一个二进制的随机脉冲序列,当"0"出现的概率为 P,波形用 $g_1(t)$ 表示;"1"出现的概率为 $(1-P)$,波形用 $g_2(t)$ 表示,则可得到二进制数字基带信号 $s(t)$ 的双边功率谱密度为

$$P_s(f) = f_s^2 \sum_{m=-\infty}^{\infty} \mid pG_1(mf_s) + (1-p)G_2(mf_s) \mid^2 \delta(f - mf_s) +$$

$$f_s p(1-p) \mid G_1(f) - G_2(f) \mid^2 \tag{7-2}$$

式中，$\begin{cases} g_1(t) \leftrightarrow G_1(f) \\ g_2(t) \leftrightarrow G_2(f) \end{cases}$ 为门函数 $g(t)$ 的傅里叶变换对；$f_s = 1/T_s$，T_s 为码元持续时间；$G_1(f)$ 和 $G_2(f)$ 分别为 $g_1(t)$ 和 $g_2(t)$ 的频谱。

由式(7-2)可知：

(1) 第一项为离散谱，第二项为连续谱，若 $g_1(t)$ 和 $g_2(t)$ 形式给定，则可确定 $P_s(f)$ 的具体形式。

(2) 连续谱总是存在的，$g_1(t)$ 和 $g_2(t)$ 波形不可能完全相同，$G_1(f) \neq G_2(f)$ 通常根据连续谱可以确定信号的频带宽度，而频谱的形状取决于 $g_1(t)$、$g_2(t)$ 的频谱。

(3) 离散谱是否存在，取决于 $g_1(t)$ 和 $g_2(t)$ 及其出现的概率。对于双极性信号 $g_1(t) = g_2(t) = g(t)$，且 $P = 1/2$（等概率）时，式(7-2)中的线谱 $\delta(f - mf_s)$ 前面的系数为零，即没有离散谱。根据离散谱可以确定信号中是否含有直流分量和定时分量。

3. 数字基带信号的功率计算

设 $P = 1/2$，讨论单、双极性非归零矩形脉冲序列和单、双极性归零矩形脉冲序列的功率谱的计算。

设 τ 的高为 1，则单个矩形脉冲 $g(t)$ 的频谱表达式为

$$G(f) = \tau \mathrm{Sa}(\pi f \tau) \tag{7-3}$$

对于 NRZ 脉冲($\tau = T_s$)有 $G(f) = T_s \mathrm{Sa}(\pi f T_s)$，则对于 RZ 脉冲($\tau = T_s/2$)有 $G(f) = T_s/2 \times \mathrm{Sa}(\pi f T_s/2)$，代入式(7-2)中，可分别得到以下计算结果。

单极性非归零的矩形脉冲序列，令 $g_1(t) = 0$，$g_2(t) = g(t)$，则有

$$P_s(f) = \frac{T_s}{4} \mathrm{Sa}^2(\pi f T_s) + \frac{1}{4}\delta(f) \tag{7-4}$$

双极性非归零的矩形脉冲序列，令 $g_1(t) = g_2(t) = g(t)$，则有

$$P_s(f) = T_s \mathrm{Sa}^2(\pi f T_s) \tag{7-5}$$

单极性归零的矩形脉冲序列，则有

$$P_s(f) = \frac{T_s}{16} \mathrm{Sa}^2\left(\frac{\pi f T_s}{2}\right) + \frac{1}{16} \sum_{m=-\infty}^{\infty} \mathrm{Sa}^2\left(\frac{m\pi}{2}\right)\delta(f - mf_s) \tag{7-6}$$

双极性归零的矩形脉冲序列，则有

$$P_s(f) = \frac{T_s}{4} \mathrm{Sa}^2\left(\frac{\pi f T_s}{2}\right) \tag{7-7}$$

计算得到的功率谱密度曲线分别如图 7-2(a)、图 7-2(b)所示。

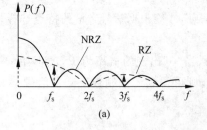
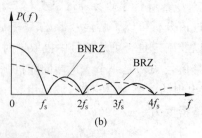

图 7-2　二进制基带信号的功率谱密度曲线

从计算结果可知：

（1）信号带宽主要取决于单个脉冲的频谱，脉冲的占空比越小，信号带宽越宽。以频谱的第 1 个零点计算，$\mathrm{NRZ}(\tau=T_s)$ 基带信号的带宽为 $B_s=1/\tau=f_s$，$\mathrm{RZ}(\tau=T_s/2)$ 基带信号的带宽为 $B_s=1/\tau=2f_s$，而 $f_s=1/T_s$ 是位定时信号的频率，在数值上与码元速率 R_B 相等。

（2）单极性归零信号中有定时分量 f_s 可直接提取，单极性非归零信号中无定时分量，单极性归零和非归零的信号都含有直流分量和丰富的低频分量。

（3）双极性非归零或归零信号在默认等概率时，没有离散谱，没有直流分量，没有定时分量。

7.2　数字基带传输系统

7.2.1　数字基带传输系统的组成

图 7-3 是典型的数字基带传输系统组成。模型主要包括脉冲形成器、发送滤波器、信道、接收滤波器、抽样判决器与码元再生器等，系统的输入信号是数字基带信号。

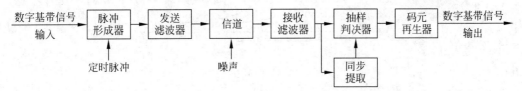

图 7-3　数字基带传输系统组成

数字基带传输系统组成各部分功能如下：

（1）脉冲形成器，是指将输入的数字基带信号变换成适合于信道传输的基带信号，信道信号形成器就是这样的一个功能部件。

采用的方法是对输入的数字基带信号进行码型变换和波形变换。

码型变换是指将输入的数字基带信号变换成适合于信道传输的码型，不同码型的数字基带信号具有不同的特点。

波形变换是指形成适合于信道传输的波形，使其具有较高的频带利用率及较强的抗码间干扰能力。

（2）发送滤波器将来自码型编码的矩形脉冲变换成适合于信道传输的基带信号波形。

（3）信道是传输介质，通常是双绞线、同轴电缆等有线信道。

信道的传输特性一般不满足无失真传输条件，会引起传输波形的失真，将引入噪声 $n(t)$。

（4）接收滤波器用于滤除噪声，并对信道送出的失真波形进行平滑。

（5）抽样判决器用于在规定的时刻，由位定时脉冲控制对接收滤波器输出的信号进行取样，根据预先确定的判决规则对取样值进行判决，确定发送端发送的是"1"码还是"0"码。受信号的失真及噪声的影响，判决器会发生错判，如发送端发送的是"1"码，而判决器判决出"0"码，这种现象称为误码。

（6）码元再生器用于将判决器判决出的"1"码及"0"码变换成所需的数字基带信号形式。

（7）同步提取，是指用同步提取电路从接收信号中提取定时脉冲。

位定时提取电路是指从接收滤波器输出的信号中提取用于控制取样判决时刻的位定时信号,要求提取的位定时信号和发送的二进制数字序列同频同相。

同频是指发送端发送一个码元,接收端应判决出一个码元,位定时信号的周期应等于码元周期(码元宽度),收发两端的码元才能一一对应不会出错。

同相是指位定时信号的脉冲应对准接收信号的最佳取样判决时刻,使取样器取到的样值最有利于做出正确的判决。

7.2.2 码间串扰的概念

码间串扰(inter symbol interference,ISI)是指码元之间的相互干扰。

码间串扰是由于系统传输总特性(包括发、收滤波器和信道特性)的不理想,导致前后码元的响应波形出现畸变、展宽和拖尾,并使前面波形出现很长的拖尾,蔓延到当前码元的抽样时刻,从而对当前码元的判决造成干扰。

如图 7-4 所示,码间串扰严重时,会造成错误判决。此外,叠加在传输信号上的噪声,也会影响正确判决。

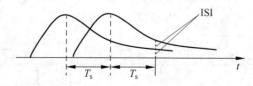

图 7-4 码间串扰示意图

因此,对某个码元抽样时,得到的实际抽样值不仅有该码元的样值,还有其他码元在该码元抽样时刻上的串扰值及噪声的样值。在实际应用中,为了减少误码,必须最大限度地减小码间串扰和噪声的影响。

7.2.3 数字基带传输信号的传输过程

1. 数字基带传输过程模型

数字基带传输过程模型如图 7-5 所示。

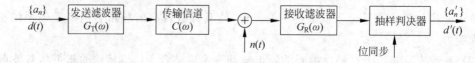

图 7-5 数字基带传输过程模型

数字基带传输过程模型各组成部分的功能如下:

(1) 发送滤波器 $G_T(\omega)$,将矩形脉冲变换成适合于信道传输的数字基带信号波形;

(2) 传输信道 $C(\omega)$,是指双绞线、同轴电缆等有线信道,会使传输波形失真,并引入噪声;

(3) 接收滤波器 $G_R(\omega)$,滤除带外噪声,并对信道送出的失真波形进行平滑;

(4) 抽样判决器,接收波形并进行抽样判决,以恢复或再生数字基带信号。

2. 数字基带传输信号传输过程的数学分析

对图 7-5 所示的数字基带传输系统进行数学分析,主要分以下两部分进行:

（1）发送滤波器、信道和接收滤波器 3 部分的传输特性；

（2）研究数字基带传输系统的传输特性 $H(\omega)$，也就是要研究它对输入信号 $d(t)$ 作用后所产生的输出结果，从本质上讲，就是要研究冲激响应的情况。

图 7-5 中，设 $\{a_n\}$ 是发送滤波器的输入符号序列，取值为 0、1 或 −1，则发送滤波器输入信号的表达式为

$$d(t) = \sum_{n=-\infty}^{\infty} a_n \delta(t - nT_s) \tag{7-8}$$

式中，$d(t)$ 为对应的基带信号。

发送滤波器输出信号的表达式为

$$s(t) = d(t) * g_T(t) = \sum_{n=-\infty}^{\infty} a_n g_T(t - nT_s) \tag{7-9}$$

式中，$g_T(t)$ 为发送滤波器的冲激响应。

设发送滤波器的传输特性为 $G_T(\omega)$，则有

$$g_T(t) = \frac{1}{2\pi} \int_{-\infty}^{\infty} G_T(\omega) \mathrm{e}^{\mathrm{j}\omega t} \,\mathrm{d}\omega \tag{7-10}$$

设信道的传输特性为 $C(\omega)$，接收滤波器的传输特性为 $G_R(\omega)$，则基带传输系统的总传输特性表达式为

$$H(\omega) = G_T(\omega) C(\omega) G_R(\omega) \tag{7-11}$$

其单位冲激响应为

$$h(t) = \frac{1}{2\pi} \int_{-\infty}^{\infty} H(\omega) \mathrm{e}^{\mathrm{j}\omega t} \,\mathrm{d}\omega \tag{7-12}$$

接收滤波器输出信号为

$$r(t) = d(t) * h(t) + n_R(t) = \sum_{n=-\infty}^{\infty} a_n h(t - nT_s) + n_R(t) \tag{7-13}$$

式中，$n_R(t)$ 是加性噪声 $n(t)$ 经过接收滤波器后输出的噪声。

抽样判决器对 $r(t)$ 进行抽样判决。确定第 k 个码元 a_k 的取值，在 $t = kT_s + t_0$ 时刻对 $r(t)$ 进行抽样，以确定 $r(t)$ 在该样点上的值。

由式(7-13)有

$$r(kT_s + t_0) = a_k h(t_0) + \sum_{n \neq k} a_n h[(k-n)T_s + t_0] + n_R(kT_s + t_0) \tag{7-14}$$

3. 码间串扰值的定义及分析

式(7-14)中，第一项 $a_k h(t_0)$ 是第 k 个接收码元波形的抽样值，它是确定 a_k 的依据；第二项 $\sum_{n \neq k} a_n h[(k-n)T_s + t_0]$ 是除第 k 个码元以外的其他码元波形在第 k 个抽样时刻的总和（代数和），它对当前码元 a_k 的判决起着干扰的作用，所以称为码间串扰值。由于 a_k 是以概率出现的，故码间串扰值通常是一个随机变量。第三项 $n_R(kT_s + t_0)$ 是输出噪声在抽样瞬间的值，它是一种随机干扰，也会影响对第 k 个码元的正确判决。

实际抽样值不仅有木码元的值，还有码间串扰值及噪声，故当 $r(kT_s + t_0)$ 加到判决电路时，对 a_k 取值的判决可能对也可能错。例如，在二进制数字通信时，a_k 的可能取值为"0"或"1"，若判决电路的判决门限为 V_d，则这时的判决规则为：

当 $r(kT_s+t_0)>V_d$ 时,判 a_k 为"1";

当 $r(kT_s+t_0)<V_d$ 时,判 a_k 为"0"。

因此,只有当码间串扰值和噪声足够小时,才能基本保证上述的判决正确。

7.3 无码间串扰的基带传输

7.3.1 无码间串扰的时域条件

消除码间串扰的基本思想是数字信号传输到接收端时,需要通过抽样来进行 0、1 判决,只要在抽样时刻这个特定时间内样值没有遭到串扰,实现无失真的信号传输,系统就称为无码间串扰的基带传输系统。

根据数字基带传输信号传输过程的数学分析可知,若想消除码间串扰,应使产生码间串扰的项为"0",也就是使式(7-14)中第二项的表达式为 0,即

$$\sum_{n \neq k} a_n h[(k-n)T_s+t_0]=0 \tag{7-15}$$

由于 a_k 是随机的,要想通过各项相互抵消使码间串扰为 0 是不行的,只能通过 $h(t)$ 的波形来实现。

若基带传输系统的冲激响应波形 $h(t)$ 仅在本码元的抽样时刻有最大值,并在其他码元的抽样时刻均为 0,则可消除码间串扰。对 $h(t)$ 在时刻 $t=kT_s$ 抽样,设信道和接收滤波器所造成的延迟 $t_0=0$,则有下列表达式成立

$$\begin{cases} h[(k-n)T_s]=1(或常数), & n=k \\ h[(k-n)T_s]=0, & n \neq k \end{cases}$$

设 $k'=n-k$ 为任意整数,则有

$$\begin{cases} h(k'T_s)=1(或常数), & k=0 \\ h(k'T_s)=0, & k \neq 0 \end{cases}$$

用 k 替换 k',则有

$$\begin{cases} h(kT_s)=1(或常数), & k=0 \\ h(kT_s)=0, & k \neq 0 \end{cases} \tag{7-16}$$

式(7-16)称为无码间串扰的时域条件。式中,T_s 为时间的间隔。

式(7-16)说明冲激响应在本码元取样时刻不为零,而在其他码元的取样时刻其值均为零,则系统就是无码间串扰的。

7.3.2 无码间串扰的频域条件

根据冲激响应 $h(t)$ 和系统函数 $H(\omega)$ 是傅里叶变换对,其关系式为

$$h(t)=\frac{1}{2\pi}\int_{-\infty}^{\infty} H(\omega) \mathrm{e}^{\mathrm{j}\omega t}\,\mathrm{d}\omega \tag{7-17}$$

在 $t=kT_s$ 的抽样时刻

$$h(kT_s)=\frac{1}{2\pi}\int_{-\infty}^{\infty} H(\omega) \mathrm{e}^{\mathrm{j}\omega kT_s}\,\mathrm{d}\omega \tag{7-18}$$

把式(7-18)的积分区间用分段积分求和代替,每段长为 $2\pi/T_s$,则根据式(7-16)的条件,便可得到无码间串扰时基带传输特性应满足的频域条件为

$$\frac{1}{T_s}\sum_i H\left(\omega+\frac{2\pi i}{T_s}\right)=1, \quad |\omega|\leqslant\frac{\pi}{T_s} \tag{7-19}$$

或为

$$\sum_i H\left(\omega+\frac{2\pi i}{T_s}\right)=T_s, \quad |\omega|\leqslant\frac{\pi}{T_s} \tag{7-20}$$

满足式(7-19)和式(7-20)的条件称为奈奎斯特第一准则。

凡是满足基带系统的总特性 $H(\omega)$ 符合奈奎斯特第一准则要求的,均能消除码间串扰。奈奎斯特第一准则是设计或检验 $H(\omega)$ 能否消除码间串扰的理论依据,为解除码间串扰提供了方法。

式(7-20)的物理意义是,将传递函数 $H(\omega)$ 在 ω 轴上以 $2\pi/T_s$ 间隔切开,分段沿 ω 轴平移到 $\left(\dfrac{-\pi}{T_s},\dfrac{\pi}{T_s}\right)$ 内进行叠加,其结果为一常数,如图 7-6 所示,$H(\omega)$ 的特性能等效成一个理想(矩形)低通滤波器。

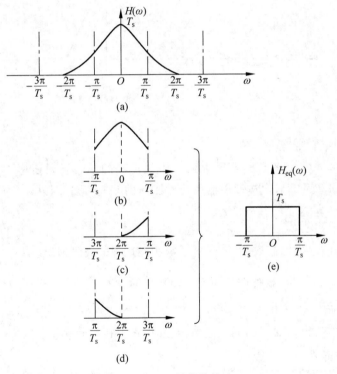

图 7-6　$H(\omega)$ 特性的检验

7.3.3　无码间串扰传输特性的设计

1. 理想低通特性

1) 理想低通系统

如果系统的传递函数 $H(\omega)$ 满足奈奎斯特第一准则,则很容易设计成为理想低通型,则

其表达式为

$$H(\omega)=\begin{cases}T_s, & |\omega|\leqslant\dfrac{\pi}{T_s}\\[2mm]0, & |\omega|>\dfrac{\pi}{T_s}\end{cases} \tag{7-21}$$

式中，$H(\omega)$ 具有理想低通特性，其冲激响应的表达式为

$$h(t)=\frac{\sin\left(\dfrac{\pi}{T_s}t\right)}{\dfrac{\pi}{T_s}t}=\mathrm{Sa}\left(\frac{\pi t}{T_s}\right) \tag{7-22}$$

如图 7-7(b)所示，$h(t)$ 在 $t=\pm kT_s(k\neq0)$ 时有周期性零点，当发送序列以 $1/T_s$ Baud 的速率进行传输时，正好巧妙地利用了这些零点，使接收端在 $t=kT_s$ 时间点上抽样，就能实现无码间串扰。

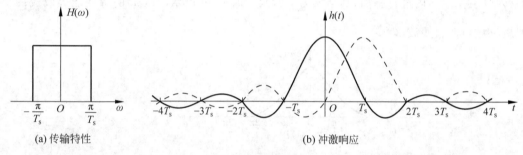

(a) 传输特性 (b) 冲激响应

图 7-7　理想低通系统

2) 频带利用率和带宽

观察图 7-7 和式(7-21)可见，实现无码间串扰传输的最高码元速率 R_B 为 $1/T_s$ Baud，最小传输带宽为 $1/2T_s$ Hz，则基带传输系统所能提供的最高频带利用率为

$$\eta=\frac{R_B}{B}=\frac{1/T_s}{1/2T_s}=2(\mathrm{Baud/Hz}) \tag{7-23}$$

$\eta=2$ 为无码间串扰传输条件下，基带系统所能达到的极限情况。

通常，将理想的低通传输特性的带宽 $\dfrac{1}{2T_s}$ 称为奈奎斯特带宽，并记为 f_N；将无码间串扰传输的最高码元速率 $R_B=1/T_s=2f_N$，称为奈奎斯特速率。

因此，若用高于 $2f_N$ Baud 的码元速率传送时，将存在码间串扰。

2. 余弦滚降特性

理想低通基带传输系统的频谱存在突变，其理想的冲激响应 $h(t)$ 存在拖尾，衰减很慢，使之对定时精度要求很高，这种特性在物理上是无法实现的。为了解决理想低通特性存在的问题，可以使理想低通滤波器特性的边沿缓慢下降，这称为"滚降"。

图 7-8 所示为理想低通特性图中虚线按奇对称进行"滚降"的结果。

$H(\omega)$ 表示在滚降中心频率处与奈奎斯特带宽呈现奇对称的余弦滚降特性，满足奈奎斯特第一准则，从而实现无码间串扰传输。

$H(\omega)$ 为余弦滚降特性的传输函数，其表达式为

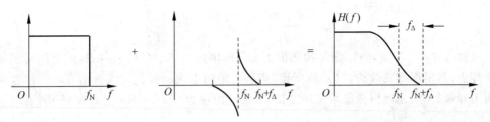

图 7-8　奇对称的余弦滚降特性

$$H(\omega) = \begin{cases} T_s, & 0 \leqslant |\omega| < \dfrac{(1-\alpha)\pi}{T_s} \\[2mm] \dfrac{T_s}{2}\left[1 + \sin\left(\dfrac{T_s}{2\alpha}\left(\dfrac{\pi}{T_s} - \omega\right)\right)\right], & \dfrac{(1-\alpha)\pi}{T_s} \leqslant |\omega| < \dfrac{(1+\alpha)\pi}{T_s} \\[2mm] 0, & |\omega| \geqslant \dfrac{(1+\alpha)\pi}{T_s} \end{cases} \tag{7-24}$$

则 $h(t) = \dfrac{\sin(\pi t/T_s)}{\pi t/T_s} \cdot \dfrac{\cos(\alpha\pi t/T_s)}{1 - 4\alpha^2 t^2/T_s^2}$，$\alpha$ 是滚降系数，其表达式为

$$\alpha = f_\Delta/f_N \tag{7-25}$$

式中，f_N 为奈奎斯特带宽；f_Δ 为超出 f_N 的扩展量。

显然，$\alpha(0 \leqslant \alpha \leqslant 1)$取值不同，就有不同的滚降特性，$H(\omega)$ 和冲激响应 $h(t)$ 对应不同的曲线，如图 7-9 所示。

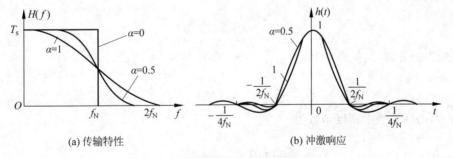

（a）传输特性　　　　　　　　　（b）冲激响应

图 7-9　不同滚降特性的 $H(\omega)$ 和 $h(t)$

由图 7-9 可知，α 越大，$h(t)$ 的拖尾衰减越快。但随着 α 的增加，所占带宽由 f_N 增大为 $B = f_N + f_\Delta = (1+\alpha)f_N$，相应的频带利用率也由 2 降低为

$$\eta = \frac{R_B}{B} = \frac{2f_N}{(1+\alpha)f_N} = \frac{2}{1+\alpha}(\text{Baud/Hz}) \tag{7-26}$$

当 $\alpha = 0$ 时，是理想低通特性；

当 $\alpha = 1$ 时，为升余弦频谱特性，$H(\omega)$ 的表达式为

$$H(\omega) = \begin{cases} \dfrac{T_s}{2}\left(1 + \cos\left(\dfrac{\omega T_s}{2}\right)\right), & |\omega| \leqslant \dfrac{2\pi}{T_s} \\[2mm] 0, & |\omega| > \dfrac{2\pi}{T_s} \end{cases} \tag{7-27}$$

冲激响应表达式为

$$h(t) = \frac{\sin(\pi t / T_s)}{\pi t / T_s} \cdot \frac{\cos(\alpha \pi t / T_s)}{1 - \alpha^2 t^2 / T_s^2} \tag{7-28}$$

由此可知，$\alpha = 1$ 时，$h(t)$ 满足抽样值上无码间串扰的传输条件，各抽样值之间又增加了一个零点，其尾部衰减较快，与 t^2 成反比，减小了码间串扰和位定时误差的影响。但这时系统所占频带最宽，是理想低通系统的 2 倍，频带利用率为 1Baud/Hz，是最高利用率的一半。

7.4　数字基带传输系统的抗噪声性能

影响接收端正确判决而造成误码的两个因素是码间串扰和信道噪声。

消除码间串扰后，研究噪声对基带信号传输的影响，计算信道噪声引起的误码率，其分析模型如图 7-10 所示。

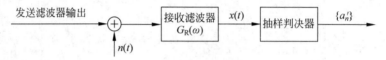

图 7-10　抗噪声性能分析模型

在图 7-10 的分析模型中，设信道噪声 $n(t)$ 是均值为 0、双边功率谱密度为 $n_0/2$ 的平稳高斯白噪声，而接收端判决电路的输入噪声 $n_R(t)$ 也是均值为 0 的平稳高斯白噪声，其功率谱密度的表达式为

$$P(\omega) = \frac{n_0}{2} \mid G_R(\omega) \mid^2$$

其噪声的方差（均值为 0 时，方差等于噪声平均功率）表达式为

$$\sigma^2 = \frac{1}{2\pi} \int_{-\infty}^{\infty} \frac{n_0}{2} \mid G_R(\omega) \mid^2 d\omega$$

$n_R(t)$ 的一维概率密度函数为

$$f(v) = \frac{1}{\sqrt{2\pi}\sigma} e^{\frac{-v^2}{2\sigma^2}}$$

式中，v 表示噪声的瞬时取值 $n_R(kT_s)$。

设接收信号波形为 $s(t)$，则接收滤波器的输出是信号加噪声的混合波形，其表达式为

$$x(t) = s(t) + n_R(t) \tag{7-29}$$

从上式可知，由于噪声的影响，抽样判决器对 $x(t)$ 进行抽样判决，可能造成误码。

7.4.1　双极性基带系统的误码率

1. 一维概率密度函数

$s(t)$ 为二进制双极性基带信号，设在抽样时刻的电平取值分别为 $+A$ 和 $-A$，分别对应"1"和"0"，则在一个码元持续时间内，抽样判决器输入端的混合波形 $x(t)$ 在抽样时刻的取值表达式为

$$x(kT_s) = \begin{cases} A + n_R(kT_s), & \text{发送"1"时} \\ -A + n_R(kT_s), & \text{发送"0"时} \end{cases} \tag{7-30}$$

当发送"1"时,$x = A + n_R(kT_s)$的一维概率密度函数为

$$f_1(x) = \frac{1}{\sqrt{2\pi}\sigma} e^{-\frac{(x-A)^2}{2\sigma^2}} \tag{7-31}$$

当发送"0"时,$x = -A + n_R(kT_s)$的一维概率密度函数为

$$f_0(x) = \frac{1}{\sqrt{2\pi}\sigma} e^{-\frac{(x+A)^2}{2\sigma^2}} \tag{7-32}$$

$f_1(x)$和$f_0(x)$相对应的曲线分别见图7-11。

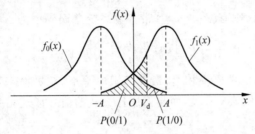

图7-11　x的概率密度曲线

2. 误码率

在$-A$和$+A$之间选择一个适当的判决门限值V_d,根据判决规则将会出现以下几种情况:

$$\text{对"1"码} \begin{cases} \text{当}\ x > V_d, & \text{判为"1"码　（正确）} \\ \text{当}\ x < V_d, & \text{判为"0"码　（错误）} \end{cases}$$

$$\text{对"0"码} \begin{cases} \text{当}\ x < V_d, & \text{判为"0"码（正确）} \\ \text{当}\ x > V_d, & \text{判为"1"码　（错误）} \end{cases}$$

由此可见,在二进制基带信号传输过程中,噪声引起的误码有两种差错形式的概率,分别如下。

(1) 发"1"错判为"0"的概率为

$$P(0/1) = P(x < V_d) = \int_{-\infty}^{V_d} f_1(x)\mathrm{d}x \tag{7-33}$$

它对应于图7-11中V_d左边的阴影面积。

(2) 发"0"错判为"1"的概率为

$$P(1/0) = P(x > V_d) = \int_{V_d}^{\infty} f_0(x)\mathrm{d}x \tag{7-34}$$

它对应于图7-11中V_d右边的阴影面积。

若信源发送"1"码的概率为$P(1)$,发送"0"码的概率为$P(0)$,则二进制基带传输系统的总误码率表达式为

$$P_e = P(1)P(0/1) + P(0)P(1/0)$$

$$= P(1)\int_{-\infty}^{V_d} f_1(x)\,\mathrm{d}x + P(0)\int_{V_d}^{\infty} f_0(x)\,\mathrm{d}x \tag{7-35}$$

由上式可见，误码率 P_e 与 $P(1)$、$P(0)$、$f_0(x)$、$f_1(x)$ 和门限 V_d 等参数有关。因此，在 $P(1)$、$P(0)$ 给定时，误码率最终由 A、σ^2 和判决门限 V_d 决定。

在 A 和 σ^2 一定的条件下，可以找到一个使误码率最小的判决门限电平，称为最佳门限电平，令

$$\frac{\partial P_e}{\partial V_d} = 0 \tag{7-36}$$

则可求得最佳门限电平的表达式为

$$V_d^* = \frac{\sigma^2}{2A}\ln\frac{P(0)}{P(1)} \tag{7-37}$$

当 $P(1) = P(0) = 1/2$ 时，则有 $V_d^* = 0$，基带传输系统总误码率为

$$P_e = \frac{1}{2}P(0/1) + \frac{1}{2}P(1/0) = \frac{1}{2}\left[1 - \mathrm{erf}\left(\frac{A}{\sqrt{2}\,\sigma}\right)\right] = \frac{1}{2}\mathrm{erfc}\left(\frac{A}{\sqrt{2}\,\sigma}\right) \tag{7-38}$$

由式(7-38)可知，在发送概率相等，最佳门限电平下，双极性基带系统的总误码率仅与信号峰值 A 和噪声均方根值 σ 有关，而与采用什么样的信号形式无关。若 A/σ 越大，则 P_e 就越小。

7.4.2　单极性基带系统的误码率

对于单极性信号，设在抽样时刻的电平取值分别为 $+A$ 和 0，分别对应信码"1"和"0"，则只需将 $f_0(x)$ 曲线由原来的 $-A$ 移到 0，就可以得到相应表达式为

$$V_d^* = \frac{A}{2} + \frac{\sigma^2}{A}\ln\frac{P(0)}{P(1)} \tag{7-39}$$

当 $P(1) = P(0) = 1/2$ 时，则有 $V_d^* = \dfrac{A}{2}$，P_e 的表达式为

$$P_e = \frac{1}{2}\mathrm{erfc}\left(\frac{A}{2\sqrt{2}\,\sigma}\right) \tag{7-40}$$

从分析双极性和单极性基带系统误码率可知：

(1) 当 A/σ 一定时，双极性基带系统的误码率比单极性的低，抗噪声性能好。

(2) 等概率时，双极性的最佳判决门限电平为 0，与信号幅度无关，不随信道特性变化而变，能保持最佳状态。而单极性的最佳判决门限电平为 $A/2$，它易受信道特性变化的影响，从而导致误码率增大。

因此，双极性基带系统比单极性基带系统应用更为广泛。

7.5　眼图

在码间串扰和噪声同时存在的情况下，难以进行系统性能的定量分析。通常在实际应用中需要用简便的实验方法来定性系统的性能，眼图是其中一种有效的观察接收信号的实验方法。

1. 眼图的定义

眼图是指用示波器观察接收端的基带信号波形,从而估计和调整系统性能的一种方法。

具体方法是用一个示波器跨接在抽样判决器的输入端,调整示波器的扫描周期,使它与信号码元的周期同步,接收滤波器输出的各码元的波形就会在示波器的显示屏上重叠,显示出一个像眼睛一样的图形,这个图形称为眼图。

2. 眼图的模型

图 7-12 为眼图的模型。眼图可对数字基带传输系统的性能给出很多有用的信息,为了说明眼图和系统性能之间的关系,把眼图抽象为一个模型。

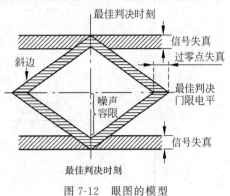

图 7-12 眼图的模型

眼图模型中各组成部分的功能如下。

(1)垂直中线,表示最佳判决时刻。最佳判决时刻应选在眼图张开最大的时刻,此时的信噪比最大,判决引起的错误最小。

(2)斜边,表示眼图的斜率,反映出系统对位定时误差的灵敏度,斜边越陡,对位定时误差越灵敏,对位定时稳定度要求越高。

(3)抽样失真,抽样时刻上、下两个阴影区的高度称为信号的最大失真量,表示信号幅度畸变程度,是噪声和码间干扰叠加的结果。

(4)噪声容限,为抽样时刻,距门限最近的迹线至门限的距离。噪声瞬时值超过它就可能发生判决错误。

(5)过零点失真,是指眼图斜边与横轴相交的区域的大小,表示零点位置的变动范围。过零点失真越大,对位定时提取越不利。

总之,当码间干扰十分严重时,"眼睛"会完全闭合起来,系统的性能将急剧恶化,此时须对码间干扰进行校正。

3. 眼图波形的形成

图 7-13 给出了有失真和没有失真的波形及其眼图,其中图 7-13(a)为无失真的情况,图 7-13(c)是有失真的情况。

从图 7-13(a)可知,对于没有失真的波形,示波器将此波形每隔 T_s 重复扫描一次,利用示波器的余辉效应,扫描所得波形重叠在一起,结果形成图 7-13(b)所示的"开启"的眼图。

从图 7-13(c)可知,有失真时的接收滤波器的输出波形,波形的重叠性变差,眼图的张开程度变小,如图 7-13(d)所示。

接收波形的失真通常是由噪声和码间串扰造成的,所以眼图的形状能定性地反映系统的性能。另外也可以根据眼图对收发滤波器的特性加以调整,以减小码间串扰,从而改善系统的传输性能。

综上所述,眼图中的"眼睛"张开得越大,表示码间串扰越小;反之,表示码间串扰越大。

当存在噪声时,眼图的线迹将变成比较模糊的带状线,噪声越大,线条越宽,越模糊,"眼睛"张开得越小,甚至闭合。

总之,"眼睛"张开的程度定性地反映了干扰的大小。"眼睛"张开度越大,且线迹越细,说明接收信号的质量越好。

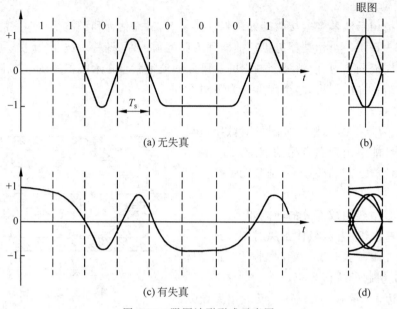

(a) 无失真 (b)

(c) 有失真 (d)

图 7-13 眼图波形形成示意图

7.6 均衡

均衡是指所有可以消除或减小码间串扰的信号处理或滤波技术。均衡分为频域均衡与时域均衡。

频域均衡是指从校正系统的频率特性出发,使包括均衡器在内的基带系统的总特性满足无失真传输条件。

时域均衡是指利用均衡器产生的时间波形直接校正已畸变的波形,使包括均衡器在内的整个系统的冲激响应满足无码间串扰条件。

1. 时域均衡的原理

数字基带传输模型总传输特性公式为 $H(\omega) = G_T(\omega)C(\omega)G_R(\omega)$,当实际的基带传输特性 $H(\omega)$ 不满足奈奎斯特第一准则时,就会形成有码间串扰的响应波形 $x(t)$。若在接收滤波器和抽样判决器之间插入均衡器 $T(\omega)$,并使包括 $T(\omega)$ 在内的总特性 $H'(\omega) = T(\omega)H(\omega)$ 满足奈奎斯特第一准则,则 $H'(\omega)$ 所形成的响应波形 $y(t)$ 在抽样时刻无码间串扰。时域均衡原理如图 7-14 所示。

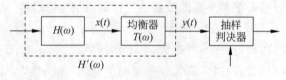

图 7-14 时域均衡原理

均衡器的冲激响应为

$$h_T(t) = \sum_{n=-\infty}^{\infty} C_n \delta(t - nT_s) \tag{7-41}$$

式中，C_n 完全依赖 $H(\omega)$，理论上可消除抽样时刻的码间串扰。

设 $T(\omega)$ 为均衡器的频率特性，则有关系式为

$$T(\omega)H(\omega) = H'(\omega) \tag{7-42}$$

满足式(7-20)，则有关系式为

$$\sum_i H'\left(\omega + \frac{2\pi i}{T_s}\right) = T_s, \quad |\omega| \leqslant \frac{\pi}{T_s} \tag{7-43}$$

则这个包括 $T(\omega)$ 在内的总特性 $H'(\omega)$ 将可以消除码间串扰。

将 $T(\omega)H(\omega) = H'(\omega)$ 代入式(7-43)中得到

$$\sum_i H\left(\omega + \frac{2\pi i}{T_s}\right) T\left(\omega + \frac{2\pi i}{T_s}\right) = T_s, \quad |\omega| \leqslant \frac{\pi}{T_s} \tag{7-44}$$

若 $T(\omega)$ 是以 $2\pi/T_s$ 为周期的周期函数，其表达式为

$$T(\omega) = \frac{T_s}{\displaystyle\sum_i H\left(\omega + \frac{2\pi i}{T_s}\right)}, \quad |\omega| \leqslant \frac{\pi}{T_s} \tag{7-45}$$

使式(7-43)成立。

式(7-45)中 $T(\omega)$ 可用傅里叶级数来表示，表达式为

$$T(\omega) = \sum_{n=-\infty}^{\infty} C_n \mathrm{e}^{-jnT_s\omega} \tag{7-46}$$

式中，$C_n = \dfrac{T_s}{2\pi} \displaystyle\int_{-\pi/T_s}^{\pi/T_s} T(\omega)\mathrm{e}^{jn\omega T_s} \mathrm{d}\omega$ 或

$$C_n = \frac{T_s}{2\pi} \int_{-\pi/T_s}^{\pi/T_s} \frac{T_s}{\displaystyle\sum_i H\left(\omega + \frac{2\pi i}{T_s}\right)} \mathrm{e}^{jn\omega T_s} \mathrm{d}\omega \tag{7-47}$$

式中，傅里叶系数 C_n 由 $H(\omega)$ 决定。

2. 横向滤波器

对 $T(\omega) = \displaystyle\sum_{n=-\infty}^{\infty} C_n \mathrm{e}^{-jnT_s\omega}$ 求傅里叶反变换，则可求得其单位冲激响应的表达式为

$$h_T(t) = F^{-1}[T(\omega)] = \sum_{n=-\infty}^{\infty} C_n \delta(t - nT_s) \tag{7-48}$$

式(7-48)中的 $h_T(t)$ 是图 7-15 所示网络的单位冲激响应，该网络是由无限多的按横向排列的迟延单元和抽头系数组成的，因此称为横向滤波器。

横向滤波器的特性将取决于各抽头系数 $C_i (i = 0, \pm 1, \pm 2, \cdots)$，不同的 C_i 对应不同的 $T(\omega)$ 或者 $h_T(t)$。若 C_i 是可调整的，则图 7-15 中的滤波器是通用的；特别当 C_i 可自动调整时，则它能够适应信道特性的变化，也可用动态校正系统的时间响应。

横向滤波器的功能是利用无限多个响应波形之和，将接收滤波器输出端抽样时刻有码间串扰的响应波形变换成抽样时刻无码间串扰的响应波形。由于横向滤波器的均衡原理是建立在响应波形上的，故将此种均衡称为时域均衡。

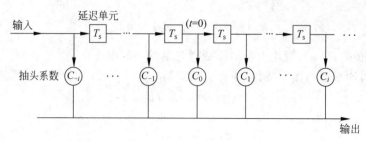

图 7-15 横向滤波器

无限长的横向滤波器理论上可以完全消除抽样时刻的码间串扰,但实际中是不可实现的,今后应进一步研究有限长横向滤波器的抽头增益调整问题。

思考与练习

7-1 信息码元序列简称( )。

7-2 数字通信系统是以( )作为载体来传输信息的。

7-3 数字信号可以是模拟信号经数字化处理后而形成的( ),或是来自计算机等数据终端的数据序列。

7-4 表示信息码元的电脉冲波形可以是( )、三角波、高斯脉冲或升余弦脉冲等。

7-5 码间串扰和( )是造成误码的两个因素。

7-6 AMI 码的全称为( )。

7-7 HDB$_3$ 码的全称为( )。

7-8 以谱的第 1 个零点计算,NRZ($\tau = T_s$)基带信号的带宽为 $B_s = 1/\tau = f_s$,RZ($\tau = T_s/2$)基带信号的带宽为 $B_s = 1/\tau = 2f_s$,而 $f_s = 1/T_s$ 是位定时信号的频率,在数值上与( )相等。

7-9 码间串扰(ISI)是指码元之间的( )。

7-10 $s(t)$为二进制双极性基带信号,设在抽样时刻的电平取值分别为 $+A$ 和 $-A$,分别对应( )。

7-11 画图说明单极性非归零(NRZ)波形的特点。

7-12 回答在选择线路码(传输码)时,一般应遵循的原则有哪几点。

7-13 举例说明传号交替反转码(AMI 码)的编码规则和优缺点。

7-14 举例说明三阶高密度双极性码(HDB$_3$ 码)的编码规则和优缺点。

7-15 画出数字基带传输系统的组成图,并说明各部分的功能。

7-16 画图说明码间串扰(ISI)的概念。

7-17 画出眼图的模型,并说明各组成部分的功能。

7-18 画图说明时域均衡的原理。

第8章

数字信号的调制

学习导航

学习目标

- 掌握二进制振幅键控(2ASK),包括信号的产生、解调和抗噪声性能等。
- 掌握二进制频移键控(2FSK),包括信号的产生、解调和抗噪声性能等。
- 掌握二进制相移键控(2PSK),包括信号的产生、解调和抗噪声性能等。
- 掌握二进制差分相移键控(2DPSK),包括信号的产生、解调和抗噪声性能等。
- 掌握二进制数字调制系统性能比较,包括误码率、带宽、敏感性和设备复杂度。
- 了解多进制数字调制,包括多进制振幅键控、多进制频移键控、多进制相移键控和多进制差分相移键控。
- 了解现代调制技术,包括 QAM、MSK 和 OFDM。

8.1　引言

数字调制是将基带信号变换为带通信号的过程,其逆过程称为数字解调。把含有调制与解调过程的数字传输系统叫做数字信号的带通传输系统,简称数字带通传输系统。

若用数字消息信号分别控制载波的幅度、频率和相位,则相应产生的数字已调信号为振幅键控(amplitude shift keying,ASK)、频移键控(frequency shift keying,FSK)和相移键控(phase shift keying,PSK)信号。

数字调制又分为二进制调制和多进制调制。

若调制信号是二进制数字基带信号,则称为二进制数字调制。最常用的二进制数字调制方式有二进制振幅键控(2ASK)、二进制频移键控(2FSK)和二进制相移键控(2PSK)。

多进制数字调制是用多进制数字基带信号去控制载波的振幅、频率和相位的调制方法,有多进制振幅键控(MASK)、多进制频移键控(MFSK)和多进制相移键控(MPSK)。

数字调制与模拟调制的原理是相同的,一般可以采用模拟调制的方法来实现数字调制,而数字基带信号具有与模拟基带信号不同的特点,其取值是有限的离散状态,可以用载波的某些离散状态来表示数字基带信号的离散状态。

8.2　二进制振幅键控

8.2.1　2ASK 信号的时域分析

ASK 是正弦载波的幅度随数字基带信号变化而变化的数字调制,载波的频率和初始相位保持不变,当数字基带信号为二进制时,则产生 2ASK 信号。

在 2ASK 中,载波的振幅只有"0"和"1"两种变化状态,其中"1"表示有输出时,"0"表示无输出时。一种常用的最简单形式为通-断键控(on-off keying,OOK),其时域关系表达式为

$$e_{2ASK}(t) = e_{OOK}(t) = a_n \cos(\omega_c t) \tag{8-1}$$

式中,ω_c 为载波角频率;a_n 为第 n 个码元的电平值,当传输"1"时,$a_n = 1$,当传输"0"时,

$a_n=0$,且发送 0 符号和发送 1 符号相互独立,可用式(8-2)来表示。

$$a_n = \begin{cases} 1, & \text{出现概率为 } P \\ 0, & \text{出现概率为 } 1-P \end{cases} \tag{8-2}$$

2ASK 信号的波形如图 8-1 所示。

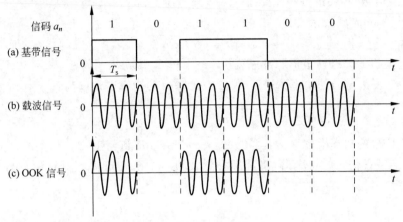

图 8-1　2ASK 信号的波形

由图 8-1 可知,2ASK 信号可表示为单极性基带信号与载波相乘,则 2ASK 信号的一般时域表达式为

$$e_{2ASK}(t) = s(t)\cos(\omega_c t)$$

由于 $s(t) = \sum_n a_n g(t-nT_s)$,则

$$e_{2ASK}(t) = s(t)\cos(\omega_c t) = \sum_n a_n g(t-nT_s)\cos(\omega_c t) \tag{8-3}$$

式中,a_n 为第 n 个码元的电平值;T_s 是二进制基带信号时间间隔;$g(t)$ 是持续时间为 T_s 的矩形脉冲,$g(t) = \begin{cases} 1, & 0 \leqslant t \leqslant T_s \\ 0, & \text{其他} \end{cases}$。

8.2.2　2ASK 信号的产生

2ASK 信号的产生(调制)方法有模拟相乘法和键控法两种,如图 8-2 所示。其中,图 8-2(a) 采用相乘法来实现,图 8-2(b)采用键控法来实现。

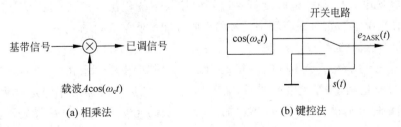

图 8-2　2ASK 信号的产生

图 8-2(a)是一般模拟幅度调制的方法,用乘法器实现。

图 8-2(b)为键控法,二进制基带信号 $s(t)$ 通过电子开关去控制载波振荡器断续地输

出,2ASK 信号又称为 OOK 信号。

8.2.3 2ASK 信号的功率谱和带宽

滤波器的中心频率和通频带宽需要依据信号的频谱特性来设计。数字已调信号通常是随机的功率型信号,其频谱特性需要用功率谱来描述。

2ASK 信号的时域表达式为

$$e_{2ASK}(t) = s(t)\cos(\omega_c t) \tag{8-4}$$

式中,$s(t)$ 为随机的单极性矩形脉冲序列。

设 $P_s(f)$ 表示 $s(t)$ 的功率谱密度,则 2ASK 信号的功率谱密度为

$$P_{2ASK}(f) = \frac{1}{4}[P_s(f+f_c) + P_s(f-f_c)] \tag{8-5}$$

因此,2ASK 信号的功率谱密度 $P_{2ASK}(f)$ 是基带信号功率谱密度 $P_s(f)$ 的线性搬移。

借助数字基带信号的功率谱,将其平移到载频 f_c 处,便可得到 2ASK 信号的功率谱,如图 8-3 所示。

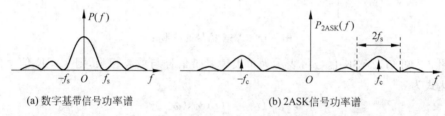

(a) 数字基带信号功率谱   (b) 2ASK信号功率谱

图 8-3 2ASK 信号的功率谱

由图 8-3 可知,2ASK 信号的功率谱由离散谱(即载波分量)和连续谱两部分组成,连续谱取决于 $g(t)$ 经线性调制后的双边带谱,而离散谱由载波分量确定。

2ASK 信号的带宽 B_{2ASK} 是基带信号带宽的两倍,若只计算谱的主瓣(第一个谱零点位置),则有

$$B_{2ASK} = 2f_s \tag{8-6}$$

式中,$f_s = 1/T_s$ 是基带信号的谱零点带宽,在数值上等于数字基带信号的码元速率。

8.2.4 2ASK 信号的解调

2ASK(OOK)信号的解调与模拟幅度调制一样,可分为非相干解调(包络检波)和相干解调(同步检波)两种。与模拟幅度调制信号的接收系统相比可知,2ASK 信号的解调增加了一个"抽样判决器",它对提高数字信号的接收性能是非常必要的。

1. 非相干解调(包络检波)

2ASK 信号的非相干解调(包络检波)原理框图如图 8-4 所示。带通滤波器恰好使 2ASK 信号完整地通过,经包络检波后,输出其包络。低通滤波器的作用是滤除高频杂波,便于基带包络信号通过。抽样判决器由抽样、判决及码元形成,有时又称译码器。定时抽样脉冲是很窄的脉冲,通常位于每个码元的中央位置,其重复周期等于码元的宽度。不计噪声影响时,带通滤波器的输出为 2ASK 信号,包络检波器的输出为 $s(t)$,经抽样、判决后将码元再生,即可恢复数字序列 $\{a_n\}$。

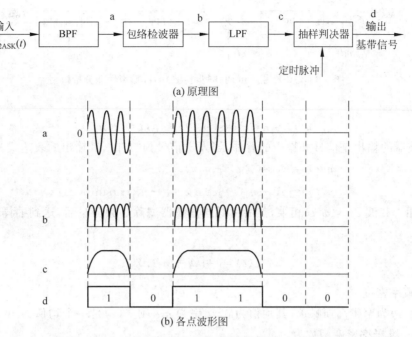

(a) 原理图

(b) 各点波形图

图 8-4 2ASK 信号的非相干解调(包络检波)原理框图

2. 相干解调(同步检波)

2ASK 信号的相干解调(同步检波)原理方框图如图 8-5 所示。

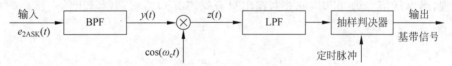

图 8-5 2ASK 信号的相干解调(同步检波)原理方框图

相干解调又称同步检波,同步解调时,接收机要产生一个与发送载波同频同相的本地载波信号,称为同步载波或相干载波。利用同步载波与收到的已调载波相乘,相乘器的输出为

$$z(t) = y(t)\cos(\omega_c t) = s(t)\cos^2(\omega_c t) = \frac{1}{2}s(t) + \frac{1}{2}s(t)\cos(2\omega_c t) \qquad (8\text{-}7)$$

式中,第 1 项是基带信号;第 2 项是以 $2\omega_c$ 为载波的成分。第 1 项与第 2 项的频谱相差很远。$z(t)$ 经低通滤波后,即可输出 $s(t)/2$ 信号。

8.2.5 2ASK 信号的抗噪声性能

在数字通信系统中,衡量系统抗噪声性能的重要指标是误码率,分析二进制数字调制系统的抗噪声性能,也就是分析在信道等效加性高斯白噪声的干扰下系统的误码性能,得出误码率与信噪比之间的数学关系。

1. 相干解调(同步检波)的抗噪声性能

1) 分析模型及分析

2ASK 相干解调(同步检波)的抗噪声性能分析模型如图 8-6 所示。

图 8-6 中,$n(t)$ 为信道噪声,信道的高斯白噪声经过带通滤波器后成为一个窄带高斯噪

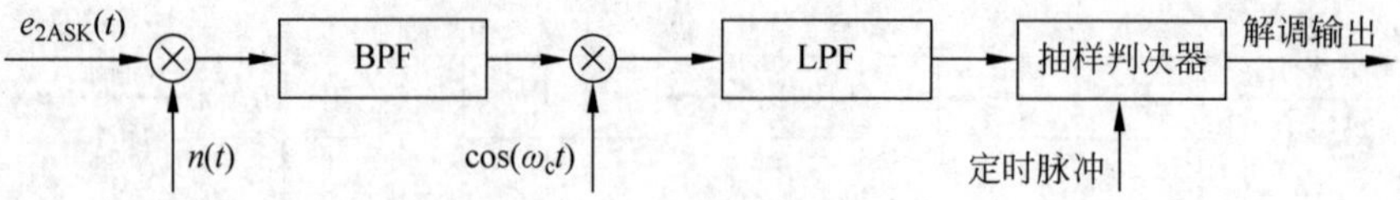

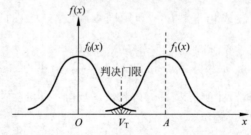

图 8-6　2ASK 相干解调(同步检波)的抗噪声性能分析模型

声,其表达式为

$$n(t) = n_I(t)\cos(\omega_c t) - n_Q(t)\sin(\omega_c t) \qquad (8\text{-}8)$$

带通滤波器的输出是信号和噪声的叠加,当发送信号为"1"时,其输出的表达式为

$$x(t) = A\cos(\omega_c t) + n(t)$$

$$x(t) = [A + n_I(t)]\cos(\omega_c t) - n_Q(t)\sin(\omega_c t)$$

$x(t)$ 与相干载波 $2\cos(\omega_c t)$ 相乘,然后由低通滤波器滤除高频分量后,送到抽样判决器的信号为

$$y(t) = \frac{1}{2}[A + n_I(t)] \qquad (8\text{-}9)$$

2) 概率密度

因 $n(t)$ 为窄带高斯噪声,其均值为 0,功率为 σ^2,则 $y(t)$ 是一个均值为 A 的高斯随机过程,其一维概率密度函数为

$$f_1(x) = \frac{1}{\sqrt{2\pi}\,\sigma}\mathrm{e}^{-\frac{(x-a)^2}{2\sigma^2}} \qquad (8\text{-}10)$$

同理,当发送信号为"0"时,滤波器输出只有噪声 $n_I(t)$,解调器输出的一维概率密度函数为

$$f_0(x) = \frac{1}{\sqrt{2\pi}\,\sigma}\mathrm{e}^{-\frac{x^2}{2\sigma^2}} \qquad (8\text{-}11)$$

式(8-10)和(8-11)的概率密度函数的曲线如图 8-7 所示。

图 8-7　2ASK 相干解调时误码率的概率密度函数曲线

3) 误码率

设判决门限为 V_T,当发送端为"1"时,接收端判决为"0"的错误概率为

$$P(0/1) = P(x \leqslant V_T) = \int_{-\infty}^{V_T} f_1(x)\,\mathrm{d}x \qquad (8\text{-}12)$$

发送端发送"0"时,接收端判决为"1"的错误概率为

$$P(1/0) = P(x > V_T) = \int_{V_T}^{\infty} f_0(x)\,\mathrm{d}x \qquad (8\text{-}13)$$

从图 8-7 可知,两种错误的概率就是图中画斜线部分的面积,通过计算可以得到总的误码率。

设发送"1"的概率为 $P(1)$,发送"0"的概率为 $P(0)$,则同步检波时 2ASK 系统的总误码率为

$$P_e = P(1)P(0/1) + P(0)P(0/1)$$

$$= P(1)\int_{-\infty}^{b} f_1(x)\mathrm{d}x + P(0)\int_{b}^{\infty} f_0(x)\mathrm{d}x \tag{8-14}$$

式(8-14)表明,当 $P(1)$、$P(0)$ 及 $f_1(x)$、$f_0(x)$ 一定时,系统的误码率 P_e 与判决门限 V_T 的选择密切相关。

若发送"1"和"0"的概率相等,就是 $P(1) = P(0) = \dfrac{1}{2}$,则最佳判决门限为

$$V_T = \frac{A}{2}$$

此时,2ASK 信号采用相干解调(同步检波)时系统的误码率为

$$P_e = \frac{1}{2}\mathrm{erfc}\left(\frac{A}{2\sqrt{2}\sigma}\right) = \frac{1}{2}\mathrm{erfc}\left(\sqrt{\frac{r}{4}}\right) \tag{8-15}$$

式中,$r = \dfrac{A^2}{2\sigma^2}$ 为解调器输入端的信噪比。

当 $r \gg 1$,即大信噪比时,可直接采用下式近似表示计算误码率:

$$P_e \approx \frac{1}{\sqrt{\pi r}}\mathrm{e}^{-r/4}$$

2. 非相干解调(包络检波)的抗噪声性能

2ASK 非相干解调(包络检波)的抗噪声性能分析模型如图 8-8 所示。

图 8-8 2ASK 非相干解调(包络检波)的抗噪声性能分析模型

包络检波可由全波整流电路和低通滤波器组成,是一个非线性系统电路,它的概率密度函数比较难求,只能采用一些近似算法。高斯白噪声经过带通滤波器后变成窄带高斯噪声,窄带高斯噪声经过包络检波的非线性处理后,其抽样值不再服从高斯分布。

发送"1"时,包络检波器的输入为余弦信号与窄带高斯噪声的叠加:

$$x(t) = A\cos(\omega_c t) + n_I(t)\cos(\omega_c t) - n_Q(t)\sin(\omega_c t)$$

$$x(t) = [A + n_I(t)]\cos(\omega_c t) - n_Q(t)\sin(\omega_c t)$$

$$= R\cos[\omega_c t + \varphi(t)] \tag{8-16}$$

式中,$R = \sqrt{[A + r_1(t)]^2 + n_Q^2(t)}$ 为输入信号 $x(t)$ 的包络。若 R 的概率密度函数服从莱斯分布,则有

$$f_1(R) = \frac{R}{\sigma^2}I_0\left(\frac{AR}{\sigma^2}\right)\mathrm{e}^{-(R^2+A^2)/2\sigma^2}, \quad R \geqslant 0 \tag{8-17}$$

式中,A 为信号的幅度;σ^2 为噪声功率;$I_0(\cdot)$ 为第一类零阶修正贝塞尔函数。

发送"0"时,$A=0$,输入端只有噪声存在,$I_0(0)=1$,$R=\sqrt{n_1(t)^2+n_Q^2(t)}$,若包络 R 的概率密度函数呈瑞利分布,则有

$$f_0(R) = \frac{R}{\sigma^2}\mathrm{e}^{-R^2/2\sigma^2}, \quad R \geqslant 0 \tag{8-18}$$

图 8-9 给出了式(8-17)和式(8-18)的概率密度函数曲线,设判决门限为 V_T,则判决错误的概率应该是图中的画斜线部分的面积。

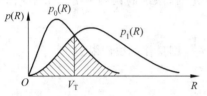

图 8-9 概率密度函数曲线

当信源以相等的概率发送"1"和"0"时,平均误码率为

$$P_e = \frac{1}{2}\int_{V_T}^{\infty} f_0(R)\mathrm{d}R + \frac{1}{2}\int_0^{V_T} f_1(R)\mathrm{d}R \tag{8-19}$$

当发送"1""0"等概率时,使平均误码率最小的最佳判决门限 V_T 在两条概率密度函数曲线的交点处,经分析得到一个 V_T 的近似解

$$V_T \approx \frac{A}{2}\left(1 + \frac{8\sigma^2}{A^2}\right)^{\frac{1}{2}} \tag{8-20}$$

在大信噪比时,$V_T = \dfrac{A}{2}$,平均误码率近似为

$$P_e = \frac{1}{2}\mathrm{e}^{-\frac{r}{2}} \tag{8-21}$$

式中,r 为接收端的信噪比,$r = \dfrac{A^2}{2\sigma^2}$。

比较非相干解调与相干解调的误码率公式可看出,在相同信噪比条件下,相干解调要优于非相干解调,但在大信噪比情况下,两者差距不大。由于包络检波不需要相干载波,设备简单,因此得到了广泛的应用!

8.3 二进制频移键控

8.3.1 2FSK 信号的时域分析

2FSK 是利用载波的频率变化来传递数字信息,振幅和相位保持不变。2FSK 信号中符号"1"对应于载频 ω_1,而符号"0"对应于载频 ω_2,是与 ω_1 不同的另一载频的已调波形,而且 ω_1 与 ω_2 之间的改变是瞬间完成的,2FSK 信号可以看成是两个不同载频的 2ASK 信号的叠加。

根据以上分析,2FSK 信号的时域表达式为

$$\begin{aligned}
e_{2\mathrm{FSK}}(t) = &\left[\sum_n a_n g(t - nT_s)\right]\cos(\omega_1 t + \varphi_n) + \\
&\left[\sum_n \overline{a_n} g(t - nT_s)\right]\cos(\omega_2 t + \theta_n)
\end{aligned} \tag{8-22}$$

式中，$a_n = \begin{cases} 1, & 概率为 P \\ 0, & 概率为 1-P \end{cases}$，$\bar{a}_n = \begin{cases} 1, & 概率为 1-P \\ 0, & 概率为 P \end{cases}$

$g(t)$ 为单个矩形脉冲，脉宽为 T_s，φ_n、θ_n 分别为第 n 个信号码元（1 或 0）的初始相位，通常可令它们为零，并设

$$s_1(t) = \sum_n a_n g(t - nT_s)$$

$$s_2(t) = \sum_n \bar{a}_n g(t - nT_s)$$

则 2FSK 信号的表达式可简化为

$$e_{2FSK}(t) = s_1(t)\cos(\omega_1 t) + s_2(t)\cos(\omega_2 t) \tag{8-23}$$

2FSK 信号的典型波形如图 8-10 所示。

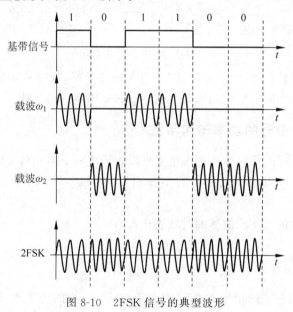

图 8-10　2FSK 信号的典型波形

8.3.2　2FSK 信号的产生

2FSK 信号的产生（调制）分为模拟调频法和键控法两种。

1. 模拟调频法

FSK 是利用载波的频率变化来传递数字信息。在 2FSK 中，正弦载波的频率随二进制基带信号在 f_1 和 f_2 两个频率上变化。

模拟调频法原理方框图如图 8-11（a）所示。用数字基带矩形脉冲 $s(t)$ 控制一个振荡器的某些参数（如电容 C 等），可直接改变其振荡频率，输出不同频率的已调信号。用模拟调频方法产生的 2FSK 信号对应着两个频率的载波，在码元转换时刻，两个载波的相位能够保持连续，所以称为相位连续的 2FSK 信号。

2. 键控法

2FSK 信号可以看成两个不同载波的 2ASK 信号的叠加。若二进制基带信号的符号 1 对应于载波频率 f_1，符号 0 对应于载波频率 f_2，数字键控法原理方框图如图 8-11（b）

所示。

　　键控法是用基带信号 $s(t)$ 及其反相信号 $\overline{s(t)}$ 分别控制两个选通开关，从而对两个独立的载波振荡器进行选通，使其在每一个码元 T_s 期间输出频率为 f_1 或 f_2 的两个载波之一。

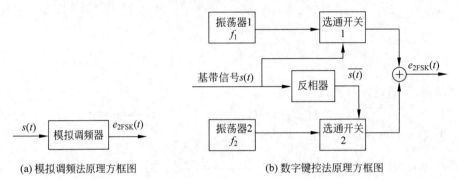

(a) 模拟调频法原理方框图　　　　　　(b) 数字键控法原理方框图

图 8-11　2FSK 信号的产生

　　键控法的特点是转换速度快、电路简单，产生的波形好、频率稳定度高，故被广泛采用。但这种方法产生的 2FSK 信号在相邻码元交界处的相位不一定连续。

8.3.3　2FSK 信号的功率谱和带宽

　　相位不连续的 2FSK 信号的功率谱密度可以表示成两个不同载波的 2ASK 信号功率谱密度的叠加，其频谱可以表示成中心频率分别为 f_1 和 f_2 的两个 2ASK 信号的频谱的组合。

　　一个相位不连续的 2FSK 信号的时域表达式为

$$e_{2FSK}(t) = s_1(t)\cos(\omega_1 t) + s_2(t)\cos(\omega_2 t) \tag{8-24}$$

式中，$s_1(t) = \sum_n a_n g(t - nT_s)$，$s_2(t) = \sum_n \bar{a}_n g(t - nT_s)$

　　用 $P_{s_1}(f)$ 表示 $s_1(t)$ 的功率谱密度，$P_{s_2}(f)$ 表示 $s_2(t)$ 的功率谱密度，利用平稳随机过程经过乘法器的结论，得到 2FSK 信号的功率谱密度为

$$P_{2FSK}(f) = \frac{1}{4}[P_{s_1}(f - f_1) + P_{s_1}(f + f_1)] + \frac{1}{4}[P_{s_2}(f - f_2) + P_{s_2}(f + f_2)]$$

$$\tag{8-25}$$

　　由于 $s_1(t)$ 和 $s_2(t)$ 是单极性非归零码，码元为矩形脉冲，设概率 $P = 1/2$，代入式(8-24)，可得

$$P_{2FSK} = \frac{T_s}{16}\left[\left|\frac{\sin(\pi(f + f_1)T_s)}{\pi(f + f_1)T_s}\right|^2 + \left|\frac{\sin(\pi(f - f_1)T_s)}{\pi(f - f_1)T_s}\right|^2\right] +$$

$$\frac{T_s}{16}\left[\left|\frac{\sin(\pi(f + f_2)T_s)}{\pi(f + f_2)T_s}\right|^2 + \left|\frac{\sin(\pi(f - f_2)T_s)}{\pi(f - f_2)T_s}\right|^2\right] +$$

$$\frac{1}{16}[\delta(f + f_1) + \delta(f - f_1) + \delta(f + f_2) + \delta(f - f_2)] \tag{8-26}$$

式中，$f_s = 1/T_s$。其功率谱密度的曲线如图 8-12 所示。

　　相位不连续 2FSK 信号的功率谱由连续谱和离散谱组成，其中，连续谱由两个中心位于

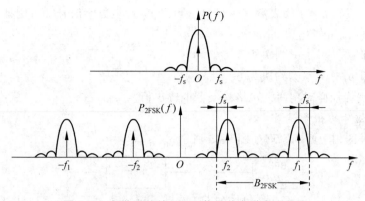

图 8-12　相位不连续 2FSK 信号功率谱密度曲线

f_1 和 f_2 处的双边谱叠加而成,离散谱位于两个载频 f_1 和 f_2 处,若载波差大于 f_s,则连续出现双峰,如图 8-12 所示。若载波差小于 f_s,在 f_c 处则连续出现单峰,如图 8-13 所示。

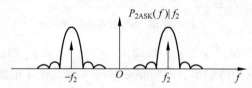

图 8-13　相位不连续 $|f_2 - f_1| < f_s$ 的 2FSK 信号的功率谱

由此可见,2FSK 信号的离散谱位于两个载频 f_1 和 f_2 处,连续谱的形状随着两个载频之差 $|f_2 - f_1|$ 的大小而变化。若以功率谱第一零点之间的频率间隔计算 2FSK 信号的带宽,则其带宽近似为

$$B_{2FSK} = |f_2 - f_1| + 2f_s \tag{8-27}$$

式中,$f_s = 1/T_s = R_B$ 为基带信号的带宽。

8.3.4　2FSK 信号的解调

2FSK 信号常用的解调方法有非相干解调和相干解调两种。

1. 2FSK 信号的非相干解调

2FSK 信号的非相干解调原理如图 8-14 所示。

从图 8-14 可知,用两个窄带的分路滤波器分别滤出频率为 f_1 及 f_2 的高频脉冲,经包络检波后分别取出它们的包络。接着把两路包络检波器的输出同时送到抽样判决器进行比较,从而判决和输出基带数字信号。

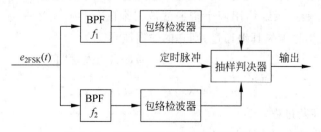

图 8-14　2FSK 信号的非相干解调原理

图 8-14 中,设频率 f_1 代表数字信号"1",频率 f_2 代表数字信号"0",则抽样判决器的判决规则应为

$v_1 > v_2$,即 $v_1 - v_2 > 0$,判决为 1;

$v_1 < v_2$,即 $v_1 - v_2 < 0$,判决为 0。

v_1, v_2 分别为抽样时刻两个包络检波器的输出值。

2. 2FSK 信号的相干解调

2FSK 信号的相干解调原理如图 8-15 所示。

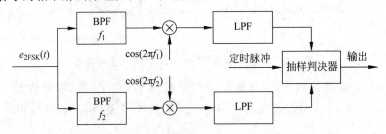

图 8-15　2FSK 信号的相干解调原理

图 8-15 中两个窄带的分路滤波器分别滤出频率为 f_1 及 f_2 的高频脉冲,经包络检波后分别取出它们的包络。它们的输出分别与相应的同步相干载波相乘,再分别经低通滤波器取出含基带数字信息的低频信号,滤掉二倍频信号,其原理与 2ASK 的相同,只是使用了两套电路而已。不同点是抽样判决器在抽样脉冲到来时对两个低频信号进行比较、判决,还原出基带数字信号。

另外,2FSK 信号还有其他解调方法,比如鉴频法、差分检测法、过零检测法等。

2FSK 信号在数字通信中应用适用于衰落信道的短波无线电信道场合。衰落信道会引起信号相位和振幅随机起伏,但非相干接收 2FSK 信号时不必利用信号的相位信息。国际电信联盟(ITU)建议在数据率低于 1200bit/s 时采用 2FSK 体制。

8.3.5　2FSK 信号的抗噪声性能

在 2FSK 系统中,数字信息"1"和"0"用两个不同频率的码元波形来表示,发送端输出的信号波形 $e_{2FSK}(t)$ 可表示为

$$e_{2FSK} = \begin{cases} A\cos(\omega_1 t), & 发送"1" \\ A\cos(\omega_2 t), & 发送"0" \end{cases} \tag{8-28}$$

对于 2FSK 信号,可用非相干解调法和相干解调法对其进行解调,分别如图 8-14 和图 8-15 所示。图中每一系统均用两个带通滤波器来区分中心角频率为 ω_1 和 ω_2 的码元。设带通滤波器能让信号无失真地通过,则它的输出波形 $y(t)$ 为

$$e_{2FSK} = \begin{cases} A\cos(\omega_1 t) + n(t), & 发送"1" \\ A\cos(\omega_2 t) + n(t), & 发送"0" \end{cases} \tag{8-29}$$

式中,$n(t)$ 为窄带高斯过程。

1. 非相干解调时的系统性能

假设在 $(0, T_s)$ 时间内发送的码元为"1",而对应 ω_1 通道有信号 $A\cos(\omega_1 t) + n(t)$。由

于发送"1"时,不可能发送"0",此时对应 ω_2 通道只有噪声 $n(t)$,送入抽样判决器的两路输入包络分别为

$$\omega_1 \text{ 通道 } v_1(t) = \sqrt{[A + n_1(t)]^2 + n_Q(t)^2}$$

$$\omega_2 \text{ 通道 } v_2(t) = \sqrt{n_1(t)^2 + n_Q(t)^2}$$

由前面讨论可知,$v_1(t)$ 的一维概率分布为广义瑞利分布,而 $v_2(t)$ 的一维概率分布为瑞利分布,概率密度函数分别为 $f_1(v_1)$ 和 $f_2(v_2)$。抽样判决器的判决规则为:当 $v_1 > v_2$ 时,判为"1",为正确判决;当 $v_1 < v_2$ 时,判为"0",为错误判决,其错误概率为

$$P_{e1} = P(v_1 < v_2) = \int_0^\infty f_1(v_1) \left[\int_{v_2 = v_1}^\infty f_2(v_2) \mathrm{d}v_2 \right] \mathrm{d}v_1 \tag{8-30}$$

将 $f_1(v_1)$ 和 $f_2(v_2)$ 分别代入式(8-30),得

$$p_{e1} = \frac{1}{2}\mathrm{e}^{-\frac{r}{2}} \tag{8-31}$$

式中,$r = \dfrac{A^2}{2\sigma^2}$ 为带通滤波器的信噪比。

同理,可求得发送"0"码时的错误概率 P_{e2},其结果与式(8-30)完全一样,则有

$$P_{e2} = P(v_1 > v_2) = \frac{1}{2}\mathrm{e}^{-\frac{r}{2}} \tag{8-32}$$

2FSK 信号非相干解调时的总误码率为

$$P_e = \frac{1}{2}\mathrm{e}^{-\frac{r}{2}} \tag{8-33}$$

2. 相干解调时的系统性能

设在 $(0, T_s)$ 时间内发送的码元为"1",则相乘器输出的两路信号分别为

$$\omega_1 \text{ 通道 } y_1(t) = [A + n_{1I}(t)]\cos^2(\omega_1 t) + n_{1Q}(t)\sin(\omega_1 t)\cos(\omega_1 t)$$

$$\omega_2 \text{ 通道 } y_2(t) = n_{2I}(t)\cos^2(\omega_2 t) + n_{2Q}(t)\sin(\omega_2 t)\cos(\omega_2 t)$$

经过低通滤波器后,送入抽样判决器进行比较的两路信号分别为

$$\omega_1 \text{ 通道 } x_1(t) = A + n_{1I}(t)$$

$$\omega_2 \text{ 通道 } x_2(t) = n_{2I}(t) \tag{8-34}$$

式中,A 为信号成分。与前面的分析类似,式(8-34)中也去掉了系数 $1/2$,两路噪声 $n_{1I}(t)$ 和 $n_{2I}(t)$ 是均值为 0、方差为 σ^2 的窄带高斯过程,所以 $x_1(t)$ 和 $x_2(t)$ 也是高斯过程,其均值分别为 A 和 0,方差为 σ^2。

$x_1(t)$ 和 $x_2(t)$ 抽样值的一维概率密度函数为

$$f(x_1) = \frac{1}{\sqrt{2\pi}\sigma}\exp\left\{-\frac{(x_1 - a)^2}{2\sigma^2}\right\} \tag{8-35}$$

$$f(x_2) = \frac{1}{\sqrt{2\pi}\sigma}\exp\left\{-\frac{x_2^2}{2\sigma^2}\right\} \tag{8-36}$$

当 $x_1 < x_2$ 时,将造成"1"码错判为"0"码,此时错误概率为

$$P(0/1) = P(x_1 < x_2) = P(x_1 - x_2 < 0) = P(z < 0)$$

式中,$z = x_1 - x_2$,是高斯随机变量,均值为 A,$\sigma_z^2 = 2\sigma^2$。

$$f(z) = \frac{1}{\sqrt{2\pi}\sigma_z}\exp\left\{-\frac{(z-a)^2}{2\sigma_z^2}\right\} = \frac{1}{2\sqrt{\pi}\sigma}\exp\left\{-\frac{(z-a)^2}{4\sigma^2}\right\}$$

$$P(0/1) = P(z<0) = \int_{-\infty}^{0} f(z)\mathrm{d}z = \frac{1}{\sqrt{2\pi}\sigma_z}\int_{-\infty}^{0}\exp\left\{-\frac{(z-a)^2}{2\sigma_z^2}\right\}\mathrm{d}z = \frac{1}{2}\mathrm{erfc}\left[\sqrt{\frac{r}{2}}\right]$$

$$(8\text{-}37)$$

同理可得,发送"0"错判为"1"的概率为

$$P(1/0) = P(x_1 > x_2) = \frac{1}{2}\mathrm{erfc}\left[\sqrt{\frac{r}{2}}\right] \tag{8-38}$$

总误码率为

$$P_e = \frac{1}{2}\mathrm{erfc}\left[\sqrt{\frac{r}{2}}\right] \tag{8-39}$$

在大信噪比 $r \gg 1$ 条件下,$P_e \approx \dfrac{1}{\sqrt{2\pi r}}\mathrm{e}^{-\frac{r}{2}}$。

8.4　二进制相移键控

8.4.1　2PSK 信号的时域分析

2PSK 是利用载波的相位(指初相)直接表示数字信息的相移方式,载波的相位随数字基带信号"1"或"0"而改变。通常用相位 0 表示数字信号"0",用相位 π 表示数字信号"1",2PSK 的时域表示式为

$$e_{2\mathrm{PSK}}(t) = s(t)\cos(\omega_c t) = \left[\sum_n a_n g(t-nT_s)\right]\cos(\omega_c t) \tag{8-40}$$

式中,a_n 的统计特性为

$$a_n = \begin{cases} 1, & \text{概率为 } P \\ -1, & \text{概率为 } 1-P \end{cases}$$

即发送二进制符号"0"时,a_n 取 $+1$,$e_{2\mathrm{PSK}}(t)$ 取 0 相位;发送二进制符号"1"时,a_n 取 -1,$e_{2\mathrm{PSK}}(t)$ 取 π 相位。这种以载波的不同相位直接表示相应二进制数字信号的调制方式,称为二进制绝对相移方式。

$g(t)$ 是脉宽为 T_s 的单个矩形脉冲,如果其幅度为 1,则 2PSK 信号可表示为

$$e_{2\mathrm{PSK}}(t) = \pm\cos(\omega_c t) \tag{8-41}$$

2PSK 信号的典型波形如图 8-16 所示。

8.4.2　2PSK 信号的产生

在二进制数字调制中,当正弦载波的相位随二进制数字基带信号离散变化时,则产生 2PSK 信号。

2PSK 信号的产生有模拟调制法和键控法两种,其调制原理如图 8-17 所示。其中,图 8-17(a)是采用模拟调制的方法产生 2PSK 信号,图 8-17(b)是采用数字键控的方法产生

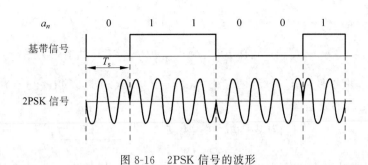

图 8-16 2PSK 信号的波形

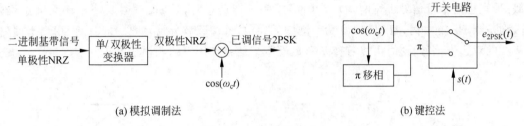

(a) 模拟调制法   (b) 键控法

图 8-17 2PSK 信号的产生

2PSK 信号。

图 8-17(a)中,单/双极性变换器的作用是将输入的数字信息变换成双极性全占空数字基带信号。相同的数字信息可变换成两种极性相反的全占空数字基带信号,一个调制器中只能采用其中的一种变换,至于采用哪一种变换,完全由调制规则决定。例如,采用"1"变"0"不变的调制规则,则单/双极性变换器将数字信息"1"变换成一个负的全占空矩形脉冲,将数字信息"0"变换成一个正的全占空矩形脉冲。

采用绝对相移方式,由于发送端是以某一个相位作基准的,因而在接收系统中也必须有这样一个固定基准相位作参考。参考相位发生变化,如 0 相位变 π 相位或 π 相位变 0 相位,则恢复的数字信息就会发生"0"变"1"或"1"变"0"的现象,从而造成错误的恢复。

实际通信时接收端恢复的相干载波与所需的理想本地载波可能同相,也可能反相,即存在相位的不确定性。采用 2PSK 方式就会在接收端发生错误的恢复,这种现象常称为 2PSK方式的"倒 π"现象或"反相工作"现象。在实际应用中一般不采用 2PSK 方式,而采用一种所谓的相对(差分)相移(2DPSK)方式。

8.4.3 2PSK 信号的功率谱和带宽

对 2ASK 信号和 2PSK 信号的表达式进行比较发现,二者的表示形式完全一样,仅基带信号不同,2ASK 信号为单极性,而 2PSK 信号为双极性。

直接用 2ASK 信号功率谱密度的公式来描述 2PSK 信号的功率谱密度,其表达式为

$$P_{2PSK}(f) = \frac{1}{4}[P_s(f+f_c) + P_s(f-f_c)] \tag{8-42}$$

式中,$P_s(f)$ 是双极性矩形脉冲序列的功率谱密度。而双极性全占空矩形随机脉冲序列的功率谱密度为

$$P_s(f) = 4f_s P(1-P) \mid G(f) \mid^2 + f_s^2 (1-2P)^2 \mid G(0) \mid^2 \delta(f)$$

将此式代入式(8-42)则有

$$P_{2PSK} = f_s P(1-P)\left[\mid G(f+f_c)\mid^2 + \mid G(f-f_c)\mid^2\right] +$$

$$\frac{1}{4}f_s^2(1-2P)^2\mid G(0)\mid^2[\delta(f+f_c)+\delta(f-f_c)] \tag{8-43}$$

若 $P=1/2$，并考虑到矩形脉冲的频谱 $G(f)=T_s,\mathrm{Sa}(\pi f T_s)$ 和 $G(0)=T_s$，则有 2PSK 信号的功率谱密度的表达式为

$$P_{2PSK}(f) = \frac{T_s}{4}\left[\left|\frac{\sin(\pi(f+f_c)T_s)}{\pi(f+f_c)T_s}\right|^2 + \left|\frac{\sin(\pi(f-f_c)T_s)}{\pi(f-f_c)T_s}\right|^2\right] \tag{8-44}$$

2PSK 信号的功率谱如图 8-18 所示。2PSK 信号的频谱特性与 2ASK 信号的十分相似，带宽也是基带信号带宽的两倍。当等概率发送信息时，2PSK 信号功率谱中无离散谱。区别是当 $P=1/2$ 时，2PSK 信号功率谱中无离散谱（即载波分量）的信号实际上相当于抑制载波的双边带信号，这时可以看作是双极性基带信号作用下的调幅信号。

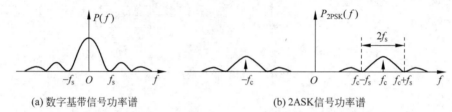

(a) 数字基带信号功率谱　　　　　　　(b) 2ASK信号功率谱

图 8-18　2PSK 信号的功率谱

2PSK 信号的带宽表达式为

$$B_{2PSK} = 2f_s \tag{8-45}$$

式中，$f_s = 1/T_s = R_B$ 为基带信号的带宽。

8.4.4　2PSK 信号的解调

对于 2PSK 信号，由于信息携带在 2PSK 信号与载波的相位差上，要想从 2PSK 信号上解调出它所携带的信息，必须要有相干载波作为参考信号。2PSK 信号的解调只能采用相干解调，相干解调方法又称为极性比较法。其原理框图与各点时间波形如图 8-19 所示。

相干解调原理中，接收端必须提供一个本地载波 $c(t)=\cos(\omega_c t)$，而且 $c(t)$ 应与调制载波同频同相，$c(t)$ 称作同步载波或相干载波。

当恢复的相干载波产生 π 倒相时，解调出的数字基带信号与发送的数字基带信号正好相反，即"1"变成"0"，而"0"变成"1"，解调器输出数字基带信号全部出错，此现象通常称为"倒 π 现象"，或称为"反相工作"。图 8-19 中已假设本地载波 $c(t)$ 与调制载波的基准相位一致（默认 0 相位）。

由于在 2PSK 信号的载波恢复过程中存在着 π 的相位模糊，因而 2PSK 信号的相干解调存在随机的"倒 π"现象，从而使得 2PSK 方式在实际中很少采用。为了解决上述问题，可以采用差分相移键控（differential phase shift keying，DPSK）体制。

8.4.5　2PSK 信号的抗噪声性能

2PSK 信号的解调通常都是采用相干解调方式（又称为极性比较法），其系统性能分析模型与图 8-6 所示的 2ASK 信号采用相干解调的系统性能分析模型一样，分析方法也类似。

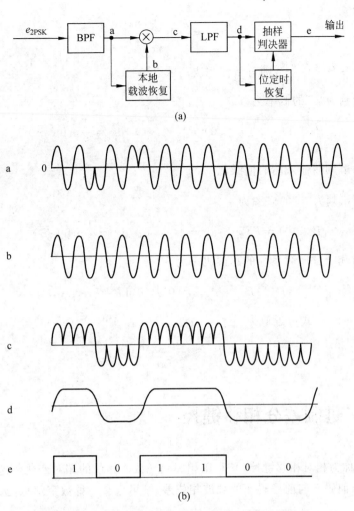

图 8-19 2PSK 信号的解调原理框图与各点时间波形

不同的是,当接收 2PSK 信号时,解调器输出的是双极性基带信号,而不是单极性基带信号。

在码元时间宽度 T_s 区间,发送端产生的 2PSK 信号表达式为

$$s_T(t) = \begin{cases} u_{1T}(t), & \text{发送"1"时} \\ u_{0T}(t) = -u_{1T}(t), & \text{发送"0"时} \end{cases}$$

式中,$u_{1T}(t) = \begin{cases} A\cos(\omega_c t), & 0 < t < T_s \\ 0, & \text{其他 } t \end{cases}$,$s_T(t)$ 中"1"及"0"是原始数字信息(绝对码),经过

信道、带通滤波和相干解调(相乘和低通滤波)器后,输出的信号 $x(t)$ 实质上是双极性基带信号与高斯噪声的合成波,其表达式为

$$x(t) = \begin{cases} A + n_c(t), & \text{发送"1"时} \\ -A + n_c(t), & \text{发送"0"时} \end{cases} \tag{8-46}$$

$x(t)$ 也是高斯随机过程,其均值为 A 时发送"1",为 $-A$ 时发送"0",方差等于 σ^2,根据双极性基带系统的分析结果可以得到 2PSK 信号相干解调系统的最佳判决门限为

$$b^* = \frac{\sigma^2}{2a} \ln \frac{P(0)}{P(1)} \tag{8-47}$$

如果 $P(1) = P(0) = \dfrac{1}{2}$，则有最佳判决门限 $b^* = 0$。

发"1"而错判为"0"的概率为

$$P(0/1) = P(x \leqslant 0) = \int_{-\infty}^{0} f_1(x) \mathrm{d}x = \frac{1}{2} \mathrm{erfc}(\sqrt{r}) \tag{8-48}$$

式中，$r = \dfrac{a^2}{2\sigma^2}$ 为解调器输入端的信噪比。

发送"0"而错判为"1"的概率为

$$P(1/0) = P(x > 0) = \int_{0}^{\infty} f_0(x) \mathrm{d}x = \frac{1}{2} \mathrm{erfc}(\sqrt{r}) \tag{8-49}$$

2PSK 信号相干解调时系统的总误码率为

$$P_e = P(1)P(0/1) + P(0)P(0/1) = \frac{1}{2} \mathrm{erfc}(\sqrt{r})$$

在大信噪比条件下，上式可近似为

$$P_e \approx \frac{1}{2\sqrt{\pi r}} \mathrm{e}^{-r} \tag{8-50}$$

8.5 二进制差分相移键控

2DPSK 又称为相对相移键控，是利用相邻码元载波相位的相对变化传递数字信息。

设 $\Delta\varphi$ 为当前码元与前一码元的载波相位差，则可定义一种数字信息与 $\Delta\varphi$ 之间的关系式为

$$\Delta\varphi = \begin{cases} 0, & \text{表示数字信息"1"} \\ \pi, & \text{表示数字信息"0"} \end{cases} \tag{8-51}$$

数字信息与 $\Delta\varphi$ 之间的这种关系称为差分码关系。

同样，可定义另外一种差分码，它的数字信息与 $\Delta\varphi$ 之间的关系式为

$$\Delta\varphi = \begin{cases} 0, & \text{表示数字信息"0"} \\ \pi, & \text{表示数字信息"1"} \end{cases} \tag{8-52}$$

它的载波相位遵循遇"0"变，而遇"1"不变的规律，这种关系称为空号差分码关系。

8.5.1　2DPSK 信号的产生

2DPSK 信号的产生(调制)过程是，首先对数字基带信号进行差分编码，即由绝对码变为相对码(差分码)，然后再对相对码进行绝对调相(2PSK)，从而形成相对调相(2DPSK)信号。其调制器原理框图和信号波形如图 8-20 所示。

图 8-20 中，$\{a_n\}$ 是绝对码(原信码)序列，$\{b_n\}$ 是相对码(差分码)序列。差分编码(也称码变换)的规则为

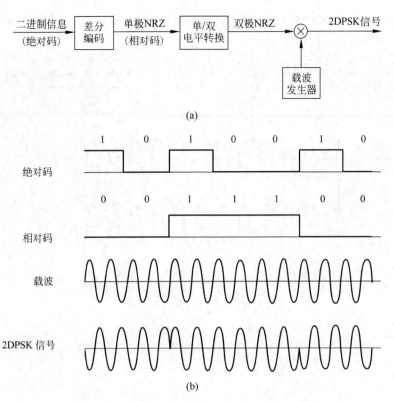

图 8-20 2DPSK 的调制器原理框图和信号波形

$$b_n = a_n \oplus b_{n-1} \qquad (8-53)$$

式中,$\oplus$ 为模 2 加,b_{n-1} 为 b_n 的前一码元,最初的 b_{n-1} 可任意设定。按照这个编码规则,可以先将绝对码变成相对码,相应信号的时域波形如图 8-20(b)所示。按照相对码基带波形再进行 2PSK 调制,就可以得到 2DPSK 信号的波形了。

8.5.2 2DPSK 信号的功率谱和带宽

从 2DPSK 信号的调制过程及其波形可知,2DPSK 可以与 2PSK 具有相同形式的表达式。所不同的是 2PSK 中的基带信号 $s(t)$ 对应的是绝对码序列,而 2DPSK 中的基带信号 $s(t)$ 对应的是码变换后的相对码序列。

因此,2DPSK 信号和 2PSK 信号的功率谱密度是完全一样的。

信号带宽为

$$B_{2DPSK} = B_{2PSK} = 2f_s \qquad (8-54)$$

与 2ASK 信号的相同,也是码元速率的两倍。

8.5.3 2DPSK 信号的解调

2DPSK 信号的解调分为相干解调(极性比较法)和差分相干解调(相位比较法)两种。

1. 相干解调法

相干解调(极性比较法)加码反变换法是先对接收的 2DPSK 信号进行相干解调,再进行抽样判决处理,输出基带相对码,然后进行差分译码(码反变换),把相对码还原为绝对码,解调原理框图及各点波形见图 8-21。

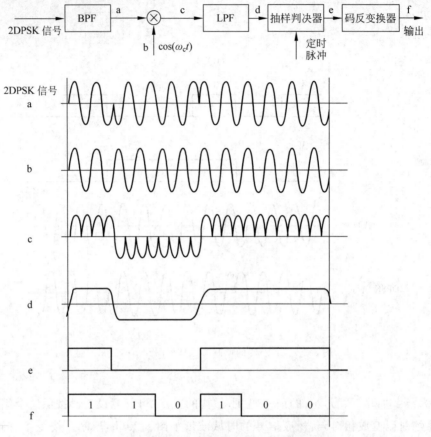

图 8-21 2DPSK 相干解调原理框图及各点波形

差分译码的规则为

$$a_n = b_n \oplus b_{n-1} \tag{8-55}$$

在解调过程中,受本地载波相位模糊度的影响,解调出的相对码也可能发生 0 和 1 倒置,但是由于

$$a_n = b_n \oplus b_{n-1} = \overline{b_n} \oplus \overline{b_{n-1}} \tag{8-56}$$

所以,差分译码后的绝对码不会发生"0""1"倒置现象。

换句话说,2DPSK 相干解调能够解决载波相位模糊问题的根本原因就是因为数字信息是用载波相位的相对变化来表示的。

经差分译码后的绝对码不会发生任何倒置现象,从而解决了载波相位模糊度的问题。

2. 差分相干解调(相位比较法)

2DPSK 信号的另外一种解调方法是差分相干解调(相位比较法),其原理框图及各点时间波形如图 8-22 所示。用这种方法解调时不需要专门的相干载波,只需将收到的 2DPSK 信号延时一个码元间隔 T_s,然后与 2DPSK 信号本身相乘。相乘器起着相位比较的作用,相乘的结果经低通滤波器后再经过抽样判决后就可恢复原始数字信息。

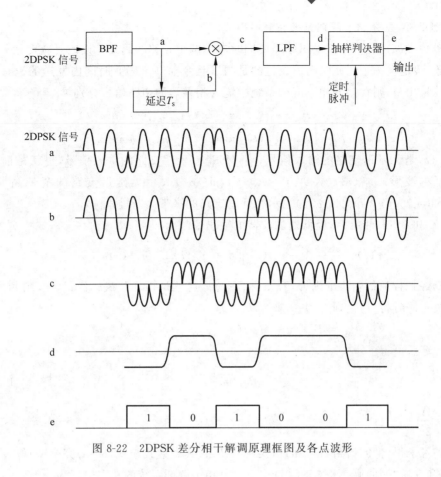

图 8-22 2DPSK 差分相干解调原理框图及各点波形

8.5.4 2DPSK 信号的抗噪声性能

1. 2DPSK 相干解调-码反变换系统性能

2DPSK 相干解调-码反变换法如图 8-21(a)所示,此方法与 2PSK 相干解调法相比,只增加了一个差分译码器。采用相干解调-码反变换法的系统误码率,只需在 2PSK 相干解调时得到的系统误码率(式(8-50))的基础上,再考虑差分译码器所造成的误码率即可。差分译码时,若前、后码元都正确,则译码器的输出当然正确,但在前、后码元都出错时,译码器的输出仍是正确的,译码器输出正确的概率为

$$P_c = P_e P_e + (1-P_e)(1-P_e) = 1 - 2P_e + 2P_e^2$$

式中,P_e 为 2PSK 系统相干解调时的误码率,故译码器输出错误的概率为

$$P'_e = (1-P_e)P_e + P_e(1-P_e) = 2P_e(1-P_e) \tag{8-57}$$

在大信噪比 $r \gg 1$ 的条件下,$P_e \ll 1$,则有

$$P'_e \approx 2P_e \tag{8-58}$$

将式(8-50)代入式(8-58),则 2DPSK 相干解调-码反变换系统的误码率为

$$P'_e \approx \frac{1}{\sqrt{\pi r}} e^{-r} \tag{8-59}$$

2. 2DPSK 差分相干解调时的系统性能

如图 8-22(a)所示,分析误码率需要同时考虑两个相邻的码元。设码元宽度是载波周期的整倍数,假定在一个码元时间内发送的是"1",且令前一个码元时间内发送的也是"1"(也可以令其为"0"),则在差分相干解调系统中输入相乘器的两路信号分别为

$$y_1(t) = [A + n_{1I}(t)]\cos(\omega_c t) - n_{1Q}(t)\sin(\omega_c t)$$
$$y_2(t) = [A + n_{2I}(t)]\cos(\omega_c t) - n_{2Q}(t)\sin(\omega_c t) \tag{8-60}$$

式中,$y_1(t)$ 是无延迟支路的输入信号;$y_2(t)$ 是有延迟支路的输入信号,也就是前一码元经延迟后的波形;$n_{1I}(t)\cos(\omega_c t) - n_{1Q}(t)\sin(\omega_c t)$ 表示无延迟支路的窄带高斯过程;$n_{2I}(t)\cos(\omega_c t) - n_{2Q}(t)\sin(\omega_c t)$ 表示有延迟支路的窄带高斯过程。

$y_1(t)$ 和 $y_2(t)$ 相乘后,经低通滤波器的输出信号为

$$x(t) = \frac{1}{2}\{[A + n_{1I}(t)][a + n_{2I}(t)] + n_{1Q}(t)n_{2Q}(t)\} \tag{8-61}$$

$x(t)$ 经抽样后的判决准则为,若 $x > 0$,则判为"1"是正确判决;若 $x < 0$,则判为"0"是错误判决。这时将"1"错判为"0"的概率 P_{e1} 为

$$P_{e1} = P\{[(a + n_{1I})(a + n_{2I}) + n_{1Q}n_{2Q}] < 0\} \tag{8-62}$$

经计算后可得

$$P_{e1} = \frac{1}{2}e^{-r} \tag{8-63}$$

式中,$r = \dfrac{A^2}{2\sigma^2}$。

同理可求得将"0"错判为"1"的错误概率 P_{e2},其表达式与式(8-63)完全一样。因此,当发送"1"和发送"0"的概率相等时,2DPSK 差分相干解调系统的总误码率为

$$P_e = \frac{1}{2}e^{-r} \tag{8-64}$$

8.6　二进制数字调制系统性能比较

数字通信系统性能的好坏可以从误码率、带宽、对信道特性变化的敏感性和设备的复杂度等方面进行比较。比较的结果可以为我们在不同的应用场合选择适宜的调制和解调方式提供一定的参考依据。

8.6.1　误码率

数字系统的抗噪声性能可用误码率来衡量。

二进制数字调制方式有 2ASK、2FSK、2PSK 及 2DPSK,解调方式有相干解调方式和非相干解调方式。表 8-1 列出了在信道高斯白噪声的干扰下,各种二进制数字调制系统的误码率与解调器输入端信噪比 r 的数学关系式。

表 8-1 二进制数字调制系统的误码率

调制方式	相干解调	非相干解调
2ASK	$\dfrac{1}{2}\mathrm{erfc}\left(\sqrt{\dfrac{r}{4}}\right)$	$\dfrac{1}{2}\mathrm{e}^{-r/4}$
2FSK	$\dfrac{1}{2}\mathrm{erfc}\left(\sqrt{\dfrac{r}{2}}\right)$	$\dfrac{1}{2}\mathrm{e}^{-r/2}$
2PSK	$\dfrac{1}{2}\mathrm{erfc}(\sqrt{r})$	
2DPSK	$\mathrm{erfc}(\sqrt{r})$	$\dfrac{1}{2}\mathrm{e}^{-r}$

由表 8-1 可知,横向比较,对同一种数字调制信号,采用相干解调方式的误码率低于采用非相干解调方式的误码率,但随着 r 的增大,两者性能相差不大。纵向比较,对于相同的解调方式(如相干解调),抗加性高斯白噪声性能优劣的顺序是: 2PSK>2DPSK>2FSK>2ASK。

8.6.2 带宽

设基带信号的谱零点带宽为 $R_B = f_s = 1/T_s$,则 2ASK、2PSK 和 2DPSK 信号的谱零点带宽均近似为

$$B_{2ASK} = B_{2PSK/2DPSK} = 2f_s = \frac{2}{T_s}$$

$$B_{2FSK} = \mid f_2 - f_1 \mid + \frac{2}{T_s}$$

2FSK 信号的带宽不仅与基带信号带宽有关,而且与信号的两个载频之差有关。在码元速率相同的情况下,2FSK 信号系统的频带利用率最低,有效性最差。

8.6.3 对信道特性变化的敏感性

在实际通信系统中,信道的参数往往随时间变化,主要是变参信道或随参信道,在选择数字调制方式时,还应考虑判决门限对信道参数的变化是否敏感。

2ASK 系统的最佳判决门限为 $b^* = A/2$,它与接收机输入信号的幅度有关,易受信道参数变化的影响,故 2ASK 信号不适于在变参信道中传输。

2PSK 系统的最佳判决门限在等概率时 $b^* = 0$,与接收机输入信号的幅度无关,判决门限不易受信道参数变化的影响。

2FSK 系统的抽样判决是直接比较两路信号抽样值的大小,不需要专门设置判决门限,2FSK 系统对信道的变化不敏感,适用于变参信道传输场合。

总之,对调制和解调方式的选择需要考虑的因素较多。在恒参信道传输中,如果要求较高的功率利用率,则应选择相干 2PSK 和 2DPSK,而 2ASK 最不可取;如果要求较高的频带利用率,则应选择相干 2PSK 和 2DPSK,而 2FSK 最不可取。若传输信道是随参信道,则2FSK 具有更好的适应能力。

8.6.4 设备的复杂程度

对于所有调制技术,发送端设备的复杂程度相差不多,但接收端的复杂程度却和解调方

式有密切关系。

对同一种调制方式,相干解调的设备比非相干解调的设备要复杂得多。相干解调需要提取与调制载波同频同相的本地载波。在不同的调制方式中,2FSK 信号的解调需要两个支路,设备相对较复杂。

若从设备复杂度方面考虑,非相干解调不需要相干载波,非相干方式比相干方式更适宜。

目前,常用的二进制数字调制方式是相干 2DPSK 和非相干 2FSK。相干 2DPSK 主要用于高速数据传输,而非相干 2FSK 则用于中、低速数据传输,特别是在衰落信道中传输数据。

8.7　多进制数字调制

二进制调制是一种最基本的数字调制方式,二进制的每个码元只携带 1bit 信息。

多进制数字调制是指使用一个码元携带多个比特的信息的调制方式。

多进制数字调制是用多进制数字基带信号去控制载波的振幅、频率和相位的调制方法,有多进制振幅键控(MASK)、多进制频移键控(MFSK)和多进制相移键控(MPSK)。

要想实现多进制数字调制,就要得到多进制的数字基带信号。

设多进制数为 M,取 $M = 2^N$(N 为大于 1 的正整数),每个码元携带的信息量为 $\log_2 M \text{bit}$,信息速率 R_b、码元速率 R_B 和进制数 M 之间的关系式为

$$R_b = R_B \log_2 M \tag{8-65}$$

由式(8-65)可知,多进制调制相比二进制调制具有以下优缺点。

1. 优点

(1) 节约频率资源。在信息速率 R_b 一定时,增加进制数 M,可降低码元速率 R_B,从而减小信号带宽。

(2) 提高频带利用率 η_b($\eta_b = R_b/B$)。码元速率 R_B 一定时,增加进制数 M,可以增大信息速率 R_b,从而在相同的带宽中传输更多比特的信息。

2. 缺点

(1) 在相同的噪声下,多进制调制系统的误码率高于二进制调制系统的误码率。要想得到相同的误码率,需要更大的发送信号功率。

(2) 多进制调制系统比二进制调制系统复杂。

8.7.1　多进制振幅键控

MASK 又称多电平调幅,是 2ASK 的推广。

1. MASK 信号的产生

MASK 信号的载波幅度有 M 种取值,在每个符号时间间隔 T_s 内发送 M 个幅度中的一种幅度的载波信号,MASK 信号可表示为 M 进制数字基带信号与正弦载波相乘的形式,其时域表达式为

$$e_{\text{MASK}}(t) = \left[\sum_n^M a_n g(t - nT'_s)\right] \cos(\omega_c t) \tag{8-66}$$

式中，$g(t)$为基带信号波形（如矩形脉冲）；T'_s为符号时间间隔；ω_c为载波的频率；a_n为随机的M种幅度取值。a_n共有M种取值，为$0,1,\cdots,M-1$，M种取值的出现概率分别为$P_0,P_1,\cdots,P_{M-1}$，a_n表达式为

$$a_n = \begin{cases} 0, & \text{以概率 } P_1 \\ 1, & \text{以概率 } P_2 \\ \vdots & \\ M-1, & \text{以概率 } P_M \end{cases}$$

且有$\sum_{i=1}^M P_i = 1$。

MASK 信号的波形如图 8-23 所示，其中，图 8-23（a）为多进制数字基带信号波形；图 8-23（b）为已调信号波形，它可以等效为图 8-23（c）诸波形的叠加。

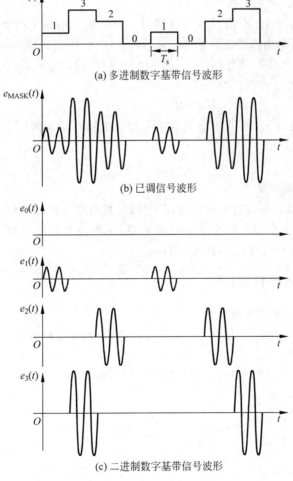

(a) 多进制数字基带信号波形

(b) 已调信号波形

(c) 二进制数字基带信号波形

图 8-23　MASK 信号的波形

图 8-23(c)所示各个波形的表达式为

$$e_{M-1}(t) = \sum_n c_{M-1} g(t - nT_s)\cos(\omega_c t), \quad M = 1, 2, 3, \cdots \tag{8-67}$$

式中，$c_{M-1} = \begin{cases} M-1, & \text{概率 } P_M \\ 0, & \text{概率}(1-P_M), \end{cases} M = 1, 2, 3, \cdots$

$e_1(t), e_2(t), \cdots, e_{M-1}(t)$ 均为 2ASK 信号，其振幅互不相等，在时间上互不重叠，而 $e_0(t) = 0$ 可以不考虑。M 电平的 MASK 信号 $e_{MASK}(t)$ 可以看作由振幅互不相等、时间上互不相容的 $M-1$ 个 2ASK 信号叠加而成，其关系表达式为

$$e_{MASK} = \sum_{i=0}^{M-1} e_i(t) \tag{8-68}$$

综上所述，MASK 信号的产生方法与 2ASK 信号的相同，不同的只是基带信号由二电平变为多电平。可以将二进制基带信号经电平转换器转换为 M 电平基带信号，再送入调制器进行双边带调制。同时，MASK 采用多电平，要求调制器为线性调制器，已调信号的幅度应与输入基带信号的幅度成正比。

2. MASK 信号的带宽及频带利用率

由式(8-68)可知，MASK 信号的功率谱与 2ASK 信号的功率谱类似，它是由 $M-1$ 个 2ASK 信号的功率谱叠加而成的。而 $M-1$ 个 2ASK 信号叠加后的频谱结构复杂，但对于信号的带宽，MASK 信号与其分解的任一个 2ASK 信号的带宽是相同的。

MASK 信号的带宽表达式为

$$B_{MASK} = 2f'_s \tag{8-69}$$

二进制码元速率为 f_s，当多进制码元速率与二进制码元速率相等，即 $f'_s = f_s$ 时，两者的带宽相等，其关系式为

$$B_{MASK} = B_{2ASK}$$

3. MASK 信号的解调

MASK 信号的解调采用包络检波或相干解调，其原理与 2ASK 信号的解调相似。

在实际应用中，由于 MASK 的抗噪声能力差，在现代通信系统中已经很少采用这种方式，常用多进制正交振幅调制(MQAM)来代替。

8.7.2 多进制频移键控

1. MFSK 信号的时域表达式

MFSK 简称多频调制，是用多个频率的正弦振荡分别代表不同数字信息的调制方式，是 2FSK 方式的扩展。

在 MFSK 中，载波的频率有 M 种可能的取值，在每个符号间隔 T_s 内发送 M 种频率中的一种，其时域表达式为

$$e_{MFSK}(t) = \sum_{i=1}^M s_i(t)\cos(\omega_i t) \tag{8-70}$$

式中，

$$s_i(t) = \begin{cases} A, & \text{当在时间间隔 } 0 \leqslant t < T_s \text{ 发送符号为 } i \text{ 时} \\ 0, & \text{当在时间间隔 } 0 \leqslant t < T_s \text{ 发送符号不为 } i \text{ 时} \end{cases} \quad i = 1, 2, \cdots, M$$

ω_i 为载波角频率,共有 M 种取值。通常可选载波频率 $f_i = \dfrac{n}{2T_s}$ 为正整数,此时 M 种发送信号相互正交。

2. MFSK 信号的调制与解调

图 8-24 是 MFSK 调制系统的组成方框图。MFSK 调制可用频率选择法实现,MFSK 信号解调通常用非相干解调方式。

发送端采用键控选频的方式,在一个码元期间 T_s 内只有 M 个频率中的一个被选通输出。接收端采用非相干解调方式,输入的 MFSK 信号通过 M 个中心频率分别为 f_1, $f_2,\cdots,f_M$ 的带通滤波器,分离出发送的 M 个频率。再通过包络检波器、抽样判决器和电平转换器,从而恢复出多进制信息。

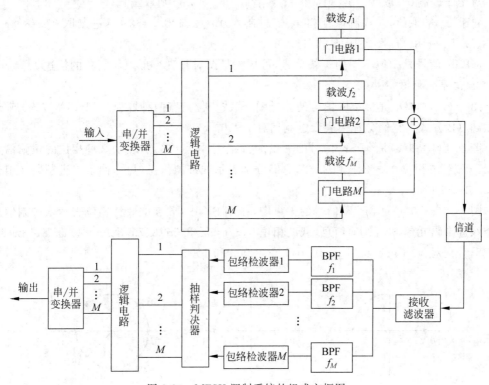

图 8-24　MFSK 调制系统的组成方框图

3. MFSK 信号的带宽

MFSK 信号可以看作是由 M 个振幅相同、载频不同且在时间上互不相容的 2ASK 信号的叠加。

设 MFSK 信号码元的宽度为 T_s',码元速率为 $f_s' = 1/T_s'$,则 MFSK 信号的带宽近似为

$$B = | f_H - f_L | + \frac{2}{T_s'} \tag{8-71}$$

式中,f_H 为最高载频,f_L 为最低载频。f_H 与 f_L 之间相差较多,多频制要占据较宽的频带,因此 MFSK 的频带利用率不高,一般用于调制速率不高的场合。

8.7.3 多进制相移键控

MPSK 简称多相调制,是利用载波的多种不同相位来表征数字信息的调制方式。

1. MPSK 信号的时域表示

在 M 进制数字相位调制中,载波相位有 M 种取值,MPSK 信号的表达式为

$$e_{\text{MPSK}}(t) = \sum_n g(t - nT_s)\cos(\omega_c t + \varphi_n) \tag{8-72}$$

式中,φ_n 为第 n 个码元对应的相位;$g(t)$ 为信号的包络波形,幅度为 1;ω_c 为载波的角频率;T_s 为码元时间宽度。MPSK 信号还可表示为正交函数形式:

$$e_{\text{MPSK}}(t) = I(t)\cos(\omega_c t) - Q(t)\sin(\omega_c t) \tag{8-73}$$

式中,$I(t) = \sum_n a_n \cdot g(t - nT_s)$,$Q(t) = \sum_n b_n \cdot g(t - nT_s)$,分别被称为同相分量和正交分量。

对于四进制 a_n 取"0",b_n 则取 ± 1;或者 b_n 取"0",a_n 则取 ± 1。

对于 φ_n 的取值,二进制取 0 和 π;四进制取 0、$\pi/2$、π 和 $3\pi/2$;八进制取 0、$\pi/8$、$3\pi/8$、$5\pi/8$、$7\pi/8$、$9\pi/8$、$11\pi/8$、$13\pi/8$ 和 $15\pi/8$。

MPSK 信号是相位不同的等幅信号,可用矢量图对其进行形象而简单的描述。

2. 信号矢量图(星座图)

图 8-25(a)和(d)是 2PSK 信号的矢量图,载波相位只有两种取值 0 和 π(A 方式)或 $\pi/2$ 和 $-\pi/2$(B 方式),它们分别代表二进制信息 1 和 0。

图 8-25(b)和(e)是 4PSK 信号的矢量图,每个信号点(黑点)表示某种相位的正弦信号。4PSK 中,载波相位 0、$\pi/2$、π 和 $3\pi/2$,它们分别表示四进制信息(可由两个二进制码元组合)00、01、10 和 11。

图 8-25(c)和(f)是 8PSK 信号的矢量图,在 8PSK 中,载波的 8 种相位表示八进制信息,每个八进制码元包含 3bit 的信息,载波相位 0、$\pi/8$、$3\pi/8$、$5\pi/8$、$7\pi/8$、$9\pi/8$、$11\pi/8$、$13\pi/8$ 和 $15\pi/8$,分别对应 101、111、110、010、011、001、000 和 100。

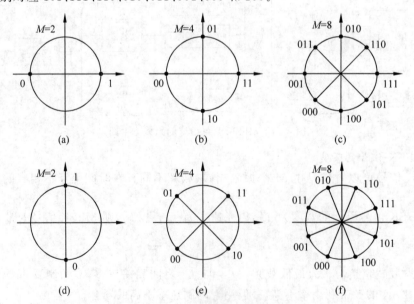

图 8-25 4PSK 和 8PSK 信号的矢量图

因此,随着 M 的增加,矢量图上的相邻信号点的距离会逐渐减小(相当于噪声容限减

小),导致抗噪声性能下降。随进制数 M 的增加,MPSK 信号可以在相同的带宽中传输更多比特的信息,从而提高频带利用率。

MPSK 方式在实际中常用的是四相制和八相制,即 $M=4$ 和 $M=8$。

3. 4PSK 信号的产生与解调

在 MPSK 中,4PSK 和四进制差分相位键控(4DPSK)两种调制方式应用最为广泛。

4PSK 又称正交相移键控(quadrature phase shift keying,QPSK),利用载波的 4 种不同相位来表示数字信号。

4 种不同的相位可以代表 4 种不同的数字信息,对输入的二进制数字序列要先进行分组,将每两个比特编为一组,可以有 00、01、10、11 四种组合,再用载波的 4 种相位来分别表示。每种载波相位代表两个比特信息,每个四进制码元又被称为双比特码元。双比特码元的前一信息比特用 a 表示,后一信息比特用 b 表示,通常这两个信息比特 ab 是按反射码排列的,与载波相位的关系如表 8-2 所示。

表 8-2 双比特码元与载波相位的关系

双比特码元		载波相位 φ_n	
a	b	A 方式	B 方式
0	0	0°	225°
1	0	90°	315°
1	1	180°	45°
0	1	270°	135°

QPSK 的产生方法有正交调制法和相位选择法。

1) 正交调制法

图 8-26 表示正交调制法原理,是将 QPSK 信号视为两个互为正交的 2PSK 信号的合成。输入的二进制序列先经串/并变换器变为并行的双比特码流,再经单/双极性变换器将单极性码变为双极性码,然后分别对同相载波 $\cos(\omega_c t)$ 和正交载波 $\sin(\omega_c t)$ 进行二进制调相,相加后就可得到 QPSK 信号。

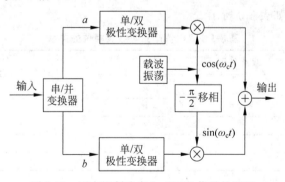

图 8-26 正交调制法产生 QPSK 信号的原理

2) 相位选择法

图 8-27 为用相位选择法产生 QPSK 信号的原理。图中四相载波发生器分别送出调相所需的 4 种不同相位的载波。按照串/并变换器输出的双比特码元的不同,逻辑选相电路输出相应相位的载波。

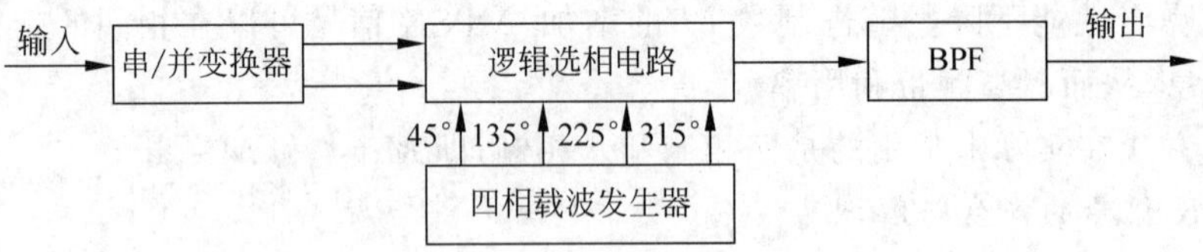

图 8-27 相位选择法产生 QPSK 信号的原理

3）QPSK 信号的解调

由于 QPSK 信号可以看作是两个正交 2PSK 信号的合成，因此可以采用与 2PSK 信号类似的解调方法进行解调，即可由两个 2PSK 信号相干解调器构成。QPSK 信号相干解调的组成方框图如图 8-28 所示。并/串变换器的作用与调制器中串/并变换器的作用相反，将上、下支路所得到的并行数据恢复成串行数据。

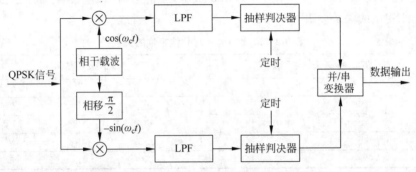

图 8-28 QPSK 信号相干解调的组成方框图

在 MPSK 相干解调中恢复载波时，在 0°、90°、180°和 270°四个相位模糊，要采用差分调相解决。

4. 四相相对相移键控（QDPSK）信号的产生与解调

QDPSK 信号是利用前后码元之间的相对相位变化来表示数字信息。若以前一个双比特码元相位作为参考，$\Delta\varphi_n$ 为当前双比特码元与前一个双比特码元的初相差，则信息编码与载波相位变化关系如表 8-3 所示。

表 8-3 双比特码元与载波相位的关系

双比特码元		载波相位（$\Delta\varphi_n$）
a	b	
0	0	0°
0	1	90°
1	1	180°
1	0	270°

1）QDPSK 信号的产生

QDPSK 信号的产生方法与 2DPSK 信号相似，先将绝对码变换成相对码，再用相对码对载波进行绝对相移。

常用的方法有码变换加相位选择法和码变换加调相法两种。

码变换加相位选择法的原理与图 8-27 相位选择法产生 QPSK 信号的原理完全相同。

码变换加调相法的原理如图 8-29 所示，是用码变换后的相对码对两路正交载波分别进行二相调制,再合成得到 QDPSK 信号。

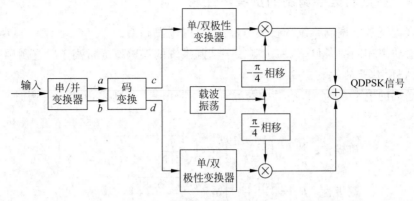

图 8-29　码变换加调相法产生 QDPSK 信号的原理

2) QDPSK 信号的解调

图 8-30 表示 QDPSK 信号相干解调法的原理。相干解调法的输出是相对码,需将相对码经码变换器变为绝对码,再经并/串变换器变换后输出二进制数字信息。

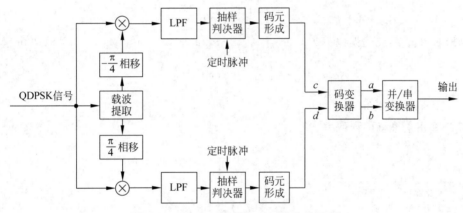

图 8-30　QDPSK 信号相干解调法的原理

图 8-31 表示 QDPSK 信号差分相干解调法的原理,与相干解调法相比,主要区别是利用延迟电路将前一码元信号延迟一码元时间后,分别 $\pi/4$ 和 $-\pi/4$ 移相,再将它们分别作为上、下支路的相干载波。

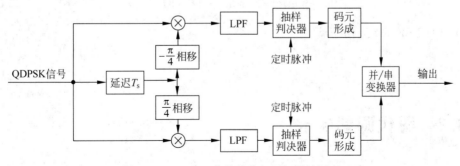

图 8-31　QDPSK 信号差分相干解调的原理

8.7.4 多进制数字调制的抗噪声性能

对于多进制数字调制系统的抗噪声性能,只讨论误码率。

在发射功率相同的条件下,多进制数字调制系统的误码率通常高于二进制调制系统。

1. MASK 信号的调制系统

设发送端的电平数为 M,信道中的噪声为高斯白噪声,则采用相干解调时系统的总误码率为

$$\text{单极性:} \quad P_e = \left(\frac{M-1}{M}\right) \text{erfc}\left(\sqrt{\frac{3r}{2(M-1)(2M-1)}}\right) \tag{8-74}$$

$$\text{双极性:} \quad P_e = \left(\frac{M-1}{M}\right) \text{erfc}\left(\sqrt{\frac{3r}{M^2-1}}\right) \tag{8-75}$$

式中,r 均为接收带通滤波器输出的平均信噪比,即解调器输入端的信噪比。

2. MFSK 信号的调制系统

MFSK 非相干系统的误码率为

$$P_e \approx \left(\frac{M-1}{2}\right) e^{-\frac{r}{2}} \tag{8-76}$$

MFSK 相干系统的误码率为

$$P_e \approx \left(\frac{M-1}{2}\right) \text{erfc}\left(\sqrt{\frac{r}{2}}\right) \tag{8-77}$$

3. MPSK 信号的调制系统

MPSK 相干系统的误码率为

$$P_e \approx \text{erfc}\left(\sqrt{r} \sin\frac{\pi}{M}\right) \quad (M \geqslant 4) \tag{8-78}$$

对于 4PSK 系统,有

$$P_e \approx \text{erfc}\left(\sqrt{r} \sin\frac{\pi}{4}\right) \tag{8-79}$$

4. 4DPSK 信号的调制系统

MDPSK 相干系统的误码率为

$$P_e \approx \text{erfc}\left(\sqrt{2r} \sin\frac{\pi}{2M}\right) \quad (M \geqslant 4) \tag{8-80}$$

对于 4DPSK 系统,有

$$P_e \approx \text{erfc}\left(\sqrt{2r} \sin\frac{\pi}{8}\right) \tag{8-81}$$

8.8 现代调制技术

8.8.1 正交幅度调制

正交幅度调制(quadrature amplitude modulation,QAM)不仅可以提高系统可靠性,还

能获得较高的频带利用率,是目前应用较为广泛的一种数字调制方式。

1. QAM 的信号时域分析

采用 MPSK 调制方式后,系统的有效性明显提高,但可靠性却降低了。

在 MPSK 体制中,随着 M 的增大,MPSK 信号相邻相位之差逐渐减小,导致信号空间中各状态点之间的最小距离逐渐减小,系统噪声容限随之减小,受到干扰后,判决时更容易出错。为了提高系统的可靠性,应设法增加信号空间中各状态点之间的距离,一种普遍采用的改进方法就是幅度和相位联合键控(amplitude phase keying,APK)。

QAM 也称为 APK。

APK 就是对载波的幅度和相位同时进行调制的一种方法。

APK 信号的一般表示式为

$$s_{APK}(t) = \sum_n a_n g(t - nT_s)\cos(\omega_s t + \varphi_n) \tag{8-82}$$

式中,a_n 是基带信号第 n 个码元的幅度,可有 L 种不同的电平取值;φ_n 是第 n 个信号码元的初始相位,可有 N 种不同的相位取值;$g(t)$ 是高度为 1、宽度为 T_s 的矩形脉冲。

当 APK 信号的可能状态数为 $L \times N$,如 $L = N = 4$,则可合成 16APK 信号,式(8-82)可展开的表达式为

$$s_{APK}(t) = \left[\sum_n a_n g(t - nT_s)\cos\varphi_n\right]\cos(\omega_c t) - \left[\sum_n a_n g(t - nT_s)\sin\varphi_n\right]\sin(\omega_c t)$$

$$\tag{8-83}$$

设 $x_n = a_n \cos\varphi_n$,$y_n = a_n \sin\varphi_n$,则式(8-83)可写成

$$s_{APK}(t) = \left[\sum_n x_n g(t - nT_s)\right]\cos(\omega_c t) + \left[\sum_n y_n g(t - nT_s)\right]\sin(\omega_c t) \tag{8-84}$$

由式(8-84)可知,APK 信号可看作两个正交的幅度键控信号之和,故 APK 又称为 QAM,QAM 信号的表达式为

$$s_{QAM}(t) = x(t)\cos(\omega_c t) + y(t)\sin(\omega_c t) \tag{8-85}$$

式中,

$$\begin{cases} x(t) = \sum_{n=-\infty}^{\infty} x_n g(t - nT_s) \\ y(t) = \sum_{n=-\infty}^{\infty} y_n g(t - nT_s) \end{cases} \tag{8-86}$$

$x(t)$ 和 $y(t)$ 分别为同相和正交支路的基带信号,x_n 和 y_n 一般为双极性 m 进制码元。若取为 $\pm 1, \pm 3, \cdots, \pm(m-1)$ 等,则 x_n 和 y_n 决定已调 QAM 信号在信号空间的 M 个坐标点。

2. 多进制正交幅度调制信号的产生

由式(8-85)可知,多进制正交幅度调制(multiple quadrature amplitude modulation,MQAM)的信号可以用正交调制的方法产生。图 8-32 给出了 MQAM 信号产生的原理。串/并变换器将信息速率为 R_b 的二进制输入信息序列分成上、下两路信息速率为 $R_b/2$ 的二进制序列,经 2-L 电平转换为 M 进制信号 $x(t)$ 和 $y(t)$,L 电平的基带信号经过低通滤波器进行预调制,再分别与同相载波和正交载波相乘,最后将两路信号相加即可得到 MQAM 信号。

3. MQAM 信号的解调

MQAM 信号可以采用正交相干解调方法解调,其解调原理如图 8-33 所示。解调器输

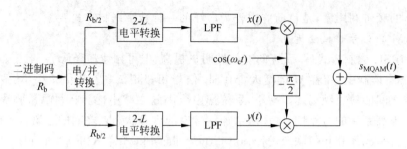

图 8-32　MQAM 信号产生的原理

入信号与本地恢复的两个正交载波相乘后，经过低通滤波输出两路多电平基带信号 $x(t)$ 和 $y(t)$。多电平基带信号用有 $L-1$ 个门限的判决器进行判决和检测，再经 L 电平到 2 电平转换和并/串变换器后，分别得到信息速率为 $R_b/2$ 的二进制序列，最后经并/串变换器合并后输出信息速率为 R_b 的二进制信息。

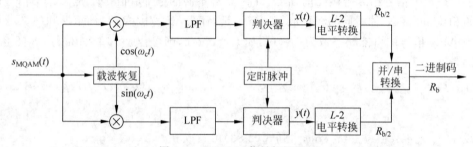

图 8-33　MQAM 信号解调原理

4. MQAM 信号的性能

MQAM 信号是由同相和正交支路的 $\sqrt{M}$ 进制的 ASK 信号叠加而成，所以它的功率谱是两支路信号功率谱的叠加。

第一零点带宽（主瓣宽度）为 $B=2R_b$，码元频带利用率为

$$\eta_s = \frac{R_b}{B} = \frac{1}{2}(\text{baud/Hz}) \tag{8-87}$$

MQAM 信号的信息频带利用率为

$$\eta_b = \frac{R_b}{B} = \frac{R_s \log_2 M}{B} = \frac{\log_2 M}{2} = \log_2 L\,(\text{bit/(s·Hz)}) \tag{8-88}$$

式中，$L=\sqrt{M}$。

可以证明，MQAM 信号的最大功率与平均功率之比为

$$\varepsilon_{\text{MQAM}} = \frac{L(L-1)^2}{2\sum_{i=1}^{\frac{L}{2}}(2i-1)^2} \tag{8-89}$$

综上所述，在信号平均功率相等的条件下，MQAM 的抗噪声性能优于 MPSK，近年来 QAM 方式得到了广泛的应用。

8.8.2　最小频移键控

最小频移键控（minium shift keying，MSK）是常用的能够产生恒定包络、连续相位信号

的高效调制方法。它是一种特殊的 2FSK 信号,它在相邻符号交界处相位保持连续。"高效"是指在给定的频带内,MSK 比 2FSK 的数据传输速率更高,且在带外的频谱分量要比 2FSK 衰减得快;"最小"是指这种调制方式能以最小的调制指数(0.5)获得正交信号。

1. MSK 信号的正交性

信号的正交性是指两个信号在理论上是无相互干扰的,两个信号的互相关函数为 0。在数字通信中,利用信号的正交性可节省带宽和降低干扰。

MSK 信号的第 k 个码元可以表示为

$$s_{\text{MSK}}(t)=A\cos\left(\omega_c t+\frac{a_k\pi}{2T_s}t+\varphi_k\right),\quad kT_s\leqslant t\leqslant(k+1)T_s \tag{8-90}$$

式中,ω_c 表示载频;$\frac{a_k\pi}{2T_s}$ 表示相对载频的频偏,$a_k=\pm1$ 是数字基带信号;φ_k 表示第 k 个码元的起始相位。

当 $a_k=+1$ 时,MSK 信号的频率为

$$f_1=f_c+\frac{1}{4T_s} \tag{8-91}$$

当 $a_k=-1$ 时,MSK 信号的频率为

$$f_2=f_c-\frac{1}{4T_s} \tag{8-92}$$

两个频率之差

$$\Delta f=f_2-f_1=\frac{1}{2T_s} \tag{8-93}$$

MSK 信号的调制指数表达式为

$$\beta=\Delta fT_s=\frac{1}{2T_s}\times T_s=\frac{1}{2}=0.5 \tag{8-94}$$

一般 FSK 信号的调制指数都大于 0.5,而称 $\beta=0.5$ 的 MSK 为最小频移键控。MSK 的两个载波频率是正交的,并且调频指数最小,所以称为最小频移键控法。

2. MSK 信号相位的连续性

由式(8-90)

$$s_{\text{MSK}}(t)=A\cos\left(\omega_c t+\frac{a_k\pi}{2T_s}t+\varphi_k\right),\quad kT_s\leqslant t\leqslant(k+1)T_s$$

设

$$\theta_k(t)=\frac{a_k\pi}{2T_s}t+\varphi_k \tag{8-95}$$

$\theta_k(t)$ 为附加相位函数,它是除载波相位以外的附加相位。

根据相位 $\theta_k(t)$ 的连续条件,要求在 $t=kT_s$ 时满足 $\theta_{k-1}(t)=\theta_k(t)$,其关系式为

$$a_{k-1}\frac{\pi kT_s}{2T_s}+\varphi_{k-1}=a_k\frac{\pi kT_s}{2T_s}+\varphi_k$$

可简化得到

$$\varphi_k=\varphi_{k-1}+(a_{k-1}-a_k)\frac{\pi k}{2} \tag{8-96}$$

式(8-96)中,当 $a_k = a_{k-1}$, $\varphi_k = \varphi_{k-1}$;当 $a_k \neq a_{k-1}$ 时,$\varphi_k = \varphi_{k-1} \pm k\pi$,才能保证码元相位连续。

由此可见,MSK 信号在第 k 个码元的起始相位不仅与当前的 a_k 有关,还与前面的 a_{k-1} 和 φ_{k-1} 有关,也就是说 MSK 信号与前后码元存在相关性。

3. MSK 信号的产生

由三角公式展开式可知,MSK 信号可以用两个正交分量来表示

$$s_{\text{MSK}}(t) = \cos\varphi_k \cos\frac{\pi t}{2T_s}\cos(\omega_c t) - a_k\cos\varphi_k \sin\frac{\pi t}{2T_s}\sin(\omega_c t)$$

$$= I_k \cos\frac{\pi t}{2T_s}\cos(\omega_c t) + Q_k \sin\frac{\pi t}{2T_s}\sin(\omega_c t) \tag{8-97}$$

式中,$I_k = \cos\varphi_k$ 为同相分量,$Q_k = -a_k\cos\varphi_k$ 为正交分量。

由此,MSK 信号可采取正交调制的方法产生。根据式(8-97)可得到 MSK 信号产生的原理,如图 8-34 所示。

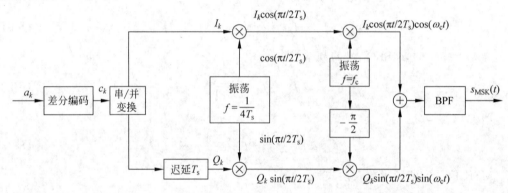

图 8-34 MSK 信号产生的原理

图 8-34 中输入数据序列 a_k 经过差分编码后变成序列 c_k,经过串/并转换,将一路延迟 T_s,得到相互交错一个码元宽度的两路信号 I_k 和 Q_k,加权函数 $\cos(\pi t/2T_s)$ 和 $\sin(\pi t/2T_s)$ 分别对两路数据信号 I_k 和 Q_k 进行加权,加权后的两路信号再分别对正交载波 $\cos(\omega_c t)$ 和 $\sin(\omega_c t)$ 进行调制,调制后的信号相加再通过带通滤波器,就得到 MSK 信号。

4. MSK 信号的解调

与产生过程相对应,MSK 信号可采取正交相干解调的方法恢复原信息码,相干解调原理如图 8-35 所示。

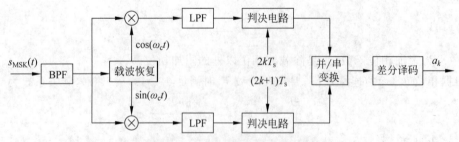

图 8-35 MSK 信号相干解调原理

图 8-35 中,MSK 信号经带通滤波器滤除带外噪声,然后借助正交的相干载波与输入信

号相乘,将 I_k 和 Q_k 两路信号分开,再经低通滤波后输出,同相支路在 $2kT_s$ 时刻抽样,正交支路在 $(2k+1)T_s$ 时刻抽样,判决器根据抽样后的信号极性进行判决,大于 0 判为"1",小于 0 判为"0",经串/并变换,变为串行数据。与调制器相对应,在发送端经差分编码,接收端输出需经差分译码后,就可恢复原始数据。

5. MSK 信号的功率谱及带宽

MSK 信号的双边功率谱密度 $P_s(f)$ 为

$$P_s(f) = \frac{8A^2 T_s}{\pi^2} \left[\frac{\cos(2\pi(f-f_c)T_s)}{1-16(f-f_c)^2 T_s^2} \right]^2 \tag{8-98}$$

MSK 信号的功率谱示意图如图 8-36 所示,主瓣宽度为 $1.5f_b$,包含 99.5%的功率,MSK 信号的带宽 B 和频带利用率 η 分别为

$$B = 1.5f_b \tag{8-99}$$

$$\eta = 0.67 \mathrm{b}/(\mathrm{s \cdot Hz}) \tag{8-100}$$

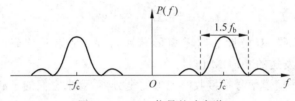

图 8-36 MSK 信号的功率谱

8.8.3 正交频分复用

1. 单波调制与多载波调制技术

单波调制:数字调制方式都属于串行体制,其特征为在任一时刻都只用单一的载波频率来发送信号,如 ASK、FSK、PSK、QAM、MSK 信号等。

多载波调制:与串行体制相对应的是并行体制,是将高速率的信息数据流经串/并变换,分割为若干路低速率并行数据流,然后每路低速率数据采用一个独立的载波调制并叠加在一起构成发送信号;在接收端,用同样数量的载波对接收信号进行相干接收,获得低速率信息数据流后,再通过并/串变换得到原来的高速率信息数据流,此系统也称为多载波传输系统。

单波调制与多载波调制技术比较:多载波调制技术具有抗多径传播和抗频率选择性衰落能力强、频谱利用率高等特点,适合在多径传播和无线移动信道中输出高速率数据。多载波传输技术已成功应用于接入网中的高速数字环路、非对称性数字环路、数字音频广播、数字视屏广播、高清晰度电视的地面广播等系统,并且已成为下一代移动通信系统的备选关键技术之一。

正交频分复用(orthogonal frequency division multiplexing,OFDM)为多载波调制的重要方式。

2. OFDM 调制与解调的原理

OFDM 是一种高效多载波传输技术,OFDM 方式中各子载波频谱有 1/2 重叠,但保持相互正交,目的是为了提高频谱利用率。

OFDM 调制原理如图 8-37 所示。N 个待发送的串行数据经串/并变换后,得到周期为

T_s 的 N 路并行码,码型选用双极性非归零矩形脉冲,经 N 个子载波分别对 N 路并行码进行 2PSK 调制,相加后得到波形。

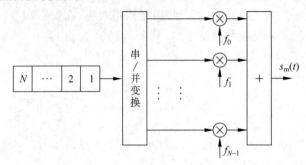

图 8-37   OFDM 调制原理

图 8-37 相加后得到波形的表达式为

$$s_m(t) = \sum_{n=0}^{N-1} A_n \cos(\omega_n t) \tag{8-101}$$

式中,A_n 为 n 路并行码(双极性非归零矩形脉冲);ω_n 是第 n 路码的子载波角频率,且 $\omega_n = 2\pi f_n$;$s_m(t)$ 是发送的 OFDM 信号。

为了使这 N 路子信道信号在接收时能够完全分离,要求它们的子载波满足相互正交的条件。

在接收端,对 $s_m(t)$ 用频率 f_n 的正弦载波在 $[0, T_s]$ 进行相关运算,得到各子载波携带的信息 A_n,然后通过并/串变换,恢复出发送的二进制数据序列。图 8-38 表示 OFDM 信号的解调原理。

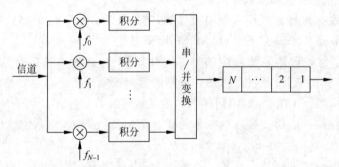

图 8-38   OFDM 信号的解调原理

3. OFDM 频带的利用率

OFDM 频谱带宽 B 的表达式为

$$B = (N-1)\frac{1}{T_s} + \frac{2}{T_s} = \frac{N+1}{T_s}$$

信道中每 T_s 内传送 N 个并行的码元,码元速率的表达式为

$$R_s = \frac{N}{T_s}$$

码元频带利用率 η 的表达式为

$$\eta = \frac{R_s}{B} = \frac{N}{N+1}$$

可见,当 $N \gg 1$ 时,η 趋近于 1。

如果使用二进制符号传输,与单个载波的串行体制相比,OFDM 频带利用率提高近一倍。

思考与练习

8-1　数字调制是指将基带信号变换为带通信号的过程,其逆过程称为(　　)。把含有调制与解调过程的数字传输系统叫做数字信号的带通传输系统,简称(　　)。

8-2　若用数字消息信号分别控制载波的幅度、频率和相位,则相应产生数字已调信号为(　　)、(　　)和相移键控(PSK)。

8-3　数字调制又分为二进制调制和(　　)。

8-4　若调制信号是二进制数字基带信号,则此调制称为(　　)。最常用的二进制数字调制方式有(　　)、二进制频移键控(2FSK)和二进制移相键控(2PSK)。

8-5　多进制数字调制是用多进制数字基带信号去控制载波的振幅、频率和相位的调制方法,则有(　　)、多进制频移键控(MFSK)和(　　)。

8-6　数字调制与模拟调制原理是相同的,一般可以采用模拟调制的方法来实现数字调制,而数字基带信号具有与模拟基带信号不同的特点,其取值是(　　),可以用载波的某些离散状态来表示数字基带信号的离散状态。

8-7　振幅键控是正弦载波的(　　)随数字基带信号变化而变化的数字调制,而载波的频率和初始相位保持不变,当数字基带信号为二进制时,则产生 2ASK 信号。

8-8　2ASK 信号的产生(调制)方法有模拟相乘法和(　　)两种。

8-9　2ASK 信号的产生(调制)方法有(　　)和键控法两种。

8-10　二进制频移键控(2FSK)是利用载波的(　　)变化来传递数字信息的,而其振幅和相位保持不变。

8-11　2PSK 信号的解调只能采用相干解调,相干解调方法又称为(　　)。

8-12　二进制差分相移键控(2DPSK)又称为(　　),是利用相邻码元载波相位的相对变化传递数字信息的。

8-13　2DPSK 信号的解调分为(　　)和差分相干解调(相位比较法)两种。

8-14　数字通信系统性能的好坏可以从(　　)、(　　)、对信道特性变化的敏感性和设备的复杂度等方面进行比较。

8-15　二进制调制是一种最基本的数字调制方式,二进制的每个码元只携带(　　)信息。

8-16　多进制数字调制是指使用一个码元携带(　　)的信息的调制方式。

8-17　要想实现多进制,就要得到(　　)的数学基带信号。

8-18　多进制振幅键控(MASK)又称(　　),是二进制振幅键控(2ASK)的推广。

8-19　多进制频移键控(MFSK)简称(　　),是用多个频率的正弦振荡分别代表不同数字信息的调制方式,是 2FSK 方式的扩展。

8-20　多进制数字相位调制简称(　　),是利用载波的多种不同相位来表征数字信息的调制方式。

8-21 在发射功率相同的条件下,多进制数字调制系统的(　)通常高于二进制调制系统。

8-22 画图说明 2ASK 信号的产生方法。

8-23 画图说明 2ASK 信号的解调原理。

8-24 画图说明二进制频移键控(2FSK)信号的产生方法。

8-25 画图说明二进制频移键控(2FSK)信号的解调原理。

8-26 画图说明 2PSK 信号的产生方法。

8-27 画图说明 2PSK 信号的解调原理。

8-28 画图说明 2DPSK 信号的产生方法。

8-29 画图说明 2DPSK 信号的解调原理。

8-30 画图说明 MASK 信号的产生方法。

8-31 画图说明 MASK 信号的解调原理。

8-32 画图说明 QPSK 信号的产生方法。

8-33 画图说明 QPSK 信号的解调原理。

第9章

差错控制编码

学习目标

$$
差错控制编码
\begin{cases}
基本概念
\begin{cases}
差错控制编码的基本原理 \\
差错控制编码的分类 \\
差错控制的方式 \\
常用的简单检错码
\end{cases} \\
线性分组码
\begin{cases}
基本概念 \\
线性分组码的编码 \\
线性分组码的译码
\end{cases} \\
循环码
\begin{cases}
基本概念 \\
生成多项式及生成矩阵 \\
监督多项式及监督矩阵 \\
循环码的编码 \\
循环码的译码
\end{cases} \\
卷积码
\begin{cases}
基本概念 \\
卷积码的编码方法 \\
卷积码的图解法描述 \\
卷积码的译码
\end{cases}
\end{cases}
$$

学习目的

- 了解差错控制编码的基本概念,包括基本原理、分类、方式和常用的简单检错码。
- 了解线性分组码的基本概念、编码和译码。
- 了解循环码的基本概念、生成多项式及生成矩阵、监督多项式及监督矩阵、编码和译码。
- 了解卷积码的基本概念、编码方法、图解法描述和译码。

9.1 基本概念

信源编码、调制与解调和信道编码已成为现代通信的三大技术。

差错控制编码又称信道编码。

在数字通信中,根据不同的目的,编码可分为信源编码和信道编码。

　　信源编码是去掉信源的多余度;而信道编码是按一定的规则加入多余度。具体地讲,就是在发送端的信息码元序列中,以某种确定的编码规则,加入监督码元,以便在接收端利用该规则进行解码,才有可能发现错误、纠正错误。

　　信道编码是为了降低误码率,提高数字通信的可靠性而采取的编码。信源编码是为了提高数字信号的有效性以及为了使模拟信号数字化而采取的编码。信源编码的可靠性编码、抗干扰编码或纠错码,是提高数字信号传输可靠性的有效方法之一。

　　数字信号在传输过程中,加性噪声、码间串扰等现象的存在都会产生误码。为了提高系统的抗干扰性能,可以加大发射功率,降低接收设备本身的噪声,以及合理选择调制、解调方法等。此外,还可以采用信道编码技术。

9.1.1　差错控制编码的基本原理

　　差错控制编码也称纠错编码。

　　纠错编码的基本原理是按一定的规则在信息码中增加一些冗余码(又称监督码),使这些冗余码与被传送信息码之间建立一定的关系,从而使信源信息具有检错和纠错能力。

　　发送端完成这个任务的过程就称为差错控制编码或纠错编码;接收端根据信息码与监督码的特定关系,实现检错或纠错,输出原信息码,完成这个任务的过程就称差错控制译码或纠错译码。

　　无论检错和纠错,都有一定的识别范围。

　　差错控制编码原则上是以降低信息传输速率来换取信息传递可靠性的提高。研究差错控制编码,正是为了寻求较好的编码方式,在尽可能少地增加冗余码的情况下来实现尽可能强的检错和纠错能力。

　　1. 分组码

　　分组码一般可用(n,k)表示。其中,k是信息码元的数目,n是编码码组的码元总位数,又称为码组长度,简称码长。例如,"1011"的码长$n=4$,"110011"的码长$n=6$。

　　码组中非"0"位的数目称为码组的重量,简称码重,用W表示。对于二进制码而言,码重就是码组中"1"码元的数目,如"10110"的码重$W=3$。

　　两个等长码组之间对应位上码元不同的数目称为这两个码组的距离,简称码距,又称汉明距离,用d表示。例如,"11000"与"11011"有两个对应位不同,故码距$d=2$。

　　码组集合中任意两个码字之间距离的最小值称为最小码距,用d_0表示。由于两个码组模2相加,其不同的对应位必为"1",因此两个码组模2相加得到的新码组的重量就是这两个码组之间的距离。

　　2. 许用码组和禁用码组

　　在二进制编码中,分组码码组长度为n,总的码组数应为$2^n=2^{k+r}$。其中被传送的码组有2^k个,通常称为许用码组,其余的2^n-2^k个码组不传送,称为禁用码组。发送端纠错编码的任务正是寻求某种规则从总码组数2^n中选出2^k个许用码组,而接收端译码的任务则是利用相应的规则来判断收到的码组是否符合许用码组,对错误进行检测和纠正。

　　3. 检错和纠错能力

　　信道编码的检错和纠错能力是通过信息量的冗余度来换取的。

　　把某种编码中各个码组之间距离的最小值称为最小码距d_0,如$(2,1)$重复码,两个许用码组是 00 与 11，$d_0=2$，接收端译码，出现 01、10 禁用码组时，可以发现传输中的一位错误。如果是 (3,1) 重复码，两个许用码组是 000 与 111，$d_0=3$；当接收端出现两个或三个 1 时，判为 1，否则判为 0。此时可以纠正单个错误，或者该码可以检出两个错误。

因此，最小码距 d_0 直接关系着码的检错和纠错能力，任一 (n,k) 分组码，若要在码字内：

(1) 检测 e 个随机错误，则要求最小码距 $d_0 \geqslant e+1$；

(2) 纠正 t 个随机错误，则要求最小码距 $d_0 \geqslant 2t+1$；

(3) 纠正 t 个同时检测 $e(\geqslant t)$ 个随机错误，则要求最小码距 $d_0 \geqslant t+e+1$。

4. 信道编码的效用

设在随机信道中发送"0"时的错误概率与发送"1"时的相等，均等于 P，且 $P \ll 1$，则容易证明，在码长为 n 的码组中恰好发生 r 个错误的概率为

$$P_n(r)=C_n^r P^r (1-P)^{n-r} \approx \frac{n!}{r!(n-r)!} \tag{9-1}$$

5. 编码效率

在分组码中，传递的信息码元称为信息位，为纠错、检错而增加的码元称为监督位。分组码一般用 (n,k) 表示，其中，n 是码组长度，k 是信息码元个数，而 $r=n-k$ 是监督码元个数。

用信道编码提高通信系统的可靠性，是以降低有效性为代价的。编码效率 R 是用来衡量有效性的，它是码组中信息码元个数 k 与码组长度 n 的比值，其关系式为

$$R=\frac{k}{n} \tag{9-2}$$

9.1.2　差错控制编码的分类

1. 按照功能不同分类

根据功能的不同，差错控制编码可分为检错码、纠错码和纠删码。

检错码以检错为目的，不一定能纠错。

纠错码以纠错为目的，一定能检错。

纠删码同时具有纠错和检错能力，当发现不可纠正的错误时，发出错误指示并将其删除。

2. 按照信息码元和监督码元之间的检验关系分类

按照信息码元和监督码元之间的检验关系，差错控制编码可分为线性码和非线性码。

监督码是信息码的线性组合称为线性码。

监督码是信息码的非线性组合称为非线性码。

3. 按照信息码元和监督码元之间的约束方式关系分类

按照信息码元和监督码元之间的约束方式关系涉及的范围，差错控制编码可分为分组码和卷积码。

分组码的监督码元仅与本组的信息码元有关。

卷积码的监督码元不仅与本组的信息码元有关，还与其前面若干组的信息码元有关。

在线性分组码中，把具有循环移位特性的码称为循环码；否则称为非循环码。

4. 根据信息码编码后是否保持原有形式分类

根据信息码编码后是否保持原有形式，差错控制编码可分为系统码和非系统码。

如果编码前、后的信息码元保持不变称为系统码或组织码；反之称为非系统码或非组织码。

5. 根据纠错的类型分类

根据纠错的类型，差错控制编码可分为纠正随机错的码和纠正突发错的码。

6. 按照码元取值的进制分类

按照码元取值的进制，差错控制编码可分为二进制码和多进制码。

9.1.3　差错控制的方式

常用的差错控制方式有检错重发（automatic repeat request，ARQ）、前向纠错（forward error correction，FEC）和混合纠错（hybrid error correction，HEC）三种，所对应的差错控制系统如图 9-1 所示。

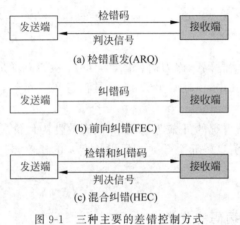

图 9-1　三种主要的差错控制方式

1. ARQ 方式

如图 9-1(a)，ARQ 又称自动请求重传方式，是由发送端发送能够发现错误的码，由接收端判决传输中有无错误产生，如果发现错误，则通过反馈信道把这一判决结果反馈给发送端，然后，发送端把接收端认为错误的信息再次重发，从而达到正确传输的目的。

ARQ 的特点是需要反馈信道，译码设备简单，对突发错误和信道干扰较严重时有效，但实时性差，主要在计算机数据通信中得到应用。

2. FEC 方式

如图 9-1(b)，FEC 又称自动纠错，发送端发送时能够纠正错误的码，接收端收到信码后自动地纠正传输中的错误。其特点是单向传输，实时性好，但译码设备较复杂。

3. HEC 方式

如图 9-1(c)，HEC 方式是 FEC 和 ARQ 方式的结合。发送端发送具有自动检错和纠错能力的码，接收端收到码后，检查差错情况。若出现的错误在码的纠错能力范围以内，则自动纠错；若出现的错误超过了码的纠错能力，则将其检测出来，经过反馈信道请求发送端重发。

HEC 方式具有 FEC 和 ARQ 的优点，能充分发挥码的检错和纠错性能，可达到降低误码率的效果，近年来得到广泛应用。

9.1.4 常用的简单检错码

纠错编码的种类很多,较为常用的简单编码有奇偶监督码、行列监督码、恒比码。

1. 奇偶监督码

奇偶监督码又称为奇偶校验码。

奇偶监督码是在原信息码后面附加一个监督元,使得码组中"1"的个数是奇数或偶数。或者说,它是含一个监督元、码重为奇数或偶数的$(n,n-1)$系统分组码。奇偶监督码又分为奇监督码和偶监督码。

设码字 $A=[a_{n-1},a_{n-2},\cdots,a_1,a_0]$,对偶监督码,关系式为

$$a_{n-1} \oplus a_{n-2} \oplus \cdots \oplus a_1 \oplus a_0 = 0 \tag{9-3}$$

式中,$a_{n-1},a_{n-2},\cdots,a_1$ 为信息元,a_0 为监督元。该码的每一个码字均按同一规则构成式(9-3),故又称为一致监督码。接收端译码时,按式(9-3)将码组中的码元模 2 相加,若结果为"0",就认为无错;若结果为"1",就可断定该码组经传输后有奇数个错误。

奇监督码情况相似,只是码组中"1"的数目为奇数,满足条件的关系式为

$$a_{n-1} \oplus a_{n-2} \oplus \cdots \oplus a_1 \oplus a_0 = 1$$

其检错能力与偶监督码相同。

奇偶监督码就是(n,k)线性分组码的一个特例,$(n,k)=(n,n-1)$,其编码效率很高,编码效率 R 的表达式为

$$R = (n-1)/n \tag{9-4}$$

2. 行列监督码

为了改善奇偶监督码不能发现偶数个错误的情况,引入行列监督码。

行列监督码不仅对水平(行)方向的码元,而且对垂直(列)方向的码元实施奇偶监督。行列监督码既可以逐行传输,也可以逐列传输。

一般地,$L \times M$ 个信息元附加 $L+M+1$ 个监督元,组成$(LM+L+M+1,LM)$行列监督码的一个码字($L+1$ 行,$M+1$ 列)。表 9-1 是$(66,50)$行列监督码的一个码字($L=5$,$M=10$),它的各行和各列对"1"的数目实行偶数监督。译码时分别检查各行、各列的监督关系,判断是否有错。

表 9-1 (66,50)行列监督码

信 息 码 元										监督码元
0	1	1	0	0	1	0	1	0	0	0
1	0	1	0	0	0	0	1	1	0	0
1	0	0	1	1	0	1	0	0	0	1
0	1	0	0	1	1	1	0	0	0	0
0	1	0	1	0	1	0	1	0	1	1
0	1	1	0	0	1	1	1	1	1	1

行列监督码具有较强的检测随机错误的能力,不仅适用于检测突发错误,还用于检测这类错码。

3. 恒比码

码字中"1"的数目与"0"的数目保持恒定比例的码称为恒比码。

　　在恒比码中,每个码组均含有相同数目的"1"和"0",恒比码又称等重码,或定 1 码。在检测时,只要计算接收码元中"1"的个数是否与规定的相同,就可判断有无错误。

　　目前我国的电传通信中普遍采用 3∶2 码,又称"5 中取 3"的恒比码,每个码组的长度为5,其中 3 个"1"。这时可能编成的不同码组数目等于从 5 中取 3 的组合数 10,这 10 个许用码组恰好可表示 10 个阿拉伯数字,如表 9-2 所示。

表 9-2　3∶2 恒比码

阿拉伯数字	码　字	阿拉伯数字	码　字
0	01101	5	00111
1	01011	6	10101
2	11001	7	11100
3	10110	8	01110
4	11010	9	10011

　　由表 9-2 可知,每个汉字又是以四位十进制数来代表的,实践也证明,采用这种码后,中国汉字电报的差错率大为降低。

　　目前国际上通用的 ARQ 电报通信系统中,采用 3∶4 码,就是"7 中取 3"的恒比码。

9.2　线性分组码

9.2.1　基本概念

　　分组码是指每个信息码字附加若干位监督码元后所得到的码字集合。

　　线性分组码是指分组码中的信息码元和监督码元满足一组线性方程,否则为非线性分组码。

　　线性分组码有两个重要特性:

　　(1) 封闭性,是指任意两个许用码字之模 2 和仍为一个许用码字,这个特性隐含着线性分组码必须包含全零码字这一结论。

　　(2) 码组的最小码距等于非零码的最小码重。利用这一特性,可以迅速方便地找出一组线性分组码的最小码距,从而判断该码组的检/纠错能力。

　　在 (n,k) 线性分组码中,将信息划分成 k 个码元为一段信息组,通过编码器变成长为 n 个码元的一个码组。在二进制情况下,k 位码元共有 2^k 个许用码组。线性分组码的编码问题就是要建立一组线性方程组,即已知 k 个数,要求 $n-k$ 个未知数。例如 $(7,4)$ 码,若 a_6,a_5,a_4,a_3 代表 4 个信息码元,a_2,a_1,a_0 为三个监督码元,组成 $(7,4)$ 码的码字为 $A=[a_6 a_5 a_4 a_3 a_2 a_1 a_0]$

　　三个监督码元可由以下线性方程组求得

$$\begin{cases} a_2 = a_6 + a_5 + a_4 \\ a_1 = a_6 + a_5 + a_3 \\ a_0 = a_6 + a_4 + a_3 \end{cases} \tag{9-5}$$

其中,许用码字为 $2^4=16$ 个,禁用码字为 $2^7-2^4=112$ 个,经计算可得 $(7,4)$ 码的 16 种许用码字如表 9-3 所示。

表 9-3 (7,4)码的码字表

序号	码 字		序号	码 字	
	信息码元	监督码元		信息码元	监督码元
0	0 0 0 0	0 0 0	8	1 0 0 0	1 1 1
1	0 0 0 1	0 1 1	9	1 0 0 1	1 0 0
2	0 0 1 0	1 0 1	10	1 0 1 0	0 1 0
3	0 0 1 1	1 1 0	11	1 0 1 1	0 0 1
4	0 1 0 0	1 1 0	12	1 1 0 0	0 0 1
5	0 1 0 1	1 0 1	13	1 1 0 1	0 1 0
6	0 1 1 0	0 1 1	14	1 1 1 0	1 0 0
7	0 1 1 1	0 0 0	15	1 1 1 1	1 1 1

由此可知,式(9-5)的 3 个方程是线性无关的。根据表 9-3 以及封闭性,在(7,4)分组码的许用码中,除全 0 码外,最小码重为 3,因此汉明距离 $d_0=3$,纠错能力 $d_0 \geqslant (2t+1) \geqslant t = 1$,故能纠 1 位错。

9.2.2 线性分组码的编码

设 (n,k) 线性分组码,n 取 $a_1, a_2, \cdots, a_n$,k 取 $b_1, b_2, \cdots, b_k$,编码码组和信息码组用行矩阵表示为

$$\boldsymbol{A} = [a_1 a_2 \cdots a_n] \tag{9-6}$$

$$\boldsymbol{B} = [b_1 b_2 \cdots b_k] \tag{9-7}$$

在线性分组码中,$\boldsymbol{A}$ 中的 n 个元素都是由 $\boldsymbol{B}$ 中的 k 个元素线性组合。

$$a_1 = b_1$$
$$a_2 = b_2$$
$$\vdots$$
$$a_k = b_k$$
$$a_{k+1} = h_{11}b_1 \oplus h_{12}b_2 \oplus \cdots \oplus h_{1k}b_k$$
$$a_{k+2} = h_{21}b_1 \oplus h_{22}b_2 \oplus \cdots \oplus h_{2k}b_k$$
$$\vdots$$
$$a_n = h_{m1}b_1 \oplus h_{m2}b_2 \oplus \cdots \oplus h_{mk}b_k \tag{9-8}$$

式中,$m = n - k$ 是校验位数,将 $\boldsymbol{A}$ 与 $\boldsymbol{B}$ 的 n 个关系式写成矩阵形式为

$$\boldsymbol{A} = \boldsymbol{B} \cdot \boldsymbol{G} \tag{9-9}$$

式中,$\boldsymbol{G}$ 为生成矩阵,是一个 $k \times n$ 阶矩阵,表达式为

$$\boldsymbol{G} = \begin{bmatrix} 1 & 0 & 0 & \cdots & 0 & h_{11} & h_{21} & \cdots & h_{m1} \\ 0 & 1 & 0 & \cdots & 0 & h_{12} & h_{22} & \cdots & h_{m2} \\ \vdots & \vdots & \vdots & \vdots & \vdots & \vdots & \vdots & \vdots & \vdots \\ 0 & 0 & 0 & \cdots & 1 & h_{1k} & h_{2k} & \cdots & h_{mk} \end{bmatrix}$$

根据系统码规则,$\boldsymbol{G}$ 矩阵可分解为 $k \times k$ 的两个子矩阵,则有

$$
G = \begin{bmatrix} 1 & 0 & 0 & \cdots & 0 & h_{11} & h_{21} & \cdots & h_{m1} \\ 0 & 1 & 0 & \cdots & 0 & h_{12} & h_{22} & \cdots & h_{m2} \\ \vdots & \vdots & \vdots & \vdots & \vdots & \vdots & \vdots & \vdots & \vdots \\ 0 & 0 & 0 & \cdots & 1 & h_{1k} & h_{2k} & \cdots & h_{mk} \end{bmatrix}
$$

设　$I_k = \begin{bmatrix} 1 & 0 & 0 & \cdots & 0 \\ 0 & 1 & 0 & \cdots & 0 \\ \vdots & \vdots & \vdots & \vdots & \vdots \\ 0 & 0 & 0 & \cdots & 1 \end{bmatrix}, P = \begin{bmatrix} h_{11} & h_{12} & \cdots & h_{m1} \\ h_{21} & h_{22} & \cdots & h_{m2} \\ \vdots & \vdots & \vdots & \vdots \\ h_{1k} & h_{2k} & \cdots & h_{mk} \end{bmatrix}$

由此可知,分组码又可表示为

$$
A = B \begin{bmatrix} I_k & P \end{bmatrix} \tag{9-10}
$$

综上所述,(n,k) 线性码完全由生成矩阵 G 的 k 行元素决定,即任意一个分组码码字都是 G 的线性组合。生成矩阵 G 的各行都线性无关,如果各行之间线性相关,就不能由 G 生成 2^k 个不同的码字了。

9.2.3　线性分组码的译码

设发送端发送码字 $A = [a_{n-1} a_{n-2} \cdots a_1 a_0]$,此码字在传输中可能有干扰引入错误,接收码字一般说来与 A 不一定相同。

设接收码字 $B = [b_{n-1} b_{n-2} \cdots b_1 b_0]$,则发送码字和接收码字之差为 $E = A + B$,对应码元异或,或写成 $B = A + E$ 和 $A = B + E$。E 是码字 A 在传输中产生的错码矩阵,$E = [e_{n-1} e_{n-2} \cdots e_1 e_0]$。如果 A 在传输过程中第 i 位发生错误,则 $e_i = 1$;反之,则 $e_i = 0$。

译码器的任务就是判别接收码字 B 中是否有错,如果有错,则设法确定错误位置并加以纠正,以恢复发送码字 A。

码字 A 与监督矩阵的约束关系为

$$
A \cdot H^{T} = 0
$$

当 $B = A$ 时,有 $B \cdot H^{T} = 0$

0 为 1 行 r 列的全"0"矩阵。

当 $B \neq A$ 时,说明传输过程中发生了错误,此时

$$
B \cdot H^{T} = (A + E) \cdot H^{T} = A \cdot H^{T} + E \cdot H^{T} = E \cdot H^{T} \neq 0 \tag{9-11}
$$

设矩阵 $S = B \cdot H^{T} = E \cdot H^{T}$,则称 S 为伴随式矩阵,伴随式矩阵 S 是个 1 行 r 列的矩阵,r 是线性分组码中监督码元的个数。

综上所述,当接收码字无错误时,$S = 0$;当接收码字有错误时,$S \neq 0$。同时,S 与错误图样有对应关系,与发送码字无关,因此 S 能确定传输中是否发生了错误及错误的位置。

9.3　循环码

循环码是一类重要的线性分组码,它除了具有线性码的一般性质外,还具有循环性。循环码组中任一码字循环移位所得的码字仍为该码组中的一个码字。

9.3.1 基本概念

循环特性是指循环码中任一许用码组经过循环移位后，所得到的码组仍然是许用码组。

一个(n,k)循环码是码长为n，有k个信息码的线性码，其最大特点就是码组的循环特性。若$(a_{n-1}a_{n-2}\cdots a_1 a_0)$是$(n,k)$循环码的一个码组，将它向左循环移动一位，得到的$(a_{n-2}a_{n-3}\cdots a_0 a_{n-1})$也是$(n,k)$循环码的码组。同时可以证明，不论右移或左移，移位位数多少，其结果均为循环码字。具有这种循环移位不变性的线性分组码称为循环码。

循环码具有如下 4 个基本性质：

(1) 是线性码；

(2) 具有循环性，码组中的任一码字循环移位所得码字仍是该码组中的一个码字；

(3) 封闭性，对任意两个码字的异或运算所得码字仍属于该码组中的一个码字；

(4) 循环码的码字可用码多项式表示。

为了便于计算，在代数理论中，常用码多项式表示码字。对于(n,k)循环码的码字，其码多项式以降幂顺序排列的表达式为

$$A(x) = a_{n-1}x^{n-1} + a_{n-2}x^{n-2} + \cdots + a_1 x + a_0 \tag{9-12}$$

码组中各码元的取值是其码多项式中相应各项的系数值 0 或 1，运算时其系数的运算为模 2 运算。

9.3.2 生成多项式及生成矩阵

如果一种码的所有码多项式都是多项式$g(x)$的倍式，则称$g(x)$为该码的生成多项式，在(n,k)循环码中任意码多项式$A(x)$都是最低次码多项式的倍式。

循环码是线性分组码，一定有k个线性无关的码组，通过这k个线性无关的码组就能生成所有2^k个码组。

设从(n,k)循环码的2^k个码组中挑出一个前面$k-1$个码都是 0 的$n-k$码多项式$g(x) = a_{n-k} \cdot x^{n-k} + a_{n-k-1}x^{n-k-1} + \cdots + a_1 x + 1$，根据循环码的循环移位特性，则$g(x), xg(x), \cdots, x^{k-1}g(x)$都是该循环码的码组，并且是线性无关的，其中$k$个线性无关的码组作为矩阵的行，构成该$(n,k)$循环码的生成矩阵$\boldsymbol{G}$。

(n,k)循环码的生成矩阵$\boldsymbol{G}$的表达式为

$$\boldsymbol{G}(x) = \begin{bmatrix} x^{k-1}g(x) \\ x^{k-2}g(x) \\ \vdots \\ xg(x) \\ g(x) \end{bmatrix} \tag{9-13}$$

其中，$g(x) = x^r + g_{r-1}x^{r-1} + \cdots + g_1 x + 1$，$g(x)$称为循环码的生成多项式。同时可以证明，生成多项式$g(x)$是$2^k$个码组集合中唯一的一个次数为$n-k$的多项式。当给出$k$个信息码$(a_{n-1}a_{n-2}\cdots a_{n-k})$时，可以根据公式$A(x) = (a_{n-1}a_{n-2}\cdots a_{n-k})\boldsymbol{G}(x)$来完成。

9.3.3 监督多项式及监督矩阵

为了便于对循环码编译码，通常还定义监督多项式表达式为

$$h(x) = \frac{x^n + 1}{g(x)} = x^k + h_{k-1}x^{k-1} + \cdots + h_1 x + 1 \tag{9-14}$$

式中，$g(x)$ 是常数项为 1 的 r 次多项式，是生成多项式。$h(x)$ 是常数项为 1 的 k 次多项式，称为监督多项式。

同理，可得监督矩阵 $\boldsymbol{H}(x)$

$$\boldsymbol{H}(x) = \begin{bmatrix} x^{n-k-1}h^*(x) \\ \vdots \\ xh^*(x) \\ h^*(x) \end{bmatrix} \tag{9-15}$$

式中，$h^*(x) = x^k + h_1(x)x^{k-1} + h_2(x)x^{k-2} + \cdots + h_{k-1}x + 1$ 是 $h(x)$ 的逆多项式。

9.3.4　循环码的编码

在编码时，根据给定的 (n,k) 值选定生成多项式 $g(x)$，从 $x^n + 1$ 的因式中任选一个 $r = n-k$ 次多项式作为 $g(x)$，则编码前信息多项式的表达式为

$$m(x) = a_1 + a_2 x + a_3 x^2 + \cdots + a_k x^{k-1} \tag{9-16}$$

式中，$m(x)$ 为信息多项式，其次数小于 k。那么用 x^r 乘以 $m(x)$，得到 $x^r m(x)$ 的次数小于 n，用 $g(x)$ 去除 $x^r m(x)$，得到余式 $R(x)$，$R(x)$ 的次数必小于 $g(x)$ 的次数，即小于 $(n-k)$。将余式 $R(x)$ 加于信息位之后作为监督位，将 $R(x)$ 与 $x^r m(x)$ 相加，得到多项式的表达式为

$$A(x) = x^r m(x) + R(x) \tag{9-17}$$

式中，$x^r m(x)$ 代表信息位；$R(x)$ 是 $x^r m(x)$ 除以 $g(x)$ 得到的余式，代表监督位。$A(x)$ 必为一个码多项式，它能被 $g(x)$ 整除，且商的次数不大于 $k-1$。

编码过程可分为如下 3 个步骤：

(1) 用 x^r 乘以 $m(x)$，这一运算实际上是在信息码之后附加上 r 个"0"，给监督位留出地方。

(2) 用 $g(x)$ 去除 $x^r m(x)$ 得到商 $Q(x)$ 和余式 $r(x)$，表达式为

$$\frac{x^r \cdot m(x)}{g(x)} = Q(x) + \frac{r(x)}{g(x)}$$

(3) 编制的码组为 $A(x) = x^r \cdot m(x) + R(x)$。

上述编码过程可用除法电路来完成。除法电路的主体由一些移位寄存器和模 2 加法器组成。当 $g(x) = 1 + x + x^2 + x^3 + x^4$ 时，$(7,3)$ 循环码的编码电路如图 9-2 所示。$g(x)$ 的次数等于移位寄存器的级数，即有 4 级移位寄存器，分别用 D_0、D_1、D_2、D_3 表示，$g(x)$ 的 $x^0, x^1, x^2, \cdots, x^r$ 的非零系数对应移位寄存器的反馈抽头。

首先，将 4 级移位寄存器清 0，当 3 位信息元输入时，门 1 断开、门 2 接通，然后直接输出信息元。第 3 次移位脉冲到来时将除法电路运算所得的余数存入 4 级移位寄存器中。第 4～7 次移位时，门 2 断开、门 1 接通，输出监督码。设输入信息码为 110，表 9-4 给出了编码过程中各点的状态变化情况。

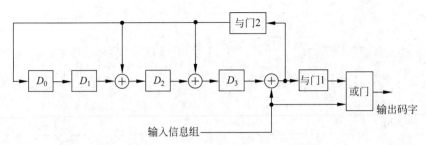

图 9-2 (7,3)循环码的编码电路

表 9-4 (7,3)循环码的编码过程

移位次序	输入	与门 1	与门 2	移位寄存器 $D_0\,D_1\,D_2\,D_3$	输出
0	—			0 0 0 0	—
1	1	断	接	1 0 1 1	1
2	1	开	通	0 1 0 1	1
3	0			1 0 0 1	0
4	0			0 1 0 0	1
5	0	接	断	0 0 1 0	0
6	0	通	开	0 0 0 1	0
7	0			0 0 0 0	1

9.3.5 循环码的译码

接收端译码的目的是检错和纠错。

只进行检错的译码原理十分简单,任意码多项式 $A(x)$ 都能被生成多项式 $g(x)$ 整除,在接收端可以将接收码组 $B(x)$ 除以生成多项式即可。

(1) 当传输中未发生错误时,接收码组和发送码组相同,$A(x)=B(x)$,故接收码组 $B(x)$ 必定能被 $g(x)$ 整除。

(2) 若码组在传输中发生错误,$A(x)\neq B(x)$,$B(x)$ 除以 $g(x)$ 时除不尽而有余项,可以用余项是否为 0 来判别码组中有无误码。

在接收端为纠错而采用的译码方法比检错时复杂,要求每个可纠正的错误图样必须与一个特定余式有一一对应的关系,纠错可按如下 3 个步骤进行:

(1) 用生成多项式 $g(x)$ 除接收码组 $B(x)=A(x)+E(x)$,得出余式 $r(x)$。

(2) 按余式 $r(x)$ 用查表的方法或通过某种运算得到错误图样 $E(x)$,就可以确定错码位置。

(3) 从 $B(x)$ 中减去 $E(x)$,便得到已纠正错误的原发送码组 $A(x)$。

图 9-3 所示为一种(7,3)循环码纠单个错的译码电路。

图 9-3 所示(7,3)循环码的译码电路由 7 级缓存器与门电路等组成。这种译码方法称为捕错译码法。

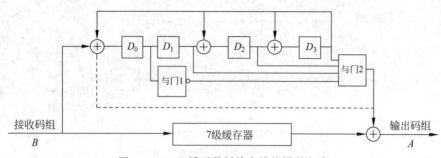

图 9-3 (7,3)循环码纠单个错的译码电路

9.4 卷积码

9.4.1 基本概念

卷积码又称连环码。

分组码是指每个码组中的监督码元仅与本码组中的 k 个信息码元有约束关系。

非分组码是指监督码元不仅和当前的 k 个信息段有关,还与前面 $(N-1)$ 个信息段也有约束关系,一个码组中的监督码元监督着 N 个信息段。

卷积码常用符号 (n,k,N) 表示,其中,n 为码长,k 为码组中信息码元的个数,N 为相互关联的码组的个数。

卷积码作为一种纠错码,属于非分组码,和分组码有明显的区别。在 (n,k) 线性分组码中,本组 $r=n-k$ 个监督码元仅与本组的 k 个信息码元有关,与其他各组信息码元无关,分组码编码器本身并无记忆性。卷积码则不同,每个 (n,k) 码段也称子码,通常较短编码内的 n 个码元不仅与该码段内的信息码元有关,而且与前面 N 段的信息码元有关。

9.4.2 卷积码的编码方法

1. 卷积码编码器的原理

图 9-4 是卷积码编码器的一般原理,它由 N 段输入移位寄存器、n 个模 2 加法器和 n 级输出移位寄存器 3 部分组成。其中 N 段输入移位寄存器每段均为 k 个,这样共有 $N×k$ 个输入移位寄存器。编码器每输入 k 个信息比特,输出移位寄存器输出 n 个比特的编码。

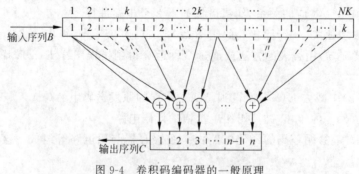

图 9-4 卷积码编码器的一般原理

由图9-4可知,n个输出比特不但与当前的k个输入信息比特有关,而且与以前$(N-1)k$个输入信息比特有关。通常把N称为编码约束长度,把卷积码记作(n,k,N)。

2. 卷积码编码器

图9-5为$(2,1,3)$卷积码的编码器,由3位移位寄存器、2个模2加法器和1个旋转开关组成。

由图9-5可知,编码器的约束长度为$N=3$,每段信息位$k=1$。每输入1个比特信息,旋转开关旋转一周,输出2个比特信息,编码效率$R=1/2$。输入信息在移位寄存器中将依次右移,若当前输入信息位为b_i,则右边两个寄存器用b_{i-1}和b_{i-2}表示,分别表示两个时刻的输入信息。旋转开关两个输出分别用c_1和c_2表示,c_1和c_2与b_i、b_{i-1}、b_{i-2}的关系为

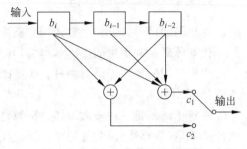

图9-5 $(2,1,3)$卷积码的编码器

$$\begin{cases} c_1 = b_i \oplus b_{i-1} \oplus b_{i-2} \\ c_2 = b_i \oplus b_{i-2} \end{cases} \quad (9\text{-}18)$$

设起始状态使所有级清零,$b_i b_{i-1} b_{i-2}=000$;

当第1位数据为1时,$b_i=1$,$b_{i-2} b_{i-1}=00$,输出码组$c_1 c_2=11$。

当第1位数据为1时,$b_i=1$,$b_{i-2} b_{i-1}=01$,输出码组$c_1 c_2=01$。

依此类推,可求出所有输入数据输入后的输出码组。

9.4.3 卷积码的图解法描述

卷积码图解法是用图示的方法描述卷积码的状态和输入输出情况,图解法描述编码过程比较直观。图解法可分为树状图、状态图和网格图。

本节只介绍卷积码的树状图。

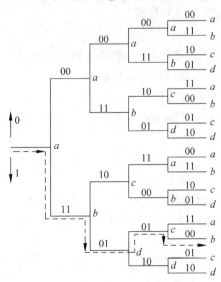

图9-6 $(2,1,3)$卷积码编码器的树状图

图9-6为$(2,1,3)$卷积码编码器的树状图。

图9-6中将树状图的起始节点放在最左边,以$b_i=0$,$b_{i-2} b_{i-1}=00$作为起点,用a、b、c和d表示$b_{i-2} b_{i-1}$的四种可能状态00、01、10、11。

(1) 当第1位输入$b_i=0$时,输出码组$c_1 c_2=00$。若$b_i=1$,则$c_1 c_2=11$。从a点出发有两条支路(树叉)可供选择,$b_i=0$时取上支路,$b_i=1$时取下支路。

(2) 输入第2位比特时,移位寄存器状态右移一位,上支路移位寄存器状态仍为00,下支路的状态则为01,即状态b。

(3) 新的一位输入比特到来时,随着移位寄存器状态和输入比特的不同,树状图继续分叉成4条支路,2条向上,2条向下。

(4) 如此下去,就可得到图9-6所示的二叉树图

形。树状图中,每条树叉上所标注的是输出比特,每个节点上标注的为移位寄存器的状态。

从图 9-6 可知,从第三条支路开始,树状图呈现出重复性,图中表明上半部与下半部完全相同,这意味着从第 4 位数据开始,输出码组已与第一位数据无关,编码约束度为 3。

当输入数据为 11010…时,沿树状图可得到输出序列路径如图中虚线所示。

9.4.4　卷积码的译码

卷积码的译码可分为代数译码和概率译码两大类。

代数译码是利用生成矩阵和监督矩阵来译码,最主要的方法是大数逻辑译码。

比较实用的概率译码有两种:维特比译码和序列译码。

1. 维特比译码

维特比译码是一种最大似然译码算法,它是维特比于 1967 年提出的。由于这种译码方法比较简单,计算快,因此得到了广泛应用,特别是在卫星通信和蜂窝网通信系统中。最大似然译码算法的基本思路是把接收码字与所有可能的码字比较,选择一种码距最小的码字作为译码输出。

2. 序列译码

当 m 很大时,可以采用序列译码法。其过程是译码先从码树的起始节点开始,把接收到的第一个子码的 n 个码元与自起始节点出发的两条分支按照最小汉明距离进行比较,沿着差异最小的分支走向第二个节点。在第二个节点,译码器仍以同样原理到达下一个节点,依此类推,最后得到一条路径。若接收码组有错,则自某节点开始,译码器就一直在不正确的路径中行进,译码也一直是错误的。

思考与练习

9-1　信源编码、调制与解调和(　　)已成为现代通信的三大技术。

9-2　差错控制编码又称(　　)。

9-3　纠错编码的基本原理是按一定的规则在信息码中增加一些冗余码又称(　　),使这些冗余码与被传送信息码之间建立一定的关系,从而使信源信息具有检错和(　　)能力。

9-4　在数字通信中,根据不同的目的,编码可分为信源编码和(　　)。

9-5　信源编码是去掉信源的(　　);而信道编码是按一定的规则加入(　　)。

9-6　无论检错和(　　),都有一定的识别范围。

9-7　信道编码的(　　)和纠错能力是通过信息量的冗余度来换取的。

9-8　差错控制编码按照功能不同可分为检错码、(　　)和纠删码。

9-9　按照信息码元和监督码元之间的检验关系,差错控制码可分为线性码和(　　)。

9-10　按照信息码元和监督码元之间约束关系涉及的范围,差错控制码可分为分组码和(　　)。

9-11　按照码组中信息码元在编码后是否保持原形,差错控制码可分为系统码和(　　)。

9-12　根据纠错的类型分类,差错控制编码可分为纠正随机错的码和(　　)。

9-13　按照码元取值的进制,差错控制码可分为二进制码和(　　)。

9-14　常用的差错控制方式有检错重发(ARQ)、(　　)和混合纠错(HEC)3种。

9-15　纠错编码的种类很多,较为常用的简单编码有(　　)、行列监督码、恒比码。

9-16　分组码是指每个信息码字附加若干位监督码元后所得到的(　　)。

9-17　线性分组码是指分组码中的信息码元和监督码元满足一组(　　),否则,即为非线性分组码。

9-18　循环码是一类重要的(　　),它除了具有线性码的一般性质外,还具有循环性。

9-19　循环码组中任一码字循环移位所得的码字仍为该码组中的一个(　　)。

9-20　接收端译码的目的是(　　)和纠错。

9-21　卷积码又称(　　)。分组码是指每个码组中的监督码元仅与本码组中的 k 个信息码元有约束关系。

9-22　卷积码图解法是用图示的方法描述卷积码的状态和输入输出情况,图解法描述编码过程比较直观。图解法可分为(　　)、状态图和网格图。

9-23　卷积码的译码可分为代数译码和(　　)两大类。

9-24　代数译码是利用生成矩阵和监督矩阵来译码,最主要的方法是(　　)。

9-25　概率译码比较实用的有(　　)和序列译码两种。

9-26　简述差错控制编码的基本原理。

9-27　画图说明常用的差错控制方式。

9-28　画图说明卷积码编码器的原理。

9-29　画图说明卷积码编码器。

9-30　画图说明卷积码编码器的树状图。

第10章

同步原理

学习目标

- 了解载波同步,包括直接法和插入导频法。
- 了解位同步,包括外同步法和自同步法。
- 了解帧同步,包括连贯插入法和间隔式插入法。

10.1 引言

同步是通信系统,尤其是数字通信系统中不可或缺的关键技术,同步性能的好坏将直接影响通信质量。

同步是指收发双方在时间上步调一致,故又称定时。

在数字通信中,接收机中涉及的同步,按照同步的功用分为载波同步、位同步、帧同步(群同步)和网同步。

载波同步用于相干解调,模拟或数字通信系统;位同步用于数字通信系统;帧同步用于数字通信系统;网同步用于数字通信系统。

10.2 载波同步

载波同步是指在相干解调时,接收端需要提供一个与接收信号中的调制载波同频同相的相干载波,载波的获取称为载波提取或载波同步。

载波同步是实现相干解调的先决条件。由前面的章节可知,要想实现相干解调,必须有相干载波。

实现载波同步的方法有直接法(自同步法)和插入导频法(外同步法)。

10.2.1　直接法

直接法又称自同步法,它设法从接收信号中直接提取同步载波。其基本原理是对不含有载波分量的信号(如 2PSK、DSB 和 PSK 信号)进行某种非线性变换,从而产生载波的谐波分量,再经滤波、分频处理就可得到所需的载波同步信号。

1. 平方变换法

平方变换法广泛用于建立抑制载波的双边带信号的载波同步。

平方变换法提取载波的原理如图 10-1 所示。

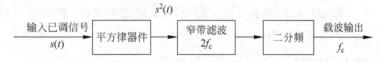

图 10-1　平方变换法提取载波的原理

设调制信号的表达式为 $m(t)$,且没有直流分量,则对应的抑制载波双边带信号的表达式为

$$s(t) = m(t)\cos(\omega_c t) \tag{10-1}$$

利用平方律器件将该信号经过平方变换后,得到的关系式为

$$s^2(t) = [m(t)\cos(\omega_c t)]^2 = \frac{1}{2}m^2(t) + \frac{1}{2}m^2(t)\cos(2\omega_c t) \tag{10-2}$$

式中,$m^2(t)$ 中含有直流分量,第二项包含有载波的倍频 $2\omega_c$ 分量。用窄带滤波器将 $2\omega_c$ 频率分量滤出,再进行二分频,就可获得所需的载波分量。

若信号 $m(t) = \pm 1$,则该抑制载波的双边带信号平方后的输出表达式为

$$s^2(t) = [m(t)\cos(\omega_c t)]^2 = \frac{1}{2} + \frac{1}{2}\cos(2\omega_c t) \tag{10-3}$$

从式(10-3)中可知,若将输出信号经过中心频率为 $2f_c$ 的窄带滤波器除掉直流分量 $1/2$,取出 $2f_c$ 频率分量,经过二分频,可以得到载波的频率 f_c 分量。

2. 平方环法

平方环法是基于平方变换法,将窄带滤波器改为锁相环,实现载波同步的方法,其目的是为了改善平方变换法的性能,使恢复的相干载波更为纯净。

平方环法比一般的平方变换法具有更好的性能,因为锁相环具有良好的跟踪、窄带滤波和记忆功能。

将图 10-1 中的窄带滤波器用锁相环代替,构成的平方环法如图 10-2 所示。

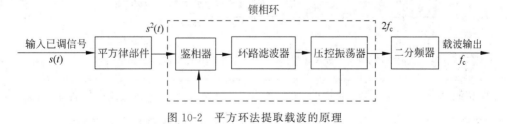

图 10-2　平方环法提取载波的原理

设已调信号为 2PSK 信号,2PSK 信号经平方运算后得到的表达式为

$$s^2(t) = \left[\sum_n a_n g(t - nT_s)\right]^2 \cos^2(\omega_c t) \tag{10-4}$$

当 $g(t)$ 为矩形脉冲时,则有 $s^2(t) = \dfrac{1}{2} + \dfrac{1}{2}\cos(2\omega_c t)$。若环路锁定,压控振荡器(VCO)的频率锁定在 $2\omega_c$ 频率上,则其输出信号的表达式为

$$s_o(t) = A\sin(2\omega_c t + 2\varphi)$$

式中,2φ 为相位差。经鉴相器(由乘法器和低通滤波器组成)后输出的误差电压为

$$V_d = k\sin 2\varphi$$

式中,k 为鉴相灵敏度,为常数;V_d 仅与相位有关,它通过环路滤波器去控制 VCO 的相位和频率。环路锁定后,φ 值是个很小的量,VCO 的输出经过二分频后,就是所需的相干载波。

综上所述,平方环法提取的载波存在 π 相位模糊,它有可能使 2PSK 信号相干解调后出现"反相工作"现象,可采用 2DPSK 方式来解决。

10.2.2 插入导频法

插入导频是指在已调信号频谱中额外插入一个低功率的线谱,以便接收端作为载波同步信号加以恢复,此线谱对应的正弦波称为导频信号。

抑制载波的双边带信号本身不含有载波,残留边带(VSB)信号虽含有载波分量,但很难从已调信号的频谱中把它分离出来。对这些信号的载波提取,可以用插入导频法(外同步法)。尤其是单边带(SSB)信号,它既没有载波分量,又不能用直接法提取载波,只能用插入导频法。

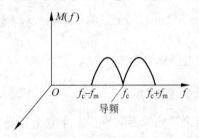

图 10-3 插入的导频和已调信号的频谱示意图

插入导频的零点应该选择在信号频率的零点处,否则导频与信号频率重叠在一起,接收时不易提取。抑制双边带调制系统插入导频以后可以得到如图 10-3 所示的频谱函数。图 10-3 中在 f_c 附近的频谱函数很小,且没有离散谱,可以在 f_c 处插入频率为 f_c 的导频,仅画出正频域。插入的导频并不是加于调制器的那个载波,而是将该载波移相 $\dfrac{\pi}{2}$ 后的所谓"正交载波"。

根据插入导频的原理可构成发送端及接收端的原理方框图,如图 10-4 所示。

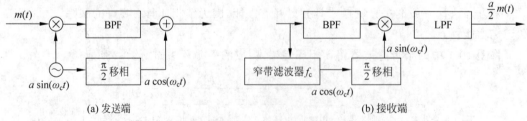

(a) 发送端　　　　　　　　　　　　(b) 接收端

图 10-4 插入导频法发送端及接收端的原理方框图

设调制信号为 $m(t)$ 无直流分量,调制载波为 $\sin(\omega_c t)$,将它经 $\dfrac{\pi}{2}$ 移相(后移)形成插入导频(正交载波)$-a\cos(\omega_c t)$,其中 a 是插入导频的振幅,则发送端输出信号的表达式为

$$s(t) = m(t)\sin(\omega_c t) - a\cos(\omega_c t) \tag{10-5}$$

设接收端收到的发送端发送的信号为 $u(t)$，则接收端用一个中心频率为 f_c 的窄带滤波器提取导频 $-a\cos(\omega_c t)$ 再将它 $\dfrac{\pi}{2}$ 移相(前移)即可得到与调制载波同频同相的本地载波 $a\sin(\omega_c t)$。

由图 10-4 可知，接收端乘法器的输出表达式为

$$v(t) = u(t) \cdot a\sin(\omega_c t) = am(t)\sin^2(\omega_c t) - a\cos(\omega_c t)\sin(\omega_c t)$$

$$= \frac{a}{2}m(t) - \frac{a}{2}m(t)\cos(2\omega_c t) - \frac{a}{2}\sin(2\omega_c t) \tag{10-6}$$

式中，$v(t)$ 为经过低通滤波器滤除高频部分后，可恢复调制信号 $\dfrac{a}{2}m(t)$。若发送端加入的导频不是正交载波而是调制载波，$v(t)$ 中就会有一个不需要的直流分量 $a/2$，这个直流分量通过低通滤波器时会对数字信号产生影响，这就是发送端插入正交导频的原因。

10.3 位同步

位同步是指从接收到的基带信号中提取码元定时信息的方法或过程。

位同步与载波同步有一定的相似之处。载波同步是相干解调的基础，不论是模拟通信还是数字通信，只要采用相干解调，就需要载波同步，并且在基带传输时没有载波同步问题。所提取的载波同步信息是载频为 f_c 的正弦波，要求它与接收信号的载波同频同相。

位同步是正确抽样判决的基础，只有数字通信才需要，并且不论基带传输还是频带传输都需要位同步。所提取的位同步信息是频率等于码元速率的定时脉冲，相位则根据判决时信号波形决定，可能在码元中间，也可能在码元终止时刻或其他时刻。

实现方法也有插入导频法(外同步法)和直接法(自同步法)。

10.3.1 外同步法

插入导频法又称外同步法，是指在发送端将一个导频的正(余)弦波插入到有用信号中一并发送。在接收端利用窄带滤波器滤出导频，对导频作适当变换即可获取同步载波。

外同步法是在发送码元序列中附加码元同步用的辅助信息，以便接收端能够实现码元同步。与载波同步时的插入导频法类似，这种方法是发送时在基带信号频谱的零点处插入所需的位定时导频信号，在接收端再利用一个窄带滤波器将其分离出来。这种方法的优点是设备较简单，缺点是需要占用一定的频带宽度和发送功率。

10.3.2 自同步法

直接法又称自同步法。

自同步法是指发送端不发送专门的导频信号，接收端可以直接从接收的数字信号中提取位同步信号的方法。自同步法在数字通信中得到了最广泛的应用。

自同步法主要分为滤波法和特殊锁相环法两种。

1. 波形变换滤波法

不归零的随机二进制序列，不论是单极性还是双极性，当 $P(0) = P(1) = 1/2$ 时，它们

的功率谱中都没有 $f=1/T$, $f=2/T$ 等线谱,不能直接滤出 $f=1/T$ 的位同步信号分量。若对该信号进行某种变换,例如,将其变成归零的单极性脉冲,其谱中含有 $f=1/T$ 的分量,然后用窄带滤波器取出该分量,再经移相调整后就可形成位定时脉冲。

图 10-5 为波形变换滤波法提取位同步脉冲的原理框图。

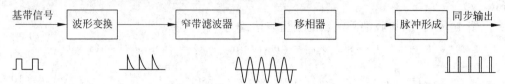

图 10-5 波形变换滤波法提取位同步脉冲的原理框图

波形变换滤波法的特点是先形成含有位同步信息的信号,再用滤波器将其取出。

2. 锁相法

位同步锁相法的基本原理与载波同步法类似,在接收端利用鉴相器比较接收码元和本地产生的位同步信号的相位,若两者不一致,鉴相器就产生误差信号去调整位同步信号的相位,直至获得准确的位同步信号为止。

用于位同步的全数字锁相环的原理框图如图 10-6 所示,由振荡器(晶体)、控制电路、n 次分频器、鉴相器等组成。其中晶振产生的信号经整形电路变成周期性脉冲,再经控制电路进入 n 次分频器,输出位同步脉冲序列,输入相位基准与 n 次分频后的相位脉冲进行比较,根据两者相位的超前或滞后,通过控制电路来确定扣除或添加一个脉冲,以调整位同步脉冲的相位。

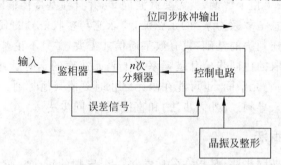

图 10-6 用于位同步的全数字锁相环的原理框图

当鉴相器的比较结果是 n 次分频器输出信号(即位同步信号)相位超前于接收码元相位,鉴相器就向控制电路输出误差信号,使控制电路从接收到的脉冲序列中扣除一个脉冲,这样分频器输出的脉冲序列就比原来正常情况下的脉冲序列滞后一个 T_s/n 时间。到下一次鉴相器进行比相时,若分频器输出脉冲序列的相位仍超前,鉴相器再输出一个代表超前的误差信号给控制电路,使控制电路再扣除一个脉冲,直到分频器输出脉冲序列的相位不超前为止。

控制电路包括扣除门(常开)、附加门(常闭)和"或门",它根据相位比较器输出的控制脉冲("超前脉冲"或"滞后脉冲")对信号钟输出的序列实施扣除(或添加)脉冲。

n 次分频器是一个计数器,每当控制器输出 n 个脉冲时,它就输出一个脉冲。控制电路与分频器共同作用的结果就是调整了加至相位比较器的位同步信号的相位。相位前、后移的调整量取决于信号钟的周期,每次的时间阶跃量为 T_0,相应的相位最小调整量为 $\Delta = 2\pi T_0/T = 2\pi/n$。

鉴相器将接收的脉冲序列与位同步信号进行相位比较,以判别位同步信号究竟是超前还是滞后,若超前就输出超前脉冲,若滞后就输出滞后脉冲。

10.4 帧同步

帧同步就是在位同步的基础上,识别出数据码群的"开头"和"结尾"时刻,使接收设备的群定时信号与接收到的信号中的群定时处于同步状态。

在数字通信中,仅有码元同步还不够,因为数字信息为了便于理解还往往要进行分组,这种分组通常称为"帧"。不同的帧有着不同的含意,为了能够清楚地找到一个帧的开头和结尾,就需要另一种同步,即帧同步,又称为群同步。

实现帧同步,通常采用的方法是起止式同步法和插入特殊同步码组的同步法。而插入特殊同步码组的同步法又分为连贯式插入法和间隔式插入法两种。

10.4.1 连贯式插入法

连贯式插入法又称集中插入法,是指在每一信息群的开头集中插入作为群同步码组的特殊码组,该码组应在信息码中很少出现,即使偶尔出现,也不可能依照群的规律周期出现。接收端按群的周期连续数次检测该特殊码组,这样便获得群同步信息。数字电话时分复用传输系统就采用了这种方法。

连贯式插入法的关键是寻找实现帧同步的特殊码组,对该码组的基本要求有 3 点:

(1) 具有尖锐单峰特性的自相关函数;

(2) 便于与信息码区别;

(3) 码长适当,以保证传输效率。

目前常用的帧同步特殊码组是巴克码。

巴克码是一种有限长的非周期序列。一个 n 位的巴克码组为 $\{x_1, x_2, \cdots, x_i, \cdots, x_n\}$, x_i 的取值为 $+1$ 或 -1,它的局部自相关函数为

$$R(j) = \sum_{i=1}^{n-j} x_i x_{i+1} = \begin{cases} n, & j = 0 \\ 0 \text{ 或 } \pm 1, & 0 < j < n \\ 0, & j \geqslant n \end{cases} \tag{10-7}$$

其中,j 表示错开的位数。

10.4.2 间隔式插入法

间隔式插入法又称为分散插入法,是指将帧同步码以分散的形式均匀插入信息码流中,采用的同步码为 1、0 交替码,即若一帧插入"1"码,则下一帧插入"0"码,如此交替插入。

间隔式插入法的优点是同步码不占用信息时隙,每帧的传输效率较高。

间隔式插入法的缺点是当失步时,同步恢复时间较长、设备较复杂。

间隔式插入法多用在多路数字电话系统中,如图 10-7 所示,采用 μ 律的 24 路 PCM 系统中,一个话路的编码码组用 8 位码元表示,24 个话路共 192 个信息码元。在这 192 个信息码元末尾插入一个帧同步码元,这样形成每帧共有 193 个码元。接收端检出帧同步信息后,再得出分路的定时脉冲。

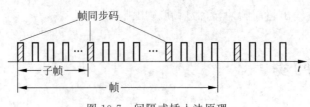

图 10-7　间隔式插入法原理

思考与练习

10-1　同步是指收发双方在时间上步调一致,故又称(　　)。

10-2　在数字通信中,接收机中涉及的同步,按照同步的功用分为:(　　)、位同步、帧同步(群同步)和网同步。

10-3　载波同步用于相干解调,模拟或数字通信系统;位同步用于(　　);帧同步用于数字通信系统;网同步用于数字通信系统。

10-4　载波同步是指在相干解调时,接收端需要提供一个与接收信号中的调制载波同频同相的相干载波,载波的获取称为载波提取或(　　)。

10-5　载波同步是实现相干解调的先决条件。在前面的章节学习模拟调制和数字调制过程中,了解到要想实现相干解调,必须有(　　)。

10-6　实现载波同步的方法有直接法(　　)和插入导频法(外同步法)。

10-7　直接法又称(　　),它设法从接收信号中直接提取同步载波。

10-8　平方变换法广泛用于建立抑制载波的双边带信号的(　　)。

10-9　平方环法是基于(　　)。

10-10　插入导频是指在已调信号频谱中额外插入一个低功率的线谱,以便接收端作为载波同步信号加以恢复,此线谱对应的正弦波称为(　　)。

10-11　位同步是指从接收到的基带信号中提取码元定时信息的方法或(　　)。

10-12　插入导频法又称(　　)。

10-13　自同步法又称(　　)。

10-14　直接法主要分为(　　)和特殊锁相环法两种。

10-15　实现帧同步,通常采用的方法是(　　)和插入特殊同步码组的同步法。

10-16　插入特殊同步码组的方法又分为(　　)和间隔式插入法两种。

10-17　连贯式插入法又称(　　)。

10-18　间隔式插入法又称为(　　)。

10-19　画图说明载波同步直接法的原理。

10-20　画图说明载波同步插入导频法的原理。

10-21　画图说明位同步外同步法的原理。

10-22　画图说明位同步自同步法的原理。

10-23　画图说明帧同步连贯式插入法的原理。

10-24　画图说明帧同步间隔式插入法的原理。

第11章

数字信号的最佳接收

学习导航

数字信号的
最佳接收
$\begin{cases} 引言 \\ 最佳接收的准则 \\ 匹配滤波器 \\ 匹配滤波器的最佳接收机 \\ 匹配滤波器的最佳接收性能 \end{cases}$

学习目标

- 了解数字信号的最佳接收准则。
- 了解匹配滤波器。
- 了解匹配滤波器的最佳接收机。
- 了解匹配滤波器的最佳接收机的性能。

11.1　引言

在噪声干扰下,运用数理统计的方法分析如何最佳地提取有用信号,且在某个准则下构成最佳接收机,使接收性能达到最优。

最佳是个相对概念,不同条件、不同要求下的最佳接收机是不同的。在一个准则下最优,在另一个准则下未必最优。

最佳接收理论主要有3类问题:

(1) 假设检验,在噪声中判决有用信号是否出现,如分析的各种数字信号的解调;

(2) 参数估值,在噪声干扰的情况下以最小的误差对信号的参量做出估计;

(3) 信号滤波,在噪声干扰的情况下以最小的误差连续地将信号过滤出来。

11.2　最佳接收的准则

在数字通信中,通常采用的最佳接收准则是输出信噪比最大准则和最小差错率准则。

1. *最小差错率准则*

在数字通信系统中,最小差错率准则是最直观且最合理的接收标准,最大差错率与最大后验概率是等价的。

　　在传输过程中,信号会受到畸变和噪声的干扰,发送信号时判决空间的所有状态都可能出现,将会造成错误接收,期望错误接收的概率越小越好。

　　在二进制数字通信系统中,误码率 P_e 的表达式为

$$P_e = P(s_1)P_{e1}(s_1) + P(s_2)P_{e2}(s_2) \tag{11-1}$$

式中,$P(s_1)$ 和 $P(s_2)$ 分别是发送端符号 s_1 和 s_2 的发送概率,在发送 s_1 的条件下出现接收波形 y 的概率密度函数为 $f_{s_1}(y)$,在发送 s_2 的条件下出现接收波形 y 的概率密度函数为 $f_{s_2}(y)$,则有关系式为

$$P_{e1}(s_1) = \int_{-\infty}^{V_T} f_{s_1}(y)\mathrm{d}y$$

$$P_{e2}(s_2) = \int_{V_T}^{\infty} f_{s_2}(y)\mathrm{d}y$$

式中,V_T 为判决门限值;$P_{e1}(s_1)$ 和 $P_{e2}(s_2)$ 中的积分区间要根据具体情况来确定。P_e 达到最小时为最小差错率准则,也称最佳接收准则,根据此准则推导出理想接收机。

　　2. 最大输出信噪比准则

　　在抽样时,对每个码元作判断,信噪比越大越好。信噪比越大,误码率越小,当求出在 t_0 时刻输出信号功率 $|s_o(t_0)|^2$ 和输出噪声功率 N_o 的比值——信噪比 r_o 为最大,其关系式为

$$r_o = \frac{|s_o(t_0)|^2}{N_o} \tag{11-2}$$

利用式(11-2)求得最大输出信噪比,是最大信噪比准则。

11.3　匹配滤波器

　　符合最大信噪比准则的最佳线性滤波器称为匹配滤波器。当信号和噪声加到滤波器输入端时,滤波器能够在噪声中识别信号,使滤波器输出端在判决时刻取得最大信噪比。

　　1. 匹配滤波器的传输特性 $H(\omega)$

　　匹配滤波器如图 11-1 所示。

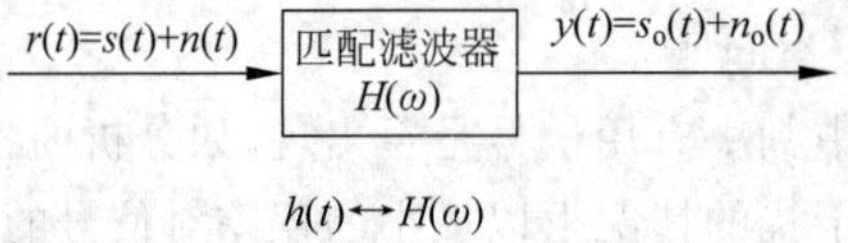

$$h(t) \leftrightarrow H(\omega)$$

图 11-1　匹配滤波器

　　图 11-1 中,匹配滤波器的传输特性为 $H(\omega)$,输入信号 $r(t)$ 是接收信号 $s(t)$ 与噪声 $n(t)$ 的合成波:

$$r(t) = s(t) + n(t) \tag{11-3}$$

　　匹配滤波器是线性滤波器,满足线性叠加原理,其输出 $y(t)$ 为信号输出 $s_o(t)$ 和噪声输出 $n_o(t)$ 之和,表达式为

$$y(t) = s_o(t) + n_o(t) \tag{11-4}$$

　　滤波器输出信号的表达式为

$$s_o(t) = \frac{1}{2\pi} \int_{-\infty}^{\infty} S_o(\omega) e^{j\omega t} d\omega = \frac{1}{2\pi} \int_{-\infty}^{\infty} S(\omega) H(\omega) e^{j\omega t} d\omega \tag{11-5}$$

在抽样时刻 $t = t_0$ 时,瞬时功率表达式为

$$|s_o(t_0)|^2 = \left| \frac{1}{2\pi} \int_{-\infty}^{\infty} H(\omega) S(\omega) e^{j\omega t_0} d\omega \right|^2 \tag{11-6}$$

滤波器噪声输出的平均功率为

$$N_o = \frac{1}{2\pi} \int_{-\infty}^{\infty} P_{n_o}(\omega) d\omega = \frac{1}{2\pi} \int_{-\infty}^{\infty} P_n(\omega) |H(\omega)|^2 d\omega$$

$$= \frac{1}{2\pi} \int_{-\infty}^{\infty} \frac{n_0}{2} |H(\omega)|^2 d\omega = \frac{n_0}{4\pi} \int_{-\infty}^{\infty} |H(\omega)|^2 d\omega \tag{11-7}$$

匹配滤波器在抽样时刻 t_0 时的输出信噪比的表达式为

$$r_o = \frac{|s_o(t_0)|^2}{N_o} = \frac{\left| \dfrac{1}{2\pi} \int_{-\infty}^{\infty} H(\omega) S(\omega) e^{j\omega t_0} d\omega \right|^2}{\dfrac{n_0}{4\pi} \int_{-\infty}^{\infty} |H(\omega)|^2 d\omega} \tag{11-8}$$

由此可知,能使 r_o 达到最大值的 $H(\omega)$ 就是符合设计目标的匹配滤波器的传输函数。

利用式(11-8)使 r_o 达到最大值是一个泛函求极值问题,采用施瓦兹(Schwartz)不等式可以解决。

施瓦兹不等式是指两个函数 $X(\omega)$ 和 $Y(\omega)$ 的内积平方小于或等于它们各自平方后积分的乘积。

$$\left| \frac{1}{2\pi} \int_{-\infty}^{\infty} X(\omega) Y(\omega) d\omega \right|^2 \leqslant \frac{1}{2\pi} \int_{-\infty}^{\infty} |X(\omega)|^2 d\omega \times \frac{1}{2\pi} \int_{-\infty}^{\infty} |Y(\omega)|^2 d\omega \tag{11-9}$$

当且仅当 $X(\omega) = KY^*(\omega)$ 时,式(11-9)中的等式才能成立。

将施瓦兹不等式用于式(11-8),则有关系式为

$$r_o = \frac{\left| \dfrac{1}{2\pi} \int_{-\infty}^{\infty} H(\omega) S(\omega) e^{j\omega t_0} d\omega \right|^2}{\dfrac{n_0}{4\pi} \int_{-\infty}^{\infty} |H(\omega)|^2 d\omega} \leqslant \frac{\dfrac{1}{4\pi^2} \int_{-\infty}^{\infty} |H(\omega)|^2 d\omega \int_{-\infty}^{\infty} |S(\omega) e^{j\omega t_0}|^2 d\omega}{\dfrac{n_0}{4\pi} \int_{-\infty}^{\infty} |H(\omega)|^2 d\omega}$$

因此,有关系式

$$r_o \leqslant \frac{\dfrac{1}{2\pi} \int_{-\infty}^{\infty} |S(\omega)|^2 d\omega}{\dfrac{n_0}{2}} \tag{11-10}$$

根据施瓦兹不等式中等号成立的条件可知,当且仅当 $H(\omega) = KS^*(\omega) e^{-j\omega t_0}$ 时,式(11-10)中的等号成立,则匹配滤波器在 t_0 时刻的最大输出信噪比为

$$r_{omax} = \frac{2E}{n_0} \tag{11-11}$$

式中,$E = \dfrac{1}{2\pi} \int_{-\infty}^{\infty} |S(\omega)|^2 d\omega = \int_{-\infty}^{\infty} s^2(t) dt$(帕塞瓦尔定理)为接收信号 $s(t)$ 的能量。

由此可见,最大信噪比仅取决于单个码元的能量 E 和白噪声的双边功率谱密度 $n_0/2$,因此,式(8-91)就是所要求的最佳线性滤波器的传输函数。

$S^*(\omega)$是接收信号频谱函数$S(\omega)$的共轭,滤波器的传输函数除相乘因子$K\mathrm{e}^{-\mathrm{j}\omega t_0}$外,与信号频谱的共轭一样,借用电路知识中的共轭匹配概念,将该滤波器称为匹配滤波器。

2. 匹配滤波器的冲激响应

$$h(t) = \frac{1}{2\pi}\int_{-\infty}^{\infty} H(\omega)\mathrm{e}^{\mathrm{j}\omega t}\,\mathrm{d}\omega$$

$$= \frac{1}{2\pi}\int_{-\infty}^{\infty} S^*(\omega)\mathrm{e}^{-\mathrm{j}\omega(t_0-t)}\,\mathrm{d}\omega$$

设$s(t)$为实函数,$S^*(\omega)=S(-\omega)$,则有

$$h(t) = \frac{1}{2\pi}\int_{-\infty}^{\infty} S(-\omega)\mathrm{e}^{-\mathrm{j}\omega(t_0-t)}\,\mathrm{d}\omega = s(t_0-t) \tag{11-12}$$

式(11-12)表明,匹配滤波器的冲激响应是输入信号$s(t)$的镜像信号$s(-t)$在时间上再平移t_0。为了获得物理可实现的匹配滤波器,要求在$t<0$时,$h(t)=0$,故式(11-12)可写为

$$h(t) = \begin{cases} s(t_0-t), & t>0 \\ 0, & t<0 \end{cases} \tag{11-13}$$

因此,$s(t)=0(t>t_0)$。式(11-13)表明,物理可实现的匹配滤波器的输入端信号$s(t)$必须在它输出最大信噪比的时刻t_0之前消失(等于零),或者说物理可实现的$h(t)$,最大信噪比时刻应选在信号消失时刻之后的某一时刻。

若某信号$s(t)$的消失时刻为t_1,则只有选$t_0 \geq t_1$时,$h(t)$才是物理可实现的。一般希望t_0小些,故通常选择$t_0=t_1$。

已经求得了$H(\omega) \leftrightarrow h(t)$,那么信号$s(t)$通过$H(\omega) \leftrightarrow h(t)$输出信号波形$s_0(t)$为

$$s_0(t) = \int_{-\infty}^{\infty} s(t-\tau)s(t_0-\tau)\mathrm{d}\tau = R_s(t-t_0)$$

可见,匹配滤波器的输出信号波形是输入信号的自相关函数$R_s(t-t_0)$,当$t=t_0$时,其值为输入信号的总能量E。

由此可知,最大信噪比准则下的匹配滤波器可表示为

$$H(\omega) = S^*(\omega)\mathrm{e}^{-\mathrm{j}\omega t_0} \quad \text{或} \quad h(t) = s(t_0-t) \tag{11-14}$$

式中,t_0为最大信噪比时刻,且t_0应选在信号结束时刻之后。t_0时刻的最大信噪比为

$$r_{\mathrm{omax}} = \frac{2E}{n_0} \tag{11-15}$$

3. 匹配滤波器输出响应

匹配滤波器的输出响应$s_0(t)$是输入信号$s(t)$与冲激响应$h(t)$的卷积,其关系式为

$$s_0(t) = s(t) * h(t) = \int_{-\infty}^{\infty} s(\tau)h(t-\tau)\mathrm{d}\tau$$

$$= \int_{-\infty}^{\infty} s(\tau)Ks[t_0-(t-\tau)]\mathrm{d}\tau$$

$$= K\int_{-\infty}^{\infty} s(\tau)s(t_0-t+\tau)\mathrm{d}\tau$$

$$= Kr_s(t_0-t) \tag{11-16}$$

式中,$r_s(t_0-t)$是$s(t)$的自相关函数,根据自相关函数是偶函数的特性,则有相关表达式为

$$s_o(t) = Kr_s(t_0 - t) \tag{11-17}$$

由上式可看出,匹配滤波器的输出响应是输入信号的自相关函数的 K 倍,当抽样时刻 $t_0 = t$ 时,则有关系式为

$$s_o(t_0) = Kr_s(0) \tag{11-18}$$

由上式可知,$r_s(0)$ 是自相关函数在时间间隔为 0 时的值。该值为最大值,抽样时刻的输出信号也为最大值,此时进行信号的判决最为有利,匹配滤波器是输入信号的自相关器。

4. 匹配滤波器的性能

匹配滤波器具有以下 4 方面的性能:

(1) 匹配滤波器的传输函数为 $H(\omega) = KS*(\omega)e^{-j\omega t_0}$,若信号不同,则对应的匹配滤波器也不相同。

(2) 对于匹配滤波器,$|H(\omega)| = K|S(\omega)|$,通常 $S(\omega) = C$(C 是常数),信号通过匹配滤波器会产生严重的波形失真。

(3) 匹配滤波器只用于数字信号接收,其输出能获得最大信噪比,有利于抽样判决,减小误码率;匹配滤波器也使输出波形产生严重的失真,不能用于模拟信号的接收或滤波。

(4) 根据 $r_{omax} = 2E/n_0$,说明最大输出信噪比仅与信号的能量及白噪声的功率谱密度有关,与信号波形无关。提高信号幅度和增大信号作用时间,都能有效地提高信号能量,从而提高匹配滤波器的输出信噪比。

11.4 匹配滤波器的最佳接收机

最佳接收机中的相关器可用匹配滤波器代替,这就是最佳接收机的匹配滤波器形式。

由前面的分析可知,匹配滤波器在抽样时刻具有最大输出信噪比,由匹配滤波器构成的接收机就是最大信噪比准则下的最佳接收机,即最大输出信噪比接收机。

1. 二进制数字信号最佳接收机

图 11-2 是用匹配滤波器构成的二进制数字信号最佳接收机的结构。

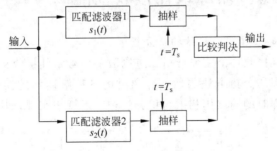

图 11-2 二进制数字信号最佳接收机

图 11-2 中有两个匹配滤波器,分别匹配于两种信号码元。在抽样时刻对抽样值进行比较判决,哪个匹配滤波器的输出抽样值更大,就判决哪个为输出,若此二进制信号的先验概率相等,则此方框图能给出最小的总误码率。

发送端在任意一个码元间隔 T_s 内发送两个波形 $s_1(t)$、$s_2(t)$ 中的一个,接收机上、下

两个支路的匹配滤波器分别对这两个波形匹配。当发送端发送波形 $s_1(t)$ 时,上支路匹配滤波器在取样时刻输出最大值 kE,当发送端发送波形 $s_2(t)$ 时,下支路匹配滤波器在取样时刻输出最大值 kE。

判决器的任务是根据上、下两支路取样值的大小进行判决,如上支路取样值大,认为接收到的信号为 $s_1(t)$;如下支路取样值大,认为接收到的信号为 $s_2(t)$。

综上所述,当接收信号为 $s_1(t)$ 时,上支路匹配滤波器的输出表达式为

$$s_{o_1}(t) = kR_{s_1}(t - T_s) \tag{11-19}$$

在 T_s 时对输出进行抽样,抽样值达最大,其输出的表达式为

$$s_{o_1}(T_s) = kR_{s_1}(T_s - T_s) = kR_{s_1}(0) = k\int_0^{T_s} s_1^2(t)\,\mathrm{d}t \tag{11-20}$$

当接收信号为 $s_2(t)$ 时,下支路匹配滤波器的输出表达式为

$$s_{o_2}(t) = kR_{s_2}(t - T_s)$$

在 T_s 时对输出进行抽样,抽样值最大,其输出的表达式为

$$s_{o_2}(T_s) = kR_{s_2}(T_s - T_s) = kR_{s_2}(0) = k\int_0^{T_s} s_2^2(t)\,\mathrm{d}t \tag{11-21}$$

2. 多进制数字信号最佳接收机

同理可得到 M 进制数字信号用匹配滤波器构成的最佳接收机的结构,如图 11-3 所示。

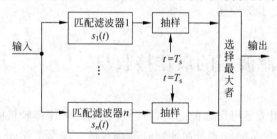

图 11-3　M 进制数字信号最佳接收机

11.5　匹配滤波器的最佳接收性能

1. 用相关器实现的最佳接收机结构及分析

匹配滤波器的最佳接收性能主要分析二进制数字信号最佳接收机的误码率。

最佳接收机误码率的分析方法与前面介绍过的各种解调器的误码率分析方法完全相同。匹配滤波器在抽样时的输出用相乘与积分的相关运算来实现,如图 11-4 所示。

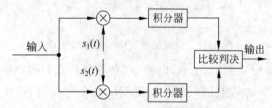

图 11-4　用相关器实现的最佳接收机结构

接收机发生错判的可能性大小用误码率来衡量。在噪声的影响下,最佳接收机在判决时也会发生错判,如发送端发送 $s_1(t)$ 信号,接收机却判决为 $s_2(t)$ 信号,反之亦然。

当二进制数字信号 $s_1(t)$ 与 $s_2(t)$ 等概率等能量时,可推得其误码率表达式为

$$P_e = \frac{1}{2}\text{erfc}\left(\sqrt{\frac{(1-\rho)E_s}{2n_0}}\right) \tag{11-22}$$

式中,$E_s = E_{s_1} = \int_0^{T_s} s_1^2(T-t)dt = \int_0^{T_s} s_1^2(t)dt$,$E_s = E_{s_2} = \int_0^{T_s} s_2^2(T-t)dt = \int_0^{T_s} s_2^2(t)dt$ 分

别是二元信号 $s_1(t)$ 或 $s_2(t)$ 的能量,$\rho = \dfrac{\int_0^{T_s} s_2(t)s_1(t)dt}{\sqrt{E_{s1}E_{s2}}}$ 是 $s_1(t)$ 与 $s_2(t)$ 的互相关系数。

2. 二进制数字信号最佳接收机的误码率

在基带系统中,已分析了单极性基带系统、双极性基带系统的误码率。在数字信号的调制中,将分析 2ASK、2FSK、2PSK 解调方法最佳接收机的误码率。

1) 2ASK 信号

设"1"和"0"等概率,"1"码能量为 E_1,"0"码能量为 E_2,且 $E_2 = E_1$,则 2ASK 信号表达式为

$$\begin{cases} s_1(t) = A\cos(2\pi f_c t), & \text{"1"}, 0 \leqslant t \leqslant T_s \\ s_2(t) = 0, & \text{"0"}, 0 \leqslant t \leqslant T_s \end{cases} \tag{11-23}$$

而 $E_1 = \dfrac{A^2 T_s}{2}$,$E_2 = 0$,一个码元内的平均能量为 $E_s = \dfrac{E_1}{2} = \dfrac{A^2 T_s}{4}$,$\rho = 0$。代入式(11-22)得 2ASK 信号最佳接收机的误码率为

$$P_e = \frac{1}{2}\text{erfc}\left(\sqrt{\frac{E_1}{4n_0}}\right) \tag{11-24}$$

2) 2FSK 信号

设"1"和"0"等概率,"1"码能量为 E_1,"0"码能量为 E_2,且 $E_2 = E_1$,则 2FSK 信号表达式为

$$\begin{cases} s_1(t) = A\cos(2\pi f_1 t), & \text{"1"}, 0 \leqslant t \leqslant T_s \\ s_2(t) = A\cos(2\pi f_2 t), & \text{"0"}, 0 \leqslant t \leqslant T_s \end{cases} \tag{11-25}$$

当选择 $|f_1 - f_2| = \dfrac{n}{T_s}$,$f_1 + f_2 = \dfrac{m}{T_s}$($n,m$ 为正整数)时,$s_1(t)$ 与 $s_2(t)$ 正交,其关系式为

$$\int_0^{T_s} s_1(t)s_2(t)dt = 0$$

当 $\rho = 0$,$E_s = E_1 = E_2 = \dfrac{A^2 T_s}{2}$,代入式(11-22)得 2FSK 信号最佳接收机的误码率为

$$P_e = \frac{1}{2}\text{erfc}\left(\sqrt{\frac{E_1}{2n_0}}\right) \tag{11-26}$$

3) 2PSK 信号

设"1"和"0"等概率,"1"码能量为 E_1,"0"码能量为 E_2,且 $E_1 = E_2$,2PSK 信号的表达

式为

$$\begin{cases} s_1(t) = -A\cos(2\pi f_c t), & \text{``1''}, 0 \leqslant t \leqslant T_s \\ s_2(t) = A\cos(2\pi f_c t), & \text{``0''}, 0 \leqslant t \leqslant T_s \end{cases}$$

当 $E_s = E_1 = E_2 = \dfrac{A^2 T_s}{2}$，$\rho = \dfrac{\displaystyle\int_0^{T_s} s_1(t)s_2(t)\mathrm{d}t}{E_s} = -1$ 时，代入式(11-22)得 2PSK 信号最佳接收机的误码率为

$$P_e = \frac{1}{2}\mathrm{erfc}\left(\sqrt{\frac{E_1}{n_0}}\right) \tag{11-27}$$

思考与练习

11-1　在数字通信中，通常采用的最佳准则是(　　)和最小差错率准则。

11-2　符合最大信噪比准则的最佳线性滤波器称为(　　)。

11-3　最佳接收机中的(　　)可用匹配滤波器代替，这就是最佳接收机的匹配滤波器形式。

11-4　匹配滤波器的最佳接收性能主要分析二进制数字信号最佳接收机的(　　)。

11-5　简要说明最小差错率准则的基本思想。

11-6　简要说明最大信噪比准则的基本思想。

11-7　画图说明匹配滤波器的传输特性 $H(\omega)$ 的基本思想。

11-8　画图说明二进制数字信号最佳接收机的基本思想。

11-9　画图说明多进制数字信号最佳接收机的基本思想。

11-10　画图说明用相关器实现的最佳接收机结构的基本思想。

第12章

通信原理MATLAB实验

学习导航

$$
通信原理 MATLAB 实验
\begin{cases}
MATLAB 基础知识
\begin{cases}
MATLAB 简介 \\
MATLAB 系统结构 \\
MATLAB 用户文件格式 \\
MATLAB 常用的基本函数 \\
MATLAB 程序设计 \\
MATLAB 模拟通信原理
\end{cases} \\
通信原理理论教学的 MATLAB 实验
\begin{cases}
实验教学的目的和任务 \\
实验项目及学时分配 \\
实验的内容和要求 \\
教材及实验指导书
\end{cases}
\end{cases}
$$

学习目的

- 了解 MATLAB 基础知识,包括系统结构、用户文件格式、常用的基本函数、程序设计和模拟通信原理。
- 了解通信原理理论教学的 MATLAB 实验,包括实验教学的目的和任务、实验项目及学时分配、每项实验的内容和要求、教材及实验指导书。

12.1 MATLAB 基础知识

12.1.1 MATLAB 简介

(1) MATLAB 是 Matrix & Laboratory,意为矩阵工厂(矩阵实验室),该软件主要面对科学计算、可视化以及交互式程序设计的高科技计算环境。

(2) MATLAB 可用于自动控制、数学运算、计算机技术、财务分析、航天工业、汽车工业、生物医学工程、语音处理和雷达工程、数据分析、无线通信、深度学习、图像处理与计算机视觉、信号处理、量化金融与风险管理、机器人,控制系统等行业的开发和应用。

(3) MATLAB 是国内外高校和研究部门进行科学研究的重要学习和研究工具。

(4) MATLAB 已成为数学计算工具方面事实上的标准,MATLAB 2023b 是最新版本,在最新的版本中加入了对 C、Fortran、C++、JAVA 语言的支持。

（5）MATLAB 的 Simulink 提供了动态仿真的功能，用户通过绘制框图可模拟线性、非线性、连续或离散的系统，通过 Simulink 能够仿真并分析该系统的性能。

12.1.2 MATLAB 系统结构

MATLAB 系统由 MATLAB 开发环境、MATLAB 数学函数库、MATLAB 语言、MATLAB 图形处理系统和 MATLAB 应用程序接口（application programming interface，API）五大部分构成。

1. 开发环境

MATLAB 开发环境是一套方便用户使用的 MATLAB 函数和文件工具集，其中许多工具是图形化用户接口。它是一个集成的用户工作空间，允许用户输入输出数据，并提供了程序文件（M 文件）的集成编译和调试环境，包括 MATLAB 桌面、命令窗口、M 文件编辑调试器、MATLAB 工作空间和在线帮助文档。

2. 数学函数库

MATLAB 数学函数库包括了大量的计算算法，从基本算法如四则运算、三角函数，到复杂算法如矩阵求逆、快速傅里叶变换等。

3. 语言

MATLAB 语言是一种高级的基于矩阵/数组的语言，它具有程序流控制、函数、数据结构、输入/输出和面向对象编程等特色。用这种语言能够方便快捷地建立简单且运行快的程序，也能建立复杂的程序。

4. 图形处理系统

图形处理系统使得 MATLAB 能方便地图形化显示向量和矩阵，而且能对图形添加标注和打印，包括强大的二维三维图形函数、图像处理和动画显示等函数。

5. 应用程序接口

MATLAB 应用程序接口（API）是一个使 MATLAB 语言能与 C、Fortran 等其他高级编程语言进行交互的函数库。该函数库的函数通过调用动态链接库（dynamic link library，DLL）实现与 MATLAB 文件的数据交换，其主要功能包括在 MATLAB 中调用 C 和 Fortran 程序，以及在 MATLAB 与其他应用程序之间建立客户、服务器关系。

12.1.3 MATLAB 用户文件格式

1. 程序文件

程序文件即 M 文件，其文件的扩展名为.m，包括主程序和函数文件，M 文件通过 M 文件编辑/调试器生成。MATLAB 的各工具箱中的函数大部分是 M 文件。

2. 数据文件

数据文件即 MAT 文件，其文件的扩展名为.mat，用来保存工作空间的数据变量，数据文件可以通过在命令窗口中输入"save"命令生成。

3. 可执行文件

可执行文件即 MEX 文件，其文件的扩展名为.mex，由 MATLAB 的编译器对 M 文件进行编译后产生，其运行速度比直接执行 M 文件快得多。

4. 图形文件

图形文件的扩展名为.fig,可以在"File"菜单中创建和打开,也可由 MATLAB 的绘图命令和图形用户界面窗口产生。

5. 模型文件

模型文件的扩展名为.mdl,是由 Simulink 工具箱建模生成,还有仿真文件.s 文件。

12.1.4　MATLAB 常用的基本函数

1. 数学类

MATLAB 中的数学基本函数如表 12-1 所示。

表 12-1　MATLAB 中的数学基本函数

函数名	含　义	函数名	含　义
abs	绝对值或者复数模	rat	有理数近似
sqrt	平方根	mod	模除求余
real	实部	round	4 舍 5 入到整数
imag	虚部	fix	向最接近 0 取整
conj	复数共轭	floor	向最接近 $-\infty$ 取整
sin	正弦	ceil	向最接近 $+\infty$ 取整
cos	余弦	sign	符号函数
tan	正切	rem	求余数留数
asin	反正弦	exp	自然指数
acos	反余弦	log	自然对数
atan	反正切	log10	以 10 为底的对数
atan2	第四象限反正切	pow2	2 的幂
sinh	双曲正弦	bessel	贝塞尔函数
cosh	双曲余弦	gamma	伽马函数
tanh	双曲正切		

2. 矩阵生成函数

MATLAB 提供了很多能够产生特殊矩阵的函数,各函数的功能如表 12-2 所示。

表 12-2　MATLAB 中的矩阵生成函数及其功能

函数名	功　能	例　子	
		输入	结　果
zeros(m,n)	产生 $m \times n$ 的全 0 矩阵	**zeros(2,3)**	ans＝ 0　0　0 0　0　0
ones(m,n)	产生 $m \times n$ 的全 1 矩阵	**ones(2,3)**	ans＝ 1　1　1 1　1　1

函数名	功 能	例 子	
		输入	结 果
rand(m,n)	产生均匀分布的随机矩阵,元素取值范围 0.0~1.0	**rand(2,3)**	ans= 0.9501　0.6068　0.8913 0.2311　0.4860　0.7621
randn(m,n)	产生正态分布的随机矩阵	**randn(2,3)**	ans= −0.4326　0.1253　−1.1465 −1.6656　0.2877　1.1909
magic(N)	产生 N 阶魔方矩阵(矩阵的行、列和对角线上元素的和相等)	**magic(3)**	ans= 8　1　6 3　5　7 4　9　2
eye(m,n)	产生 $m \times n$ 的单位矩阵	**eye(3)**	ans= 1　0　0 0　1　0 0　0　1

注意:zeros、ones、rand、randn 和 eye 函数当只有一个参数 n 时,则为 $n \times n$ 的方阵;当 eye(m,n)函数的 m 和 n 参数不相等时则单位矩阵会出现全 0 行或列。

3. 随机数产生类

MATLAB 中的随机数产生类函数见表 12-3。

表 12-3　MATLAB 中的随机数产生类函数

函数名	注 释	函数名	注 释
randn	产生标准正态随机变量	rand	产生 0~1 的均匀分布随机变量
randperm	产生随机的排序	hist	对矢量自动进行直方图统计

4. 绘图类

MATLAB 中常用的绘图类函数见表 12-4。

表 12-4　MATLAB 中常用的绘图类函数

函数名	注 释	函数名	注 释
plot	打印图形	figure()	创建一个图的窗口
subplot	打印子图	semilogy	打印图形,纵轴为对数
loglog	打印图形,两轴都为对数	stem	打印离散点序列
stairs	打印序列的方波图形	xlabel	标注横轴
ylabel	标注纵轴	title	图的标题
legend	图的注释	hold	图是否重叠打印
grid	图是否有格线显示		

5. 信号处理类

MATLAB 中常用的信号处理类函数见表 12-5。

表 12-5　MATLAB 中常用的信号处理类函数

函数名	注　释	函数名	注　释
fft	快速傅里叶变换	ifft	快速傅里叶反变换
dft	离散傅里叶变换	idft	离散反傅里叶变换
filtet	滤波器函数	hilbert	希尔伯特变换
conv	卷积	xcorr	相关
deconv	解卷积		

12.1.5　MATLAB 程序设计

1. 数据

1）数据的表达方式

（1）可以用带小数点的形式直接表示。

（2）用科学计数法。

（3）数值的表示范围是 $10^{-309} \sim 10^{309}$。

以下都是合法的数据表示：

-2、5.67、$2.56e-56$（表示 2.56×10^{-56}）、$4.68e204$（表示 4.68×10^{204}）

2）矩阵和数组的概念

在 MATLAB 的运算中，经常要使用标量、向量、矩阵和数组，这几个名称的定义如下。

（1）标量：1×1 的矩阵，即只含一个数的矩阵。

（2）向量：$1 \times n$ 或 $n \times 1$ 的矩阵，即只有一行或者一列的矩阵。

（3）矩阵：一个矩形的数组，即二维数组，其中向量和标量都是矩阵的特例，0×0 矩阵为空矩阵（[]）。

（4）数组：n 维的数组，为矩阵的延伸，其中矩阵和向量都是数组的特例。

3）复数

复数由实部和虚部组成，MATLAB 用特殊变量"i"和"j"表示虚数的单位。复数运算不需要特殊处理，可以直接进行。

复数可以有几种表示：

z = a + b * i 或 z = a + b * j
z = a + bi 或 z = a + bj（当 b 为标量时）
z = r * exp(i * theta)

- 得出一个复数的实部、虚部、幅值和相角。

```
a = real(z)          % 计算实部
b = imag(z)          % 计算虚部
r = abs(z)           % 计算幅值
theta = angle(z)     % 计算相角
```

说明：

复数 z 的实部 $a = r\cos\theta$；

复数 z 的虚部 $b = r\sin\theta$；

复数 z 的幅值 $r=\sqrt{a^2+b^2}$；

复数 z 的相角 $\text{theta}=\text{arctg}(b/a)$，以弧度为单位。

2. 变量

1）变量的命名规则

（1）变量名区分字母的大小写。例如，"a"和"A"是不同的变量。

（2）变量名不能超过 63 个字符，第 63 个字符后的字符被忽略，对于 MATLAB6.5 版本以前的版本，变量名不能超过 31 个字符。

（3）变量名必须以字母开头，变量名的组成可以是任意字母、数字或者下划线，但不能含有空格和标点符号（如,、。、%等）。例如，"6ABC""AB%C"都是不合法的变量名。

（4）关键字（如 if、while 等）、不能作为变量名。

2）特殊变量

MATLAB 有一些自己的特殊变量，当 MATLAB 启动时驻留在内存，特殊变量见表 12-6。

表 12-6　MATLAB 中的特殊变量

特殊变量	取　　值
ans	运算结果的默认变量名
pi	圆周率 π
eps	计算机的最小数
flops	浮点运算数
inf	无穷大，如 $1/0$
NaN 或 nan	非数，如 $0/0$、∞/∞、$0\times\infty$
i 或 j	$i=j=\sqrt{-1}$
nargin	函数的输入变量数目
nargout	函数的输出变量数目
realmin	最小的可用正实数
realmax	最大的可用正实数

· 在 MATLAB 中系统将计算的结果自动赋给名为"ans"的变量。

3）变量赋值

赋值语句的一般形式是：变量＝表达式（数），如

```
>>a = [1 2 3;4 5 6;7 8 9]    % 矩阵形式赋值
a =
    1   2   3
    4   5   6
    7   8   9
```

3. 曲线的绘制

1）基本绘图命令 plot

plot(x) 绘制 x 向量曲线

plot 命令是 MATLAB 中最简单而且使用最广泛的一个绘图命令，用来绘制二维曲线。

语法：

```
plot(x)              % 绘制以 x 为纵坐标的二维曲线
plot(x,y)            % 绘制以 x 为横坐标 y 为纵坐标的二维曲线
```

说明：x 和 y 可以是向量或矩阵。

plot(x1,y1,x2,y2,…)绘制多条曲线

plot 命令还可以同时绘制多条曲线，用多个矩阵对为参数，MATLAB 自动以不同的颜色绘制不同曲线。每一对矩阵(x_i,y_i)均按照前面的方式解释，不同的矩阵对之间，其维数可以不同。

2）坐标轴的控制

用坐标控制命令 axis 来控制坐标轴的特性，表 12-7 列出了常用控制命令。

表 12-7 MATLAB 中常用的坐标控制命令及其含义

命　　令	含　　义
axis auto	使用默认设置
axis manual	使当前坐标范围不变
axis off	取消轴背景
axis on	使用轴背景
axis ij	矩阵式坐标，原点在左上方
axis xy	普通直角坐标，原点在左下方
axis([xmin,xmax,ymin,ymax])	设定坐标范围，必须满足 $xmin < xmax$，$ymin < ymax$，可以取 inf 或 $-inf$
axis equal	纵、横轴采用等长刻度
axis fill	在 manual 方式下起作用，使坐标充满整个绘图区
axis image	纵、横轴采用等长刻度，且坐标框紧贴数据范围
axis normal	默认矩形坐标系
axis square	产生正方形坐标系
axis tight	把数据范围直接设为坐标范围
axis vis3d	保持高宽比不变，用于三维旋转时避免图形大小变化

3）曲线的线型、颜色和数据点形

plot 命令还可以设置曲线的线段类型、颜色和数据点形等，如表 12-8 所示。

表 12-8 MATLAB 中设置线段类型、颜色和数据点形的符号

颜　　色		数据点间连线		数 据 点 形	
类型	符号	类型	符号	类型	符号
黄色	y(Yellow)	实线(默认)	—	实点标记	.
品红色(紫色)	m(Magenta)	点线	：	圆圈标记	o
青色	c(Cyan)	点画线	−.	叉号形×	×
红色	r(Red)	虚线	— —	十字形＋	＋
绿色	g(Green)			星号标记＊	＊
蓝色	b(Blue)			方块标记□	s
白色	w(White)			钻石形标记◇	d
黑色	k(Black)			向下的三角形标记	V

续表

颜　色		数据点间连线		数 据 点 形	
类型	符号	类型	符号	类型	符号
				向上的三角形标记	^
				向左的三角形标记	<
				向右的三角形标记	>
				五角星标记☆	p
				六连形标记	h

语法：

plot(x,y,s)

说明：x 为矩阵横坐标，y 为矩阵纵坐标，s 为字符串参数类型说明；s 字符串可以是线段类型、颜色和数据点形三种类型的符号之一，也可以是三种类型符号的组合。

4）文字标注

（1）添加图名：

语法：

title(s)　　　　　　　　% 书写图名

说明：s 为图名，为字符串，可以是英文或中文。

（2）添加坐标轴名：

语法：

xlabel(s)　　　　　　　　% 横坐标轴名
ylabel(s)　　　　　　　　% 纵坐标轴名

（3）添加图例：

语法：

legend(s,pos)　　　　　　% 在指定位置建立图例
legend off　　　　　　　% 擦除当前图中的图例

说明：参数 s 是图例中的文字注释，如果多个注释则可以用 's1''s2'，…的方式；参数 pos 是图例在图中位置的指定符，它的取值如表 12-9 所示。

表 12-9　pos 取值所对应的图例位置

pos 取值	0	1	2	3	4	−1
图例位置	自动取最佳位置	右上角（默认）	左上角	左下角	右下角	图右侧

用 legend 命令在图形窗口中产生图例后，还可以用鼠标对其进行拖拉操作，将图例拖到满意的位置。

语法：

text(xt,yt,s)　　　　　　　　% 在图形的(xt,yt)坐标处书写文字注释

4．M 脚本文件

MATLAB 的 M 文件是通过 M 文件编辑/调试器窗口(Editor/Debugger)来创建的。

脚本文件的特点：

(1) 脚本文件中的命令格式和前后位置，与在命令窗口中输入的没有任何区别。

(2) MATLAB 在运行脚本文件时，只是简单地按顺序从文件中读取一条条命令，送到 MATLAB 命令窗口中去执行。

(3) 与在命令窗口中直接运行命令一样，脚本文件运行产生的变量都是驻留在 MATLAB 的工作空间中，可以很方便地查看变量，除非用 clear 命令清除；脚本文件的命令也可以访问工作空间的所有数据，因此要注意避免变量的覆盖而造成程序出错。

12.1.6　MATLAB 模拟通信原理

MATLAB 为用户提供了专业工具箱，用于设计和分析通信系统物理层的算法。工具箱中有 100 多个函数可用于通信算法的开发、系统分析及设计。通信工具箱能完成以下任务：

(1) 信源编码及量化；

(2) 高斯白噪声信道模型；

(3) 调制和解调；

(4) 发送和接收滤波器；

(5) 基带和调制信道模型；

(6) 以分析结果比较系统误码率；

(7) 用于通信信号可视化的图形分析和绘制，包括眼图和星座表；

(8) 新增的信道可视化工具可用于进行时变信道的可视化和开发。

12.2　通信原理理论教学的 MATLAB 实验

前面的程序设计都没有写出程序设计的运行结果，主要是想让选修通信原理课程的学生去学习和体验 MATLAB 程序的方法和运行环境。

通信原理理论教学的 MATLAB 实验，仅适合所有计算机相关专业、其他非电子信息和通信之外的专业，如交通、物流和航运等专业。

12.2.1　实验教学的目的和任务

利用 MATLAB 实验仿真模拟调制信号/解调与数字信号调制，通过观察调制信号波形与解调信号波形，了解和熟悉信号调制/解调的原理，使学生加深对所学理论知识的理解，初步掌握利用 MATLAB 进行通信系统仿真的方法。

12.2.2　实验项目及学时分配

实验项目及学时分配见表 12-10，只适合学时不多的计算机相关专业的学生学完通信原理理论之后进行实验，主要帮助学生理解通信原理的核心内容。

表 12-10　实验项目及学时分配

序号	实验项目名称	实验学时	实验类型	开出要求
01	模拟系统的线性调制	2	设计	必开
02	模拟系统的角度调制	2	设计	必开
03	数字信息基带传输眼图	2	设计	必开
04	数字信号的频带传输	2	设计	必开

12.2.3　实验的内容和要求

1. 实验 1——模拟系统的线性调制

实验内容：

(1) 使用 MATLAB 产生一个频率为 1Hz、功率为 1W 的余弦信源，设定载波频率为 10Hz，振幅为 2，生成 AM 信号，利用相干解调生成解调后信号；

(2) 观察调制信号与解调信号，并将相干解调后的信号波形与输入信号进行比较。

实验设备：

计算机 1 台/人，装有 MATLAB 软件。

实验要求：

(1) 正确产生信源与载波信号；

(2) 利用 AM 原理生成调制信号，并利用相干解调生成解调信号；

(3) 解调后的信号波形与输入信号相似度高。

2. 实验 2——模拟系统的角度调制

实验内容：

(1) 使用 MATLAB 产生一个频率为 1Hz、振幅为 1 的余弦信源，设定载波中心频率为 10Hz，调频器的压控振荡系数为 5Hz/V，载波平均功率为 1W，生成 FM 信号，利用鉴频器解调生成解调后信号；

(2) 观察调制信号与解调信号，并将鉴频器解调后的信号波形与输入信号进行比较。

实验设备：

计算机 1 台/人，装有 MATLAB 软件。

实验要求：

(1) 正确产生信源与载波信号；

(2) 利用 FM 原理生成调制信号，并利用鉴频器解调生成解调后信号；

(3) 解调后的信号波形与输入信号相似度高。

3. 实验 3——数字信息基带传输眼图

实验内容：

(1) 求基带传输响应 $\alpha=1$ 时的升弦滚降系数，接收端的基带信号的波形；

(2) 观察经过不同情况下的理想低通滤波后的眼图。

实验设备：

计算机 1 台/人，装有 MATLAB 软件。

实验要求：

编程获取双极性基带信号，绘制基带信号经过带宽受限滤波器后的眼图，分析基带信号经过不同带宽滤波器后,输出信号的码间串扰的不同的特性。

4. 实验4——数字信号的频带传输

实验内容:

(1) 使用 MATLAB 产生一个需要传输的数字输入信号,计算输入信号功率谱密度,并利用 MATLAB 显示;

(2) 生成 2ASK 数字调制信号,计算 2ASK 调制信号功率谱密度,并利用 MATLAB 显示;

(3) 观察调制信号与功率谱密度,并将功率谱密度与理论结果比较。

实验设备:

计算机 1 台/人,装有 MATLAB 软件。

实验要求:

(1) 正确计算 2ASK 调制方法的功率谱密度;

(2) 功率谱密度图形与理论结果相符。

12.2.4　教材及实验指导书

教材:1.《MATLAB/System View 通信原理实验与系统仿真》,主编:曹雪红、杨洁,童莹,清华大学出版社,2015 年。

2.《通信原理 MATLAB 的仿真教材》,主编:赵鸿图,茅艳,人民邮电出版社,2011 年。

3.《通信原理——基于 MATLAB 的计算机仿真》,主编:郭文彬、桑林,出版社:北京邮电大学出版社,2011 年。

实验指导书:《通信原理实验指导书》,自编。

思考与练习填空题答案

第 1 章　答案

1-1　内涵,外在形式

1-2　信源,信宿

1-3　模拟信号,数字信号

1-4　有线,无线

1-5　基带,带通

1-6　模拟通信,数字通信

1-7　电话,电报

1-8　长波,中波

1-9　频分复用,时分复用,码分复用,空分复用

1-10　信息量

第 2 章　答案

2-1　时域,频域

2-2　时域特性,示波器

2-3　频域特性,频谱仪

2-4　傅里叶级数,傅里叶变换

2-5　时域分析,频域(谱)分析

2-6　信号分解,信号合成

2-7　傅里叶级数,傅里叶变换

2-8　非周期信号,周期信号

2-9　非周期信号的频谱,傅里叶变换

2-10　时域向频域变换,频域向时域变换

2-11　能量,功率,能量谱密度(ESD),功率谱密度(PSD)

2-12　互相关函数,自相关函数

第 3 章　答案

3-1　随机过程,随机信号

3-2　随机信号,不确定性信号

3-3　无始无终,无限

3-4　确定过程,随机过程

3-5　均值,方差

3-6　均值,数学期望

3-7　平稳随机过程,非平稳随机过程

3-8　功率型信号,傅里叶变换

3-9　正态随机过程,高斯噪声

3-10　各态历经性,各态历经过程

第 4 章　答案

4-1　有线信道,无线信道

4-2　自由空间,大气

4-3　调制,解调

4-4　加性噪声,乘性噪声

4-5　双绞线,同轴电缆

4-6　波长范围,频率范围

4-7　外部噪声,内部噪声

4-8　无线电噪声,工业噪声

4-9　衰减、失真

4-10　模拟滤波器,数字滤波器

4-11　模拟信号,连续信号

第 5 章　答案

5-1　幅度,相位

5-2　已调信号

5-3　解调,检波

5-4　已调信号

5-5　SSB、AM、DSB、FM

5-6　FM、SSB、DSB、AM

5-7　幅度调制(AM)

5-8　相移键控(PSK)

5-9　常规双边带调幅

5-10　调制

5-11　非相干解调

5-12　同步检波,VSB

5-13　整流器

5-14　线性调制

5-15　均方值

5-16　滤波法

5-17　非线性变换

5-18　相位

5-19　角度调制

5-20　间接调相,间接调频

5-21　间接法

8-12　相对相移键控

8-13　相干解调(极性比较法)

8-14　误码率,带宽

8-15　1bit

8-16　多个比特

8-17　多进制

8-18　多电平调幅

8-19　多频调制

8-20　多相调制

8-21　误码率

第 9 章　答案

9-1　信道编码

9-2　信道编码

9-3　监督码,纠错

9-4　信道编码

9-5　多余度,多余度

9-6　纠错

9-7　检错

9-8　纠错码

9-9　非线性码

9-10　卷积码

9-11　非系统码

9-12　纠正突发错的码

9-13　多进制码

9-14　前向纠错(FEC)

9-15　奇偶监督码

9-16　码字集合

9-17　线性方程

9-18　线性分组码

9-19　码字

9-20　检错

9-21　连环码

9-22　树状图

9-23　概率译码

9-24　大数逻辑译码

9-25　维特比译码

第 10 章　答案

10-1　定时

10-2　载波同步

参 考 文 献

[1] 樊昌信,曹丽娜.通信原理(第 6 版)[M].北京:国防工业出版社,2012.

[2] 李学华,吴韶波,杨玮,等.通信原理简明教程[M].北京:清华大学出版社,2020.

[3] 曹丽娜.简明通信原理[M].北京:人民邮电出版社,2011.

[4] 黄葆华,杨晓静,吕昌.通信原理[M].西安:西安电子科技出版社,2019.

[5] 李莉,王春悦,叶茵.通信原理[M].北京:机械工业出版社,2020.

[6] 张辉,曹丽娜.现代通信原理与技术(第五版)[M].北京:机械工业出版社,2022.

[7] 邬正义.通信原理[M].北京:机械工业出版社,2012.

[8] 张卫钢,曹丽娜.通信原理教程[M].北京:清华大学出版社,2016.

[9] 禹思敏.通信原理[M].西安:西安电子科技出版社,2008.

[10] 隋晓红,张小清,白玉,等.通信原理[M].北京:机械工业出版社,2022.

[11] 李白萍.数字通信原理[M].西安:西安电子科技出版社,2012.

[12] 陈树新,尹玉富,石磊.通信原理[M].北京:清华大学出版社,2020.

[13] 南利平,李学华,王亚飞,等.通信原理简明教程(第 3 版)[M].北京:清华大学出版社,2014.

[14] 臧国珍.基于 MATLAB 的通信系统高级仿真[M].西安:西安电子科技出版社,2012.

[15] 曹雪虹,杨洁,童莹,等.MATLAB/System View 通信原理实验与系统仿真[M].北京:清华大学出版社,2015.

[16] 赵鸿图.通信原理 MATLAB 仿真教程[M].北京:人民邮电出版社,2011.

[17] 张会生,张捷,李立欣.通信原理[M].北京:高等教育出版社,2011.

[18] 殷小贡.通信原理教程[M].武汉:武汉大学出版社,2009.

[19] 王辉,姚远程.通信原理[M].北京:电子工业出版社,2007.

[20] 许淑芳.信号与系统[M].北京:清华大学出版社,2017.

[21] 罗鹏飞,张文明.随机信号分析与处理[M].北京:清华大学出版社,2014.

[22] 徐科军,黄云志.信号分析与处理[M].北京:清华大学出版社,2012.

[23] 郭文彬,桑林.通信原理-基于 MATLAB 的计算机仿真[M].北京:北京邮电出版社,2006.

[24] 郭文彬,桑林.通信原理-基于 MATLAB 的计算机仿真[M].北京:北京邮电出版社,2015.

[25] 谷立臣.工程信号分析与处理技术[M].西安:西安电子科技大学出版社,2017.

[26] 李永忠.现代通信原理、技术与仿真[M].西安:西安电子科技大学出版社,2010.

[27] 王新.通信原理简明教程[M].北京:电子工业出版社,2005.

[28] 南利平.通信原理简明教程[M].北京:清华大学出版社,2008.

[29] 张卫钢.信号与系统基础[M].西安:西安电子科技大学出版社,2019.

[30] 蒋乐勇,钱盛友,邹孝叶,等.新工科背景下《通信原理》"课程思政"教学改革的研究与实践.互联网＋教育.2021.8,241-242.

[31] 张磊,毕靖,郭莲英.MATLAB 实用教程[M].北京:人民邮电出版社,2008.

[32] 赵谦.通信系统中 MATLAB 基础与仿真应用[M].西安:西安电子科技出版社,2010.

[33] 孙学宏,车进,汪西原.现代通信原理[M].北京:清华大学出版社.2020.

[34] https://blog.csdn.net/lijie45655/article/details/105929498/

[35] https://blog.csdn.net/wordwarwordwar/article/details/53485713(滤波器的功能和分类)

[36] https://www.sohu.com/a/283587340_505812(5G)

[37] https://baike.baidu.com/item/6G/16839792(6G)

[38] https://blog.csdn.net/hxxjxw/article/details/82666155(基于 MATLAB 的模拟调制信号与解调的仿真——SSB)

[39] http://bbs.06climate.com/forum.php? mod＝viewthread&tid＝13726(基于 matlab 的 VSB 模拟

调制系统仿真)

[40]　https://blog.csdn.net/weixin_43861730/article/details/88081332(MATLAB 实现周期信号的傅里叶级数的展开)

[41]　https://blog.csdn.net/Heart_Sea/article/details/88959692(随机函数的统计特性)

[42]　https://baike.baidu.com/item/MATLAB/263035?fr＝aladdin